유기체와의 교감

서연비람은 조선 시대 왕궁 내, 강론의 자리였던 서연(書筵)에서 여러 경전의 요지를 모아 엮은 왕세자의 필독서를 말합니다. 서연비람 출판사는 민주주의 국가의 주인인 시민들 역시 그처럼 지속 가능한 과거와 현재, 미래의 이치를 깨우치고 체현해야 한다는 믿음으로 엄선한 도서들을 발간합니다.

유기체와의 교감

초판 1쇄 2018년 7월 25일

지은이 이블린 폭스 켈러

펴낸이 윤진성
옮긴이 김재희

펴낸곳 서연비람
등록 2016년 6월 29일 제2016-000147호
주소 서울시 강남구 도곡로 422 5층
전화 02) 569-2168
팩스 02) 563-2148
전자주소 sybirambooks@daum.net

ⓒ서연비람 2018, Printed in Korea.

ISBN 979-11-89171-02-5 03470
값 17,000원

「이 도서의 국립중앙도서관 출판예정도서목록(CIP)은 서지정보유통지원시스템 홈페이지(http://seoji.nl.go.kr)와 국가자료공동목록시스템(http://www.nl.go.kr/kolisnet)에서 이용하실 수 있습니다.(CIP제어번호: CIP2018013891)」

유기체와의 교감

20세기 유전학 혁명의 선구자 바바라 매클린톡의 전기
A FEELING FOR THE ORGANISM

이블린 폭스 켈러 지음

김재희 옮김

저자 이블린 폭스 켈러 Evelyn Fox Keller

양자물리학과 분자생물학, 그리고 과학사와 과학철학을 공부한 미국의 페미니스트 과학철학자. 특히 '여성과 과학'이라는 주제를 새로운 학문 영역으로 정립시킨 대표적 인물로, MIT 대학에 STS(과학과 기술과 사회) 학과를 설립해, 과학기술의 사회적, 정치적, 도덕적 역할에 대한 본격적인 학문적 성찰의 지평을 열었다.

과학사의 뒤안길로 사라질 뻔했던 독특한 할머니 과학자의 삶에 주목해 안식년을 꼬박 매달려 이 책을 출간한 직후, 그 주인공 매클린톡이 노벨 생리의학상 수상자로 선정되면서, 신비로 불리던 그녀의 과학적 방법론에 다시 주목하게 되는 계기가 되었고, 이 책은 과학사회학의 필독서가 되어 여덟 개가 넘는 언어로 번역되었다.

역자 김재희

중학교 새내기 때 장래 희망에 마술사라고 적어 냈다가 회초리로 손바닥을 여러 대나 맞는 바람에 꿈 기계가 딱 멈춰 섰던 기억이 있다. 여러 나라 여러 동네를 기웃거리며 다양한 친구를 만난 것이 꿈 기계를 다시 작동시키는 데 큰 역할을 했다고 말한다. 서울예술대학교에서 강의하며, 번역서로는 『아주 작은 차이 그 엄청난 결과』, 『파도』, 『뒤바뀐 교환학생』, 『복제인간 시리』, 『그리스도교의 아주 큰 전환』 등이 있다.

A FEELING FOR THE ORGANISM by Evelyn Fox Keller
Text copyright © 1983 by Macmillan Publishing Group, LLC, d/b/a Henry Holt and Company
All rights reserved.
This Korean edition was published by SEOYONBIRAM in 2018 by arrangement with Henry Holt and Company, New York through KCC(Korea Copyright Center Inc.), Seoul.
이 책은 (주)한국저작권센터(KCC)를 통한 저작권자와의 독점계약으로 서연비람에서 출간되었습니다.
저작권법에 의해 한국 내에서 보호를 받는 저작물이므로 무단전재와 복제를 금합니다.

바바라 매클린톡의 코넬대학 졸업 사진(1923).

바바라 매클린톡이 스웨덴의 칼 구스타프 왕으로부터 생리의학부문 노벨상을
수상(1983).

한 '여성' 과학자가 써내려간 예언적 서사시

이 책은 어느 특별한 여성, 아니 여성 과학자와 그녀의 과학 사이에 맺어진 특별한 관계를 다룬 일대기이다. 이 일대기의 중심에는 남성 과학자들로부터 심각한 이단이자 동시에 예언자로까지 여겨졌던 여성 과학자 바바라 매클린톡이 있으며, 또한 그녀가 평생을 몸 바쳐 연구해온, 최근 20년 사이의 비약적 발전을 통해 새로운 지평에 올라선 유전학이 있다. 말하자면 이 책은 그 둘 사이에 이루어진 특별한 교류에 대한 이야기라 하겠다.

매클린톡과 유전학의 특별한 교류

바바라 매클린톡이 세상에 태어난 20세기 초만 해도 유전학은 막 걸음마에 접어든 단계였다. 이 둘은 소꿉동무처럼 함께 자랐고 서로를 북돋는 관계로 함께 성장했다. 여성이 과학을 한다는 사실조차 기이하게 여겨지던 시절, 약관의 매클린톡은 유전학 분야에서 혁혁한 업적을 세워 눈부신 빛을 발했다. 유전학이 학문적 궤도에 진입한 것도 바로 이 무렵의 일이었다.

그러나 그녀는 유전학 분야에서 더 이상 일할 수 없는 신세가 되었고, 유전학 역시 암흑기에 접어들면서 별다른 성과를 이루지 못한 채 30년의 세월을 보내야 했다. 이렇게 서로 헤어져 30년의 세월을 보낸 끝에 둘은 다시 만나게 되었다. 그 결과 유전학은 이제 자연과학을 통틀어 가장 왕성한 변화를 겪고 있는 유망한 분야로 떠오르고 있으며, 매클린톡 역시 학계의 주목을 받으며 새롭게 부각되기 시작하였다.

바바라 매클린톡의 전공 분야인 유전학과 세포학은 그녀가 대학에서 공부를 시작한 무렵 갓 생겨난 학문이나 다름없었다. 덕분에 매클린톡은 이 분야의 개척자로서 거의 대부분의 개념을 새로 만들고 정립할 수가 있었다. 20~30대에 이미 유전학 분야에서 괄목할 만한 업적을 세운 그녀는, 일찍이 미국 과학아카데미에서 선정한 촉망받는 젊은 과학자로 뽑혀 킴버 상을 수상하였다. 유전학자 마르쿠스 로우즈(Marcus Rhoades)는 당시 매클린톡의 탁월한 점을 이렇게 기록하고 있다.

"바바라 매클린톡의 발견과 관련해 꼭 짚고 넘어갈 점이 있다. 매클린톡은 어떤 기술적 도움에도 의존하지 않고 온전히 홀로 자신의 작업을 수행했다. 끝없는 에너지의 소유자인 그녀는 독창성, 천재성, 과학성을 발휘해 생명이라는 주제에 몰두했다. 그리고 세포유전학 분야에서 그 어떤 발견에도 비할 수 없는 놀랍고 중요한 현상 모두를 명료하게 밝혀냈다."

40대 후반에 이르렀을 때, 매클린톡은 옥수수의 세포유전학에서 아주 독특하고도 완벽한 결론에 도달하였다. 그러나 그녀가 제출한 새로운 개념과 새로운 이론은 대부분의 남성 동료들이 받아들이기에는 너무나 황당하고 곤혹스러운 것이었다. 그녀가 자신이 정립한 개념과 이론을 설명할 때면 남성 과학자들은 경청을 하기는커녕 끝까지 들어줄 필요조차 없다고 분개하기까지 했다. 이와 같은 반발과 소통 불능 상태가 지속됨에 따라, 결국 매클린톡이 내세웠던 개념은 일고의 가치도 없는 것으로 폐기되기에 이르렀다.

그런데 전혀 엉뚱한 곳에서 해결의 실마리가 풀렸다. 60년대 말, 이른바 분자생물학 분야에서 혁명적인 사건들이 잇따라 터져 나오면서 그동안 수수께끼로 남아 있던 문제들이 하나둘 밝혀지기 시작한 것이다. 이 무렵 분자생물학의 대가로 알려진 자크 모노(Jacques Monod)는 다음과 같은 선언을 했다.

"생명에 남은 비밀? 곧 모든 것이 밝혀진다. 그날이 머지않았다."

자크 모노의 말대로 그날은 곧 다가왔다. 새로운 지평에 들어선 분자생물학은 30여 년 전 매클린톡이 확인하고 기록한 여러 현상들이 사실임을 입증해주었다. 그에 따라 "매클린톡이라는 황당한 여자가 꾸며낸 헛소리"로 폄하된 채 오랜 세월 무시되어 온 '자리바꿈'(transposition, 특정 기능을 발휘하는 유전자의 한 단위가 통째로 자리를 옮기는) 현상 또한, 더 이상 논란의 여지가 없는 확실한 이론으로 정립되었다.

'자리바꿈'으로 열어젖힌 생명의 비밀

1960년대 말에 이르자 사람들은 유전자가 생명의 비밀을 간직한 열쇠라는 점에는 동의하고 있었다. 하지만 그 무렵 사람들이 이해하는 유전자란, 가느다란 실에 차례차례 꿰어진 구슬 혹은 차곡차곡 쌓인 벽돌처럼 늘 제자리를 지키는 고정된 것이었다.

반면에 매클린톡은 1950년대 초부터 유전자가 갑자기 대열을 이탈하여 다른 자리로, 심지어 개별 염색체들 사이로 이리저리 옮겨다닌다고 보았다. 그뿐 아니라 이런 식의 유전자 재배치가 생명체의 유전정보 전달 과정과 전체 수행을 조절하는 데 아주 중요한 역할을 한다고 생각했다. 다시 말해 매클린톡은 유전 요소들이 원래의 염색체 자리에서 다른 자리로 이리저리 움직이며 자리를 바꾸는 것은 물론이거니와, 이러한 자리바꿈 현상이 새로운 유전정보를 산출하고 또한 이런 현상이 일정하게 일어나도록 이미 유전자에 각인되어 있다는 점을 20년 전부터 일관되게 주장해 온 것이다.

처음에 매클린톡의 주장은 전혀 받아들여지지 않았다. 그러나 20년이 흐르는 동안 그녀의 가설을 뒷받침할 만한 많은 증거들이 수집되었고, 1960년대 후반에 이르러 분자생물학의 지평이 열리면서는 마침내 분자 단위에서 자리바꿈이 일어난다는 증거가 발견되기 시작하였다. 이는 지난 25년간 굳건히 유지되어온 유전자의 기본 개념과 정면으로 부딪히는 일대 사건으로, 만약 유전자의 '유동성'이 확인되면 유전자의 작용 방식에 대한 개념 자체가 달라져야만 했다.

이후 상황은 마치 유전정보를 담고 있는 게놈이 그동안의 정태적 청사진에서 튀어나와 현장에서 마구 활동을 벌이는 것처럼 드라마틱하게 변해갔다. 유전자는 이제 더 이상 기다란 실에 꿰어진 구슬과 같은 DNA가 아닌, 한결 역동적인 구조로 인식되기 시작했다. 하지만 문제는 여전히 남아 있었다. 유전자의 역동적인 구조를 이해하기 위해서는 튀어나오는 유전자의 활동을 지시하는 것이 대체 어디서 비롯하는지를 찾아내야 했던 것이다.

그런데 매클린톡은 이에 대한 명확한 대답까지 이미 가지고 있었다. 유전자의 활동은 유전자 내부에서 결정되는 게 아니라는 것, 오히려 세포 전체, 나아가 세포로 구성된 생명체, 혹은 환경 전반에 의해 영향을 받고 지시를 받는다는 것이 그녀의 답변이었다. 이에 정통파 유전학자들은 그건 황당한 억측에 불과하다며 또다시 반발했다. 그도 그럴 것이 상당 기간 유전학은 "생명체 내부에서 '우연히' 빚어진 결과를 기반으로 주어진 환경에 적자생존 한다"는 정태적 해석에 따라 진화를 설명하는 입장을 취해왔기 때문이다. 이처럼 기존의 입장을 고수하는 이들에게, 생명체 내의 유전 현상이 외부 환경으로부터 영향을 받는다는, 즉 '상호 소통'에 무게를 둔 매클린톡의 주장은 받아들이기 어려운 것이었다.

생물학에서 일어나는 혁명의 한복판에 바바라 매클린톡이라는 여성 예언자가 홀연히 모습을 드러냈다고 해도 과언이 아닐 이 상황에 대해, 하버드 대학의 매튜 매슬슨(Matthew Meselson) 교수는 이렇게 썼다.

> "현재는 어렴풋이 짐작밖에 할 수 없는 형편이지만, 세월이 흘러서 더욱 복잡하고 정교한 유전학 이론이 정립되는 날, 사람들은 그녀를 새로운 생물학의 창시자로 다시 기록할 것이다."

과학계의 예언자, 혹은 영원한 이단자

그녀가 몸담았던 콜드 스프링 하버(Cold Spring Harbor) 연구소는 이제 그녀의 공적을 기리는 의미에서 '바바라 매클린톡 연구소'로 이름이 바뀌었다. 그러나 이 연구소에서조차 매클린톡은 '다른 세상에 사는 인물'로 기억되고 있다. 뿐만 아니라 그녀가 발견한 유전자의 '자리바꿈' 현상은 이미 정설로 인정되었지만, 그 현상을 어떻게 이해하고 있는가에 대한 그녀와 다른 이들 사이의 괴리감은 아직도 넓고 깊기만 하다.

유전자의 자리바꿈 현상을 처음 발견한 사람은 물론 매클린톡이다. 그러나 이 현상은 그녀가 제외된 상태에서 완전히 다른 방식으로 확인되고 재발견되었다. 이는 다시 말해 그녀의 작업 결과는 충분히 인정을 받고 있음에도 불구하고, 그녀의 작업 방식이라든지 설명하는 방법과 논리 등은 여전히 학계에서 수용되지 않고 있음을 의미한다. 노벨상 수상이 이슈가 되면서 그녀의 특별한 작업 방식이 세간에 회자되고, 이에 따라 '새로운 가능성'이라는 전제 하에 그녀를 인정하는 과학자가 소수 생겨난 것은 사실이지만, 매클린톡은 지금도 논란의 중심에 선 과학계의 이단자로 남아 있는 상태다.

바바라 매클린톡의 일대기가 단순히 미운 오리 새끼나 신데렐라 같은 동화, 즉 세상의 몰지각한 편견 속에 천덕꾸러기로 묻혀 살다가 어느 날 진실이 빛을 발하며 지난 세월을 모두 보상받게 되는, 그런 가슴 벅찬 이야기의 틀을 따르지 않는 이유는 여기에 있다. 그녀의 이야기는 한 여성의 삶을 단편적으로 조망하는 식으로는 결코 파악하기 어려울 만큼 복잡다단한 맥락 속에 얽혀 있다. 따라서 그녀가 걸어온 길을 총체적으로 이해하기 위해서는 단지 그녀의 개인적인 삶을 아는 것뿐 아니라 학문의 본질에 대한 질문을 제기하고, 나아가 개인과 집단의 관계에 대한 성찰도 이루어져야만 한다.

오늘날 사고의 틀 자체에 대한 회의는 대단히 중요한 주제로 부각되고 있다. 그리고 이와 같은 회의에서 파생되는 새로운 개념이나 이론은 대단히 개인적인 차원에서 먼저 꼴을 갖추기 마련이다. 하지만 개인적인 차원에서 정립된 내용이 학문의 일부로 편입되기 위해서는 특정 집단의 공식적인 인정을 받아야 하고, 이를 위해서는 먼저 그 집단의 일원이 되어야 하는 것도 사실이다.

학문은 개인의 천재성만으로 성취되는 게 결코 아니다. 개인이 아무리 뛰어나도, 소속 집단의 승인과 후원이 뒷받침될 때라야 그는 비로소 자신의 생각을 계속해서 발전시켜갈 수가 있다. 그래서 개인들은 늘 모호하고 때때로 무척 복잡한 집단과의 관계를 유지하려 애쓰며 집단 내 질서에 순응하곤 한다. 이와 반대로 관계가 순조롭지 못할 때, 개인과 집단 사이에는 불화가 생기고 서로를 배척하는 사태가 빚어지기 십상이다. 이런 경우 개인은 대개 집단에서 축출되고, 학자로서의 자격을 스스로 포기하게 된다.

다행히 만의 하나 정도로 아주 드물게 사태가 역전되기도 하는데, 이는 학문에서 이단이 갖는 의미를 곱씹어볼 수 있는 훌륭한 계기가 되어준다는 점에서 매우 중요하다. 바바라 매클린톡의 일대기가 더욱 소중하게 여겨지는 이유는 바로 이 때문이다. 그녀의 삶은 학문에서 이단이 생겨나는 조건과 이단적 학문의 소중한 역할에 대해 많은 생각을 하게 만들 뿐 아니라, 학문의 목적과 가치가 얼마나 다양할 수 있는지에 대해서도 다음과 같은 성찰이 일어나도록 돕는다.

학문이 발전하는 데 개인의 관심과 집단의 관심은 어느 정도 양립할 수 있는가? 학문을 하는 사람은 모두 같은 방식으로 자신의 견해를 설명해야만 하고, 늘 동일한 목적 하에 동일한 방식으로 질문해야 하는가? 서로 다른 분과여서 상이한 방법론을 쓰는데도 그들 간에 내용상의 불일치가 없어야 하며, 도출된 결론 역시 같아야만 하는가? 만약 질문을 던지고 답을 구하는 방식이 너무나 다를 경우, 이러한 '다름'이 학자들 사이의 소통에 어떤 식으로 영향을 끼치는가?

예를 들어 자리바꿈 현상에 대한 매클린톡의 발견을 동시대 과학자들은 왜 그대로 받아들일 수 없었을까? 생물체의 생명 활동을 설명하고 조망하는 그녀의 방식이 다른 학자들의 방식과 상이했다면, 도대체 이러한 차이를 일으키는 요소는 무엇이고, 어떤 식으로 차이가 계속해서 확장되어가며, 그 차이가 궁극적으로 어떤 결말에 이르게 되는지를 함께 살펴보는 게 최선 아니겠는가?

'다름'을 관찰하는 그녀의 '다른' 방식

과학사가인 토마스 쿤(Thomas Kuhn)은 과학 '집단'의 특성과 그것이 이루어지는 과정 및 재편되는 양식을 설명하면서 "학문의 변화 내지 그에 대한 저항은, 학자가 인간임에도 불구하고 발생하는 게 아니라 학자도 인간인 까닭에 발생하는 것"이라고 말했다.

그에 비해 나는 이 책에서 과학을 하는 '개인'에 주목하려 한다. "개인의 고유한 특성과 삶의 여정이 과학에 고스란히 투영되는 경우"에 초점을 맞추고 있다 할까. 과학에서 요구하는 특정 개념의 틀을 수용하는 것과 관련해, 과학자들은 종종 그 분야의 주도적 경향에 순응할지 아니면 저항할지를 결정해야 하는 상황에 직면하곤 한다. 이때 매클린톡을 포함해 개인적 깨달음을 자신의 작업에 투영시키는 사람들은 항상 집단의 주도적 흐름을 거역하는 경향을 보인다.

한 시기 집단의 주도적 흐름을 거스른 매클린톡의 일대기인 이 책은, 한 과학자의 개인사인 동시에 과학 집단의 지성사이기도 하다. 학문이라는 것은 개인적 작업의 결과물인 동시에 그 개인이 속한 집단의 공동 노력이기 때문이다. 그럼에도 내가 주력하는 것은, 태생적인 것이든 삶을 통해 습득된 것이든, 그녀의 개인적인 '스타일'과 그녀 특유의 행동 양식을 드러내는 것이다. 오늘날의 통상적 생물학 연구와 관련하여 매클린톡의 스타일은 무척 독특하고 개인적이다. 그녀의 관심 또한 사물의 개별성과 독특함에 쏠리고 있다. 그녀는 곧잘 이런 말을 했다.

> "옥수수를 볼 때도 역시, 뭔가 다른 점이 없나 살펴보고 다른 점이 있다면 도대체 그 이유가 뭔지 그걸 찾아내는 능력을 키워야 해요. 뭔가 예사롭지 않은 게 있다면, 무엇보다 그게 뭔지를 알아내야 하는 거예요."

바바라 매클린톡은, 학문하는 사람들이 흔히 분류하고 수치로 정리하는 버릇이 있어서 개체 사이의 '다름'을 간과하게 된다는 점을 늘 안타까워했다. 그런 방식으로 대상을 다루게 되면, 특정 범주에 속하지 않는 것들은 흔히 그 중요한 차이에도 불구하고 "예외로, 이탈로, 자격 미달로" 취급된다고 그녀는 또한 지적했다. "왼쪽 아니면 오른쪽"이라는 식으로 분리하느라 "실제 무슨 일이 벌어지는지"를 계속 놓치게 되고, 그로 인해 큰 손실을 겪을 수밖에 없다는 것이다.

말로 다 설명할 수 없는 유기체와의 '교감'

나는 매클린톡이 100년쯤 전에 태어났다면 매클린톡은 틀림없이 생명체의 모양새를 꼼꼼히 들여다보는 일을 천직으로 삼는 전통적인 박물학자(naturalist)가 되었을 거라고 생각한다. 이 칭호가 매클린톡에게 딱 들어맞는 표현은 아닐지언정, 그녀는 참으로 전통 생물학자에게서 볼 수 있는 철저한 관찰 태도를 타고난 사람이었다. 아울러 그녀는 실험을 통해 학문 탐구의 기쁨과 성과를 확인하는 20세기 생물학자의 특성도 완벽하게 갖추고 있었다.

또한 그녀는 사물의 형편을 이해할 때면 대단히 현대적이고 실증적인 실험을 시도하면서도 세밀한 사항에 얽매임 없이 전체를 한꺼번에 파악하는 통찰력에 의존하는 편이었다. 이런 식으로 사태 전반을 해석하고 성찰하는 능력은 과학자 모두에게 필요한 요소이긴 하지만, 이를 일상적이고 직접적인 판단의 근거로 삼는 매클린톡의 방식은 확실히 독특한 것이었다. 더욱이 지성과 감성이 절묘하게 혼합된 그녀의 방식을 남들이 그대로 따라 하기란 결코 간단한 일이 아니었다.

심지어 매클린톡 자신조차 그것을 어떻게 '알게 되었는지' 정확하게 서술하지 못할 때가 종종 있었다. 그녀는 말로 드러내서 설명할 수 없는 '한계'가 있음을 토로했고, 그때마다 생명은 '교감'임을 강조했다. 그럴 때 그녀는 마치 신비주의자처럼 보였다. 하지만 정상급 신비주의자들이 그러하듯이, 그녀 또한 엄격한 정확성을 역설했다. 마찬가지로 정상급 과학자들이 그러하듯이, 그녀에게도 관찰 대상을 향한 몰입, 더 나아가서는 대상과 분리를 느끼지 않는 '하나 됨'이 필수였다.

매클린톡은 또한 자신의 선택으로 속세를 떠난 은둔자이기도 했다. 그녀가 주로 관계를 맺어온 과학 집단의 주변부에 머물 수밖에 없었던 그녀의 일대기는, 집단의 이익이 거대하고도 충격적인 도전에 직면할 경우 어떤 식으로 개인을 고립시키는지를 보여준다. 그녀는 본인의 의도와 무관하게 점점 학문 연구의 중심에서 떨어져나와 외톨이가 되었고, 그 과정에서 그녀가 사용하는 언어 체계도 중심의 언어와는 사뭇 달라졌다. 노벨상 수상자로 지명된 이후 사람들의 주목을 받긴 했지만, 그녀는 그런 식의 영광을 달가워하기보다는 오히려 자기만의 독립된 공간 안에서 자율적으로 살아가는 삶을 즐기는 쪽을 택했다.

이런 성향 때문인지, 내가 이 책을 기획할 당시에 그녀는 전혀 세상에 알려진 사람이 아니었다. 당신의 일대기를 써보겠노라는 얘기를 내가 처음 꺼냈을 때도, 그녀는 누가 세상에 드러나지 않은 사람에 대해 흥미를 갖겠느냐면서 극구 나를 말렸다. 하지만 나는 바로 그런 이유로 더더욱 매클린톡에 관한 책을 쓰고 싶었고, 이런 생각은 그녀와 만나 이야기를 나눌수록 더 강해져갔다. 그녀가 자신의 연구 내용을 설명하면서 '비정상적이고 예외적인' 경우들에 주목해야 한다고 강조할 때마다, 나는 무언가 내 마음 깊은 곳 어딘가를 강타하는 듯한 느낌을 받았다. 또한 맨 처음 그녀를 만났을 때 그 또랑또랑한 할머니의 목소리를 들으며 직감적으로 느꼈던 특별한 점들을 하나하나 확인하는 과정은 내게 벅찬 감격을 안겨주었다.

그녀와 대화를 나누고 이를 정리하는 동안, 나는 매클린톡의 삶이 갖는 가장 큰 특징과 의미가 그녀의 독립성에서 비롯된 것임을 깨닫게 되었다. 단순하고 소박한 삶은, 요즘 과학자들이 추구하는 현대과학과는 정반대의 모습을 띠지만, 그녀에게는 분명하고 확고한 자신의 길이었다. 그래서 그녀는 흔들림 없이 그 길을 갔다.

여러 개의 과학은 가능하다

이 책을 위해 바바라 매클린톡을 만나 여러 차례 이야기를 나눈 다음, 나는 매클린톡이 실험하고 연구한 분야에서 그녀를 기억하는 사람들을 찾아다녔다. 그들은 서로 다른 입장에서 매클린톡을 회상했고, 이는 매클린톡 혼자 기억해낸 이야기를 더욱 정교하게 복원시켰다. 대개는 유전학이 성립되던 당시에 함께한 동료들이어서 그들이 기억하는 건 아득한 옛 시절의 단편적인 일들에 불과했지만, 간혹 매클린톡이 과거에 목소리 높여 이야기했던 게 얼마나 중요한 것이었는지 이제야 새삼 깨닫는다고 얘기하는 사람도 제법 있었다.

이들의 이야기를 종합하는 과정에서 나는 이 분야, 즉 1960년대 분자생물학이 성립되는 과정에 대한 공부가 필요함을 절감했다. 그래서 새로 배우는 심정으로 이를 다시 공부했고, 독자들 또한 내가 공부하며 밟아간 과정을 그대로 따라가며 이해할 수 있도록 이 책을 꾸며보았다.

1장에서는 바바라 매클린톡이 과학자로 성장하기까지의 배경을 요약했다면, 2장에는 자신의 유년기를 회고하는 그녀의 목소리를 그대로 실었다. 그리고 나머지 뒷부분에는 바바라 매클린톡이 들려준 이야기와 그녀를 기억하는 이들의 증언과 기록을 참고하여, 매클린톡이 학업을 시작해 오늘날에 이르기까지 어떻게 활동을 어떻게 했는지 생생하게 보여주고자 했다.

이 책을 집필하면서 내가 독자로 상정한 그룹은 세 부류로 나뉜다. 첫째는 생물학에 전혀 문외한인 그룹으로, 그들에게는 이 책이 낯선 분야에 대한 안내서가 될 것이라 생각한다. 둘째는 유전학의 기본 개념에 어느 정도 숙달된 그룹으로, 나는 그들이 이 책을 통해 옥수수 유전학과 관련해 교과서에 늘 등장하는 장본인을 직접 만나는 기회를 누릴 수 있을 거라 믿는다. 또한 이 분야의 현장에서 종사하는 전문적인 이들이라면, 다른 과학자들과는 전혀 다른 방식으로 자신의 분야를 창조한 탁월한 여성 과학자의 일대기인 이 책을 읽음으로써 과학의 '새로운 언어'를 배우게 되지 않을까 예측해본다.

이 책 『유기체와의 교감』은 한 여성이 과학을 이해한 고유의 방식을 서술함으로써, 과학이 결코 하나가 아니라 사실상 여러 개로도 가능하다는 점을 밝히고 있다. 나 역시 이 책을 쓰는 동안 학문이 과연 무엇인지, 개인의 창조력과 집단의 공신력이 어떤 식으로 서로 영향을 주고받는지에 대해 많은 생각을 할 수 있었고, 무엇보다 '정통'이라고 여기는 것과는 전혀 다른 시각들도 얼마든지 가능하다는 점을 깨우칠 수 있었다.

결과적으로 나는 이 책을 통해 과학과 세상에 대해 내가 갖고 있던 선입견을 많이 벗어버림으로써 이를 통해 안목을 넓혔다고 할 수 있다. 내 인생에 큰 행운이 아닐 수 없다.

이블린 폭스 켈러

1장. 바바라 매클린톡의 시대

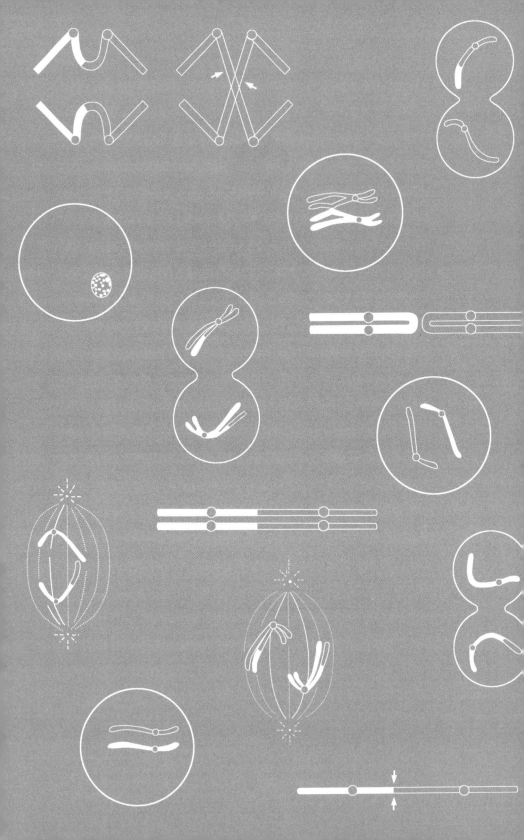

유전학과
매클린톡의 만남

세포유전학이라는 학문의 등장

바바라 매클린톡이 농과대학에 입학한 당시에만 해도, 유전학은 이제 갓 학문으로 인정받기 시작한 분야였다. 유전학이 출현한 건 물론 그 이전의 일이다. 우연의 일치인지 이 또한 그녀의 출생 시기와 거의 일치한다.

오스트리아 어느 수도원에서 완두콩을 재료로 끈질기게 교배실험을 이어가던 아마추어 생물학자 멘델(Johann Gregor Mendels, 1822~1884) 수사가 평생에 걸쳐 정리해둔 유물이 세상에 드러나 빛을 본 게 1900년. 바바라 매클린톡이 세상에 태어나기 이태 전의 일이다. 그러나 이러한 작업을 통칭하는 '유전학(genetics)'이라는 이름이 사용되기 시작한 것은 1906년 영국 출신의 생물학자 베이트슨(William Bateson, 1861~1926)에 의해서였다. 그리고 매클린톡이 일곱 살 되던 해인 1909년, 덴마크 출신의 생물학자 요한센(Wilhelm Johannsen, 1857~1927)이 처음으로 '유전자(gene)'라는 명칭을 붙였다.

이런 과정을 거치며 유전학은 차츰 자리를 잡아갔지만, 그때까지만 해도 '유전자'의 개념조차 명확하지 않았던 게 사실이다. 유전자가 생명체 속에 실재하는 물질인지 아닌지조차 애매한 상태였다고 할까. 그것은 그저 세대를 거치면서 전달되는 생명체의 규칙적인 특질을 가리키는 개념 정도로 정리될 뿐이었다. 다만 그 무렵, 세포 속에 있는 염색체(chromosomes)의 존재가 학계에 보고된 것은 주목할 만하다. 그러고 나서 1902년, 대학원 학생이던 미국의 서튼(Walter Sutton)과 독일의 동물학자 보페리(Theodor Boveri) 두 사람은 각각 멘델이 이름 붙였던 '특질인자'(생물체의 특질을 전달하는 유전자)가 세포 속에 있는 염색체와 모종의 관련이 있으리라는 견해를 밝혔다. 그러나 그 견해를 뒷받침할 만한 실증적 자료는 아직 나오지 않고 있었다.

유전자와 염색체 사이에 연관성이 있다는 증거들이 활발하게 수집된 것은 매클린톡이 코넬 대학에 입학한 1919년 무렵이다. 그중에서도 특히 초파리의 대가로 알려진 모건(Thomas Hunt Morgan, 1866~1945)이 컬럼비아 대학교에 초파리 실험실을 설치하고 진행한 작업은 유전학 분야의 새로운 이정표가 되어주었다. 1910년에서 1916년 사이, 모건은 그 실험실에서 스터티반트(A. H. Sturtevant) 멀러(H. J. Muller), 브리지스(C. B. Bridges) 등과 함께, 과일 찌꺼기가 시큼해질 때면 주변에 몰려드는 작은 파리, 즉 생물학 학명으로 '드로소필라(Drosophila)'라고 불리는 일명 초파리를 재료로 하여 염색체와 유전학에 대한 획기적인 연구를 감행하였다. 그 결과 세포 속의 염색체가 곧 유전자로 작용한다는 견해가 상당히 신빙성을 얻기 시작하였다.

그렇게 해서 세포유전학이라는 학문이 탄생하게 되었다. 눈에 보이는 유전적 특질이 서로 다른 놈들을 교배시켜 (초파리의 경우 눈 색깔과 날개 모양에서 차이가 난다) 다음 세대에 어떤 특질이 우세하게 나오는지를 기록하고, X염색체 혹은 Y염색체 같은 유전자와 유전형질의 관계를 살피는 것이 바로 그 학문의 주요 내용이다. 이를 근거로 유전학자들은 멘델의 유전법을 가능하게 하는 물질적 실체를 확인하였다. 이와 같은 방식으로 실험한 자료들을 가지고 마침내 모건은 스터티반트, 멀러, 브리지스와 공동으로 1915년에 『멘델법의 기계적 원리(the Mechanism of Mendelian Heredity)』라는 책을 발간하였다. 유전학 전반을 염색체의 모델로 설명한 최초의 책이라는 점에서, 이는 불후의 명작이라 불릴 만했다.

뒤이은 몇 년 동안 학계에서는 모건의 작업에 대한 열띤 토론이 이어졌다. 누구보다 멘델법을 옹호했던 베이트슨마저 유전학의 토대를 그와 같은 물질적 성분으로 환원하는 데 이의를 제기하였다. 이 점에 대해서는 모건 자신도 처음에 대단히 회의적이었던 것으로 전해진다. 그러나 염색체와 유전자 사이의 관계를 밝혀주는 단서가 점차 늘어남에 따라, 염색체가 곧 유전 현상을 일으키는 물질적 실체라는 점은 더더욱 확실해져갔다.

하지만 이런 기류는 기껏해야 몇몇 대학 내에서만 통용되는 것일 뿐, 농업학교 선생이나 농촌지도자처럼 대학 바깥의 생물학 현장에서 일하는 이들은 생물학을 '추상화'시키는 새로운 변화를 받아들일 기색이 전혀 없었다. 1911년 모건이 '세포를 연구해야만 농장 실험에서 확인되는 결과들을 제대로 설명할 수 있다'고 선언했음에도, 실제 농촌 현장에서는 세포학의 필요성을 체감하지 못하는 형편이었다.

현대 유전학의 '주춧돌'을 놓은 여자

초파리가 아닌 옥수수만을 대상으로 연구를 했던 코넬 대학의 사정도 크게 다르지 않았다. 1927년 바바라 매클린톡이 코넬 농과대학에서 식물학으로 박사학위를 받을 때만 해도, 컬럼비아 대학의 모건 교수가 주도하는 초파리 실험의 성공과 이에 따라 예고된 세포학과 유전학의 결합 같은 '새로운' 소식은 아직 코넬에 당도하지 않은 상태였다.

코넬 대학에서는 매클린톡의 지도교수인 롤린스 에머슨(Rollins A. Emerson)의 영향으로 유전학 실험과 관련해 모두들 옥수수를 재료로 쓰고 있었다. 알록달록 다양하고 예쁜 색깔의 무늬가 만들어지는 옥수수 열매는 그래프처럼 선명해서, 빛깔 별로 유전형질을 읽어내기가 무척 쉬웠다. 반면에 열흘이면 교배를 통해 다음세대를 얻을 수 있는 초파리에 비해, 옥수수는 훨씬 긴 기간을 필요로 한다는 단점이 있었다. 그러나 어떻게 보면 이런 단점은 장점이기도 했다. 한참을 기다리는 동안 연구자는 각각의 옥수수 그루들이 갖는 특성을 충분히 익힐 수 있고, 또 열매에서 싹 튼 옥수수가 자라서 다시 열매를 맺기까지의 과정 전체를 자세히 살필 수 있기 때문이었다.

코넬 대학의 연구진은 이런 식으로 옥수수의 성장 과정을 살피면서 계속해서 교배실험을 하고 있었지만, 옥수수의 염색체를 분석하는 작업은 아직 시도해본 적이 없었다. 그런데 대학원 학생이던 매클린톡이 '사건'을 저질렀다. 옥수수도 초파리와 같은 방식으로 접근할 수 있으리라 생각해온 그녀가, 현미경으로 옥수수 세포 속의 염색체를 들여다볼 수 있음을 실제로 입증해 보인 것이다. 교배실험을 통해 생명체 전체의 유전 양식을 관찰하던 방법에서 벗어나 세포 속 염색체를 들여다봄으로써 연구의 새로운 통로를 마련한 그녀의 시도는, 유전학의 발전에 큰 획을 긋는 사건이었다.

그 무렵 존 벨링(John Belling)이라는 세포학자가, 세포의 특정 부분에 색깔을 입히는 아주 편리하고 중요한 염색 기술을 개발하였다. (세포 속의 유전물질만 염색이 되어 선명히 드러나는 까닭에 이를 염색체라고 부르게 된 것이다. 역자주) 이 새로운 기술을 사용해서 바바라 매클린톡은 크기와 모양과 특성에 따라 옥수수의 염색체들을 구별하는 데 성공하였다.

그다음으로 시도한 작업은 실험실에서 진행한 염색체 연구 결과를 농장에서의 교배실험 결과와 서로 연결시키는 것이었다. 이를 몇 해동안 꾸준히 시행하고 그 결과를 논문으로 발표하면서, 매클린톡은 옥수수를 초파리처럼 이 분야 연구에 필수적인 실험 재료로 등극시키는데 성공한다. 이 과정에서 매클린톡은 미국 유전학을 선도하는 인물로 부각되었다.

1931년 그녀는 당시 같은 과 후배였던 해리엇 크레이턴(Harriet Creighton)과 공동으로 《국립과학아카데미 회보(*Proceedings of the National Academy of Sciences*)》에 「옥수수의 교배실험에서 세포와 유전물질의 상호관계」라는 논문을 발표했다. 생명체의 생식세포가 생성되는 동안 유전정보가 교환되는데, 바로 이때 염색체가 교환된다는 사실을 규명한 이 논문은, 현대 생물학이 성립되는 데 결정적인 역할을 한 실험 중 하나로 손꼽힌다. 이로써 유전학은 염색체 연구를 토대로 할 때만 가능하다는 사실이 확실하게, 최종적으로, 나아가 완전하게 입증되었다.

「유전학 고전 논문 모음(Classic Papers in Genetics)」에서 제임스 피터스(James A. Peters)는 당시의 일을 다음과 같이 묘사하였다.

"이로써 드디어 스무고개의 마지막 관문을 통과하여 완벽한 답을 얻은 셈이다. 세포로 나타나는 특성과 유전자의 활동이 완벽히 일치하는 실험 결과를 통해, 이들 상호간의 연결 관계가 명백하다는 점이 확실하게 밝혀졌다. 이들의 논문을 가리켜 현대 유전학의 '이정표'라고들 칭하지만, 이는 충분치 못한 평가이다. 내가 볼 때 이는 정녕 현대 유전학의 '주춧돌'이다."

분자생물학이라는
신화의 탄생

생물학에 불어 닥친 거대한 회오리

1930년대 매클린톡은 코넬 대학에서 캘리포니아 대학을 거쳐 미주리 대학으로 자리를 옮긴다. 그 사이에도 그녀는 꾸준히 실험을 하고 그로부터 얻은 연구 결과를 발표하면서 세포학과 유전학이 서로 뗄 수 없는 관계임을 입증한다. 그러다 1939년에 미국 유전학회 부회장으로 선출된 이후 1944년에는 국립과학아카데미 정회원이 되었으며, 1945년에는 드디어 미국 유전학회 회장이 되었다.

국립과학아카데미 회원으로 선정된 1944년에, 그녀는 '자리바꿈(transposition)' 현상의 발견에 이르게 될 일련의 실험을 시작한다. 오늘날에는 이 자리바꿈 현상이야말로 그녀의 가장 큰 공헌으로 인정되고 있지만, 당시에는 그저 '황당한' 생각에 불과했고 그런 생각을 하는 사람은 이 세상에 오직 그녀 하나였다. 같은 분야의 사람들에게조차 그녀의 생각은 너무나 급진적인 것으로 평가되었다.

과학자로서 매클린톡이 개인적으로 의미 있는 활동을 이어간 1944년은 유전학 전체 역사를 통틀어서도 획기적인 사건이 기록된 해라고 말할 수 있다. 그 주인공은 바로 미생물학자 오스월드 에이버리(Oswald T. Avery)로, 그는 동료인 콜린 매클로드(Colin MacLeod), 매클린 매카시

(Maclyn McCarthy)와 더불어 그 해에 새로운 논문을 발표하여 DNA구조가 다름 아닌 유전을 담당하는 물질적 토대임을 밝혔다.

그런데 매클린톡이 본격적인 활동을 벌이기 시작한 무렵, 생물학 전반에는 엄청난 혁명이 몰아치고 있었다. 유전학과 세포학의 결합이 생물학의 제1차 혁명이었다면, 이 시기에 도래한 것은 제2차 혁명이라 할 만했다. 무엇보다 주목할 것은 분자생물학의 탄생 신화가 여기저기서 터져 나왔다는 점이다. 넘치는 액션, 손에 땀을 쥐게 하는 서스펜스, 파란만장한 드라마가 압축되어 빠른 속도로 펼쳐지고 있었다 할까.

이런 분위기는 1950년대 중반에 접어들면서 더욱 가속화돼, 흡사 분자생물학의 회오리가 생물학 전반을 격변의 도가니로 몰아넣는 양상으로 치달았다. 금방이라도 생명의 모든 신비와 의문을 다 풀어버릴 기세였다. 이처럼 생물학이 과거와는 전혀 다른 세계로 접어들자 생물학에 필수적으로 따랐던 탐구 양식이나 해석 방법도 다른 차원으로 전개되었고, 이에 따라 매클린톡이 꾸준히 진행하며 성과를 이룩해온 작업은 점점 빛을 잃고 말았다. 생물학의 새로운 세계에서 그것은 무척이나 구차하고 또 청승맞아 보이기까지 했던 것이다.

"대장균의 생명 원리는 코끼리에게도 통한다"

원래 물리학도 출신이나 생물학 유전에도 관심을 갖고 있던 막스 델브뤽(Max Delbrück)은 1938년 박테리아에 기생하는 바이러스인 박테리오파지가 앞으로 생명의 자기복제 기능을 연구하는 데 쓰일 이상적인 재료임을 주장하였다. 이후 1941년 여름, 델브뤽은 미국 뉴욕 주에 있는 콜드 스프링 하버 연구소에서 살바도르 루리아(Salvador Luria)를 만나게 되고, 그로부터 4년 후 그들은 화학자들과 물리학자들에게 '새로운 복음'을 전파하고자 '제1회 박테리오파지 여름방학 특강'을 개설하기에 이른다.

델브뤽이 개설한 이 프로그램은 '유전학의 물질적 기반을 찾아서' 떠나는 여행이었다. 여기서 이들이 찾으려는 것은 유전학의 물질적 기반은 염색체라는 결론 정도가 아니라, 생명체 안에서 유전 현상이 일어나는 기계적 원리와 이를 발현시키는 물질적 법칙을 밝히는 것까지 포함되어 있었다. 이러한 노력은 1953년 제임스 왓슨(James Watson)과 프랜시스 크릭(Francis Crick)이 DNA 구조를 밝힘으로써 완성된다. DNA 구조 연구를 통해 왓슨과 크릭은 DNA가 어떻게 유전물질로 작용하는지, 다시 말해 유전형질의 복제와 지시 기능을 어떻게 수행하는지를 다음과 같이 요약하였다.

> "생명의 정보는 생명의 모분자(母分子, mother molecule)로 알려진 DNA에 새겨져 있다. 그에 비해 이리저리 옮겨다니며 심부름꾼 노릇을 하는 분자 RNA는 DNA에 있는 정보를 복사해 받는다. 이 RNA는 유전형질을 발휘하는 단백질 혹은 효소를 생성하는 밑그림으로 작용하는데, 이 과정 전체는 아주 철저하고 정교한 물리화학적 반응을 통해 이루어진다."

'DNA에서 RNA를 거쳐 단백질이 생성된다'는 이 설명은 아주 간략하면서도 유전정보를 전달하는 모든 과정을 요약하기에 충분했다. 프랜시스 크릭은 이 개념을 '중심교리(central dogma)'라고 명명했는데, 이후 줄곧 이 명칭이 통용되었다. 그리고 10년 동안 이 분야에서는 과학 혁명의 현장다운 흥분과 열기가 가실 줄을 몰랐다.

여러 가지 면에서 이 설정은 뉴턴물리학의 그림과 닮은꼴이다. 철저하게 기계적인 방식으로 설명한다는 점, 언뜻 보기에 모든 게 다 밝혀진 것 같지만 세부사항은 아직 드러나지 않은 점 등이 그러하다. 게다가 두 이론 모두 사태를 최대한 압축하여 최후의 공식만을 천명한다는 점도 같다. 예를 들어 뉴턴물리학에서 두 물체의 관계를 기술할 때 두 물체의 최소 표현인 질량점(point mass)을 설정하여 두 점 사이의 상호적 힘의 관계를 기술한다면, 분자생물학은 가장 작고 단순한 생명체인 바이러스 혹은 박테리아 정도를 기준으로 생명체의 전체 현상을 요약하고 있다.

이 시기 분자생물학을 하는 사람들에게 생명체란 곧 박테리아의 일종인 대장균(*Escherichia coli*)일 따름이었다. 다시 말해 박테리아가 모든 생물을 대변하는 셈이었다. 프랑스 출신의 노벨상 수상자인 자크 모노는 "대장균의 생명 원리는 코끼리에게도 통한다"고 장담하기까지 했다.

이런 현상이 유행처럼 번지면서 이제 생물학 분야에서 박테리아보다 몸집이 큰 생명체를 연구하는 학자는 바바라 매클린톡을 포함해 손에 꼽을 정도밖에 남지 않게 되었다. 똑똑하고 장래가 촉망되는 과학자라면 마땅히 박테리아를 연구하고 실험해야 했다. 생물학을 하기 위해서 반드시 옥수수 유전학의 언어를 배워야 하던 때는 아득한 먼 옛날로 사라졌고, 그에 쓰이던 언어 또한 빠른 속도로 잊혔다.

과학을 하다 보면 종종 이런 상황에 마주치곤 한다. 갑자기 새로운 지평이 솟아오르고 그 위에서 기상천외한 현상들이 벌어지는 형국이랄까? 그러면 모든 이들이 이 새로운 현상을 설명하고 이해하기 위해 달라붙고, 곧 주요 윤곽이 대략 드러나면서 나머지 것은 특별한 노고 없이도 저절로 밝혀지는 그런 단계가 오게 된다. 1960년대 말에 이르러 분자생물학은 마침내 그런 단계에 진입했고, 이 분야의 대가들은 또 다른 새로운 지평을 찾아 길 떠날 채비를 하고 있었다.

그런데 이때 상황이 돌변하였다. 섣부르게 결론을 이끌어내는 식으로 일을 처리하는 과정에서 예기치 못한 점들이 불거지기 시작한 것이다. 말하자면 대장균의 생명 원리가 코끼리에는 통하지 않는, 아니 대장균에조차 자꾸 어긋나는 사태가 매클린톡에 의해 확인되었다. 어떤 분야의 개념이 확실하게 틀을 잡아가고 있는 줄 알았는데 돌연 엉뚱하고 당혹스런 결과들이 튀어나오는 이런 현상 또한 과학 세계에서는 흔한 일이다. 문제는 이런 일이 발생하고 나면 다음 10년간은 몹시 막막한 세월을 보내야 한다는 점이다. 휘몰아치는 식으로 성장해온 지난 10년의 작업과 거기서 거둔 성과들을 이리저리 점검하고 뜯어고쳐야 하기 때문이다.

속속 드러나는 '중심교리'의 결함

간명한 도식 덕분에 각광을 받으면서 기세를 떨쳤던 '중심교리론'은 그 결함이 여러모로 지적되면서 냉정한 평가 대상이 되었다. 프랜시스 크릭이 제안했던 중심교리의 원래 개념은, '단백질을 합성하는 방향으로 유전정보가 일단 유입되면 그렇게 합성된 단백질 쪽에서 정보가 나오는 일은 절대 없다'는 것이다. 쉽게 말해 생명의 정보는 언제나 DNA에서 RNA를 거친 후 단백질로 흘러가며, DNA에서 비롯하는 정보는 결코 변경되지 않는다는 얘기다.

이와 같은 중심교리라는 이론적 틀을 고수했을 때 생기는 문제는 명확하다. 단백질이 세포에서 만들어지므로, 중심교리론의 타당성이 유지되려면 세포의 화학적 환경이 제아무리 달라져도 거기서 만들어지는 단백질은 늘 똑같은 양식으로 생성되어야 한다. 하지만 유전자 활동이 조절되는 기계적 원리를 연구한 프랑스의 자크 모노와 프랑수아 자콥(Francois Jacob)에 의해 세포 환경이 단백질의 합성 속도에 영향을 끼친다는 점이 확인되었고, 그들은 1960년 중심교리론에 중요한 수정을 요구했다.

모노와 자콥 두 사람에 따르면, 단백질은 분명히 DNA 정보를 근거로 만들어진다. 그러나 이와 동시에 유전자 혹은 '구성유전자(structural gene)'라 불리는 한 무리의 유전자는 단백질을 만들어내는 과정에서 여러 개의 스위치 노릇을 하며, 이들 스위치가 켜지고 꺼짐에 따라 전체 과정이 '연결'되거나 '단절'될 수 있다. 이런 스위치 역할을 하는 유전자를 크게 둘로 나누면 하나는 작동(operator) 스위치고 다른 하나는 조절(regulator) 스위치이다. 이들은 생화학적 변화를 일으키는 세포기질(氣質, substrate)과 공조하여 구성유전자의 활동을 억제하거나 활성화하는 방향에서 작용한다. 그런데 여기서 생화학적 변화를 일으키는 세포기질은 세포의 화학적 환경에 의해 큰 영향을 받는다.

애초의 이론에 이런 내용이 반영되어 개정된 이후로 '중심교리'는 더욱 넓게 적용되었고 위력 또한 더욱 막강해졌다. 그동안 불투명했던 점들이, 적어도 이론적으로는 모두 밝혀지는 분위기였다. 이런 식의 설명을 받아들이면 정보가 '단백질 쪽에서도 올 수가 있게' 되지만 이는 DNA의 특정 부분과 관련해 단백질 합성 속도를 조절하는 데 국한되는 현상 정도로 이해되었고, 그에 따라 정보의 흐름이 DNA에서 출발해 한 방향으로 진행된다는 중심교리의 기본 개념은 유지할 수 있었다.

그 결과 자크 모노와 프랑수아 자콥, 그리고 이들의 동료인 앙드레 로프는 1965년 노벨상을 수상하였다.

한편 대서양 건너 미국에서는 1950년 이후 줄곧 옥수수를 재료로 한 매클린톡의 실험이 계속 진행 중이었다. 그 과정에서 매클린톡은 옥수수에 있는 이른바 '조정인자(controlling elements)'를 발견, 이를 생물학계에 알리려고 백방으로 노력했다. 이 때문에 그녀는 1960년 후반 모노와 자콥의 논문이 프랑스의 《보고서(Comptes Rendus)》라는 학술지에 실렸을 때 누구보다 열광적으로 반응했다.

매클린톡은 유럽에서 이루어진 성과에 갈채를 보내며 즉시 콜드 스프링 하버 연구소에서 학회를 소집했다. 유럽 쪽에서 제출한 결과와 자기가 해온 작업의 공통점 및 차이점을 확인해보고 싶었기 때문이다. 이후 그녀는 학회를 통해 얻은 결론을 논문으로 정리하여 프랑스에 있는 모노와 자콥에게 보내고, 이어서 미국의 학술지인 《미국 자연학자(American Naturalist)》에도 게재했다. 분자생물학의 혁명적 개념을 다룬 『창조의 여덟째 날』에서, 저자인 호레이스 저드슨(Horace Judson)은 "모노와 자콥이 매클린톡의 열성적 후원에 감동했다"고 기록하고 있다.

유행을 거슬러
홀로 전통을 잇다

오래된 방식, 가장 급진적인 내용

사실 매클린톡이 생명체를 바라보는 관점은 모노와 자콥과는 전혀 달랐다. 또한 모노와 자콥은 분자생물학 분야에서 대장균을 연구한 데 반해, 매클린톡은 고전생물학의 유전학 분야에서 옥수수를 연구했다. 앞의 두 사람이 유전자가 섞이는 효과를 알아보기 위해 새로운 장비를 활용하여 생화학적 분석을 시도했다면, 매클린톡은 전통적인 자연학자들이 해오던 방식을 그대로 활용하여 서로 다른 빛깔을 띠는 옥수수 알갱이의 무늬와 옥수수 이파리에 생기는 반점들을 현미경으로 꼼꼼히 관찰하면서 염색체가 어떤 꼴을 짓는지 들여다본 것이다.

    DNA라는 분자구조가 규명되기 이전인 1944년에 시작한 매클린톡의 작업은 고전생물학의 전통을 그대로 잇는 것으로, 분자생물학이 출현하기 이전의 형식을 따랐다. 반면에 분자생물학의 토대 위에서 진행된 모노와 자콥의 작업은 본격적으로 분자생물학의 시대를 여는 데 기여했다. 나아가 유럽의 두 남자는 생명을 이루는 분자들의 기계적 원리를 탐구하는 데 열을 올렸지만, 그녀는 옥수수 열매와 이파리에 나타나는 현상들에 근거해, 내부적으로 어떻게 얽히고설켜 있기에 그런 결과가 나오는지 생각의 가닥을 잡는 데 몰두했다. 이렇게 서로 다른 조건 하에 서로 다른 방식으로 작업을 했음에도, 유럽의 두 남자 역시 매클린톡과 마찬가지로 유전자 수준에서 활동을 조절하는 인자가 있음을 발견했고, 이에 해당하는 두 종류의 스위치가 유전자에 있다는 점을 확신하였다.

매클린톡은 특정 형질을 담당하는 구성유전자 곁에 있는 유전자를 발견하고 이를 '조정인자'라 불렀다. 이는 자콥과 모노의 '작동' 유전자에 해당하는 것으로, 이 둘은 서로 다른 자리에서 확인되었으나 기능상 일치했다. 또한 매클린톡이 '활성(activator)' 유전자라 명명한 것은 자콥과 모노의 '조절' 유전자에 해당했다. 그리고 옥수수와 박테리아 모두 '작동' 유전자를 지니고 있으며, 이들은 언제나 특정한 '조절' 인자에만 작용하는 것으로 밝혀졌다. 옥수수와 박테리아의 유전자에서 보이는 이러한 공통점과 차이를 매클린톡은 당시 자신이 쓴 논문에 상세히 기술하였다.

그런데 유럽의 두 남자와 매클린톡 사이에는 아주 중요한 차이가 하나 있었다. 매클린톡에게 '조정인자'는 염색체의 특정한 자리에 못박힌 듯 고정된 게 아니었다는 점이다. 조정인자는 움직여 다녔고 이에 따라 유전자가 자리를 바꾸는 현상이 발생했으며, 매클린톡은 이를 '자리바꿈'이라 불렀다. 그리고 덧붙여 설명하길, 이 자리바꿈 능력은 '활성' 유전자 혹은 '조절' 유전자로 조정된다고 했다.

이처럼 복잡해 보이는 매클린톡의 견해가 당시 학계에 수용되지 못한 것은 어쩌면 당연한지도 모른다. 나선형의 DNA 조각이 큰 덩어리 속에 끼어들거나 거기서 떨어져 나오는 현상들은 이미 보고되어 있었지만, 세포 속 DNA가 자리를 바꿔가며 새롭게 배열된다는 그녀의 생각은 당시 그 누구도 받아들이기 어려운 것이었다. 거기엔 여러 이유가 작용했지만, 무엇보다 50~60년대를 거치면서 확고해진 '중심교리'를 거스른다는 점이 큰 걸림돌로 작용하였다.

DNA의 일부가 나머지 부분에서 전달하는 신호에 따라 새롭게 배열되고, 또 매클린톡이 주장하는 대로 이 신호가 세포의 내부 환경에 의해 달라진다면, 즉 자콥과 모노가 발견한 '조절'인자의 영향을 받는다면, DNA로부터 단백질 합성까지 한 방향으로만 정보가 전달된다고 보는 중심교리론은 잘못된 이론일 수밖에 없다. 게놈 바깥 인자에 의해 조절되는 유전자 부위의 경우, 이에 대한 정보는 반대 방향, 즉 단백질에서 DNA 쪽으로 흘러야 하기 때문이다. 매클린톡은 드러내놓고 중심교리론을 반박하지는 않았으나, 그녀의 논지는 결국 중심교리의 단순한 도식으로는 옥수수 게놈의 복잡한 활동양식을 설명할 수 없다는 얘기에 다름 아니었다.

이와 같은 매클린톡의 '자리바꿈' 개념은 1950년대와 1960년대의 생물학자들에게 너무 산만하고 조악해 보였다. 더욱이 그녀가 어떻게 이와 같은 급진적인 결론을 도출해냈는지를 충분히 이해하려면 그 분야의 해박하고 명료한 인식이 필요한데, 옥수수 유전학에 대한 관심이 희박해지면서 그 분야에 전문적인 식견을 가진 사람도 점점 줄어들고 있었다. 당시 생물학은 작고 단순한 미생물 속으로만 파고드는 추세여서, 그보다 조금 더 크고 복잡한 생명의 현상을 따져볼 여유가 전혀 없었다.

그녀의 '미친' 소리는 '사실'이었다

매클린톡의 복잡하고 장황한 말투 또한 참을성 없는 사람들에게는 견디기 어려운 것이었다. 피터스의 「유전학 고전 논문 모음에는 매클린톡이 크레이턴과 공동으로 작업한 초기 논문이 실려 있는데, 그녀는 이 글의 서두에 다음과 같은 주석을 달아놓았다.

> "이 논문은 술술 읽히지 않을 것이다. 다루는 내용이 대단히 많고 모든 자료가 다 중요한 만큼, 그 내용을 일일이 기억해야만 샛길로 빠지지 않고 끝까지 따라올 수 있다. 그러나 이 논문을 완전히 이해할 수 있는 사람에게는, 생물학 전반의 문제를 마음껏 다룰 수 있다는 느낌이 생길 것이다."

그나마 초기 논문은 이후 글들에 비해 쉬운 편이었다. 매클린톡은 이미 최정상의 과학자로 자리를 굳힌 지 오래지만, 1951년과 1953년 그리고 1956년에 잇따라 발간한 논문과 관련해 그녀의 말을 들어주는 이는 아무도 없었고, 그 말을 알아듣는 이는 더더욱 없었다. 이 무렵 그녀의 말은 '횡설수설'로, 심지어 '미친 소리'로까지 묘사되곤 했다. 1960년 매클린톡이 모노와 자콥의 작업과 관련해 그것이 자기의 작업과 어떤 공통점과 차이점을 갖는지를 비교해서 밝히는 논문을 발표했을 때도, 마찬가지로 그녀는 철저히 외면당했다.

매클린톡이 적극적으로 관심을 보였던 모노와 자콥도 그녀에게 무심한 태도로 일관했다. 그들은 1961년에 발행한 유전자 조절의 기계적 원리에 대한 주요 논문에서 매클린톡의 작업을 전혀 언급하지 않았고, 다만 나중에 "불행하게도 그것을 깜박했었다"는 말로 대수롭지 않게 넘겼다. 하지만 그 다음 해 여름 콜드 스프링 하버 연구소 주최 심포지엄에 참여한 그들은, 자신들의 연구를 요약 발표하면서 다음과 같이 매클린톡의 작업 성과를 인정하였다.

"박테리아에서 작동 유전자와 조절 유전자가 확인되기 훨씬 전, 매클린 톡의 방대하고도 철저한 작업을 통해 이미 … 옥수수의 유전자에 두 종류의 '조정인자'가 있음이 밝혀졌는데, 이들 특유의 상호작용은 박테리아에서 발견한 작동 유전자와 조절 유전자의 상호관계와 대단히 유사하다고 말할 수 있다."

이때도 역시 매클린톡의 '자리바꿈' 현상에 대한 언급은 일절 없었다. 그러나 이 글이 실린 논문집의 다른 장에서 그들은 옥수수의 자리바꿈 현상이야말로 매클린톡과 자신들의 작업을 구분 짓는 중요한 차이라고 밝히고 있다.

그렇게 또 10년이 흘렀다. 그동안 순조롭게 발전해온 분자생물학 분야에서 어이없고 놀라운 몇 가지 현상이 관측된 건 바로 이 무렵이다. 그중에서도 가장 종잡을 수 없는 사건은 박테리아의 게놈에서 일부 유전자가 '튀어나오는' 현상이었다. 이를 가리켜 '튀는 유전자(jumping genes)'라 부르고 특성에 따라 '전위소(轉位素 transposons)' 혹은 '삽입인자(insertion elements)'라고도 하는데, 이 별난 유전자의 활동은 20여 년 전 매클린톡이 관찰을 통해 밝혔던 유전자의 조정 능력과 다를 게 없어 보였다. 실제로 이 현상은 모노와 자콥의 조절 시스템보다는 매클린톡의 '조정인자'와 한결 가까웠다. 다만 차이가 있다면 DNA라는 새로운 용어로 설명된다는 점뿐이었다.

박테리아에서 '튀는 유전자'가 발견되고 나서 또 다시 10년의 세월이 흐르면서, 엄청나게 복잡한 유전자의 조정 원리는 대개 유동성(mobility) 덕분에 가능하다는 사실이 드러났다. 이로써 모노와 자콥이 설명한 단순한 도식으로는 그 복잡한 생명의 양상을 제대로 설명할 수 없다는 것 또한 확인되었다. 예컨대 튀어나온 유전자가 다른 자리로 끼어들 때 그 방향이 앞쪽이냐 뒤쪽이냐에 따라 조정 기능이 달라진다. 앞으로 끼어드는 것과 뒤로 끼어드는 그 자체가 이미 서로 다른 유전 부호로 작용하게 되는 것이다.

　매클린톡이 연구한 옥수수 말고, 진핵세포에서 처음으로 이런 현상이 발견된 소재는 빵을 부풀릴 때 사용하는 효모(yeast)였다. 여기서도 특정한 조정 기능에 따라 유전자의 재배열이 이루어졌고, 이렇게 서로 다른 식의 재배열(rearrangement)이 일어남에 따라 이후의 작용도 달라진다는 사실이 확인되었다. 또한 그 다음으로 초파리에서 일어나는 돌연변이 과정에서도 '자리바꿈' 현상이 나타났으며, 그에 이어 포유류에서도 유전자의 일부가 옮겨다니는 현상이 관측되었다. 특히 쥐의 항체시스템 연구를 통해 혈액 중 항체를 만드는 DNA가 수도 없이 다양한 형식으로 유전자 재배열을 이룬다는 점이 밝혀졌는데, 이로 인해 그동안 풀리지 않던 문제 하나가 해결되었다. 항체의 모양이 그토록 다양한 까닭은 바로 유전자의 무한한 재배열 때문이었던 것이다.

매클린톡의
'진짜' 이야기를 찾아서

과학책에 쓰이지 않은 여성의 삶

뒤늦게 매클린톡의 작업이 인정받으면서 어느덧 콜드 스프링 하버 연구소는 유전자의 자리바꿈 현상을 연구하는 메카로 유명해졌다. 그러나 1941년부터 이곳에 자리를 잡고 연구에 몰두한 바바라 매클린톡은 그와 상관없이 거의 은둔자와도 같은 삶을 살아갔다. 생물학 분야에 그야말로 격변의 회오리가 몰아친 지난 40여 년 동안 죽 그래왔듯, 그녀는 바깥세상과는 아랑곳없이 자기만의 둥지를 틀고 그 안에서 자기 고유의 독특한 빛깔을 지켜온 것이다.

그래서일까. 매클린톡이라는 여성 과학자가 재평가되었음에도 진심으로 그녀를 옹호하고 그 소리에 귀 기울이는 사람은 여전히 얼마 되지 않는다. 물론 그녀의 독특한 성품과 작업에 매료되는 사람도 있기는 하다. 그런 이들은 매클린톡이 어떻게 현대 생물학의 핵심을 꿰뚫었는지 그 놀라운 접근법을 배우고 싶어 한다. 예컨대 워싱턴에 있는 카네기연구소의 니나 페더로프(Nina Fedoroff)는, 매클린톡이 행한 유전자 분석을 분자생물학의 차원에서 설명할 길을 찾으려 애쓰는 사람이다. 그녀는 매클린톡의 논문에 빠져든 일이 자신의 삶을 통틀어 "가장 특별하고 강력한 배움의 체험"이었다면서, 매클린톡의 논문이 어찌나 흥미진진하던지 "마치 탐정소설을 읽을 때처럼 손을 뗄 수가 없었다."고 고백한다.

세간의 관심이 매클린톡에게 쏠리면서 그녀가 유지해온 은둔자의 고요가 한동안 깨지기도 했다. 1978년 브렌다이스 대학은, "그렇게 훌륭한 업적에도 불구하고 매클린톡 박사는 한 번도 공식적인 인정이나 명예를 받은 적이 없다"면서 "학문의 세계에 그토록 뛰어난 상상력을 공급하고 중요한 업적을 세운 공로로" 그녀에게 그해의 로젠스틸(Rosenstiel) 상을 수여하였다.

이듬해인 1979년에는 록펠러 대학과 하버드 대학교에서 매클린톡에게 각각 명예박사를 헌정하였는데, 하버드 대학교가 밝힌 명예박사 추서 이유는 다음과 같았다.

"학문의 선구자인 그녀는 목표를 향해 흔들림 없이 전진하였다. 그녀는 철저하고 폭넓은 시각으로 세포를 연구한 결과, 생명의 유전 현상을 심층적으로 이해하는 길을 새로 열었다."

미국 유전학회 또한 1980년에 매클린톡의 '탁월한 업적과 독창성, 고집스럽게 자신의 연구에 몰두하는 학자로서의 자질'을 치켜세운 것은 물론, 다음해인 1981년에는 최초의 맥아더 상 수상자로 그녀를 선정했다. 이로 인해 매클린톡은 해마다 세금 없이 6만 달러를 받게 되었는데, 이 사실이 뉴스에 나오면서 일반인들에게까지 그녀의 이름이 알려졌다.

게다가 바로 그 다음 날 기초의학 분야에 이바지한 업적을 인정받아 라스커 상 수상자로 결정되면서, 매클린톡은 이스라엘의 울프 재단이 선정하는 네 번째 영광의 얼굴이 되었다. 아울러 '긴 세월 동안 빛을

하버드대학 명예박사 학위 수여식에서 월터 길버트와 함께 교정을 걸으며 애기를 나누는
바바라 매클린톡(1979).

보지 못했던 그녀의 발견은 엄청난 파문을 일으킨 참으로 의미 있는 작
업'이라는 찬사와 함께 상금 5만 달러도 수여되었다.

　해가 바뀐 1982년에도 수상은 이어져, 매클린톡은 그해 가을 스
스무 토네가와와 공동으로 컬럼비아 대학에서 주는 호르위츠 상을 받
았다. 더구나 이 상을 수여한 직후 그녀 주변에서는 "호르위츠 상을 받
은 사람이 곧 노벨상 수상자로 선정되는 경우가 많다"는 말이 종종 오
가기도 했다.

이처럼 세상이 전부 그녀에게 박수를 치고 상을 안기면서 찬사를 보냈지만, 정작 매클린톡 자신은 이런 식으로 급작스럽게 주목받는 일이 벅차기만 했다. 이 무렵 시사주간지 《뉴스위크》는, 방안을 가득 메운 기자들 앞에서 그녀가 '딱한 얼굴로' 했던 말을 아래와 같이 그대로 옮겨 적었다.

"난 이렇게 사람들 앞에 있는 게 불편합니다. 빨리 여길 피해서 조용한 내 실험실로 돌아가고 싶습니다."

매클린톡 스스로 느끼는 불편과는 상관없이, 평생 학자로 조용히 지내온 그녀 삶의 마지막 대목이 이렇게 된 것은 어찌할 수 없는 운명과도 같았다. 피한다고 피할 수 없는 상황이 된 것이다. 그렇다면 이 시점에 가장 중요한 것은, 40년 가까이 홀로 닦고 지켜온 그녀의 독특한 세계가 얼마나 '온전하게' 드러나는지를 지켜보고 그에 관심을 갖는 것 아닐까?

지금껏 유전학의 역사는 바바라 매클린톡이라는 여성 과학자의 감수성과는 전혀 다른 맥락에서 흘러왔다. 그녀의 특별한 식견과 해석이 유전학 역사에 어떻게 기록되고 어떤 자취를 남기는지가 매우 중요하고 의미 있는 이유는 아마도 이 때문일 것이다. 그런 점에서 나는 과학책이나 역사책만으로는 알 수 없고 헤아리기 어려운 내용, 즉 그녀가 이룬 과학적 업적과 활동 뒤에 드리운 여성으로서의 삶, 거기서 파생되고 발전한 성향에 주목했고, 그것을 알고자 매클린톡과 그 주변 과학자들을 수없이 만나며 그들이 기억을 더듬어 떠올린 지난 세월의 이야기를 들었다.

이 책의 나머지 부분에 그 이야기들이 실려 있다. 부디 독자 여러분이 그 이야기들을 직접 확인하길 바란다.

2장. 홀로 있을 수 있는 능력

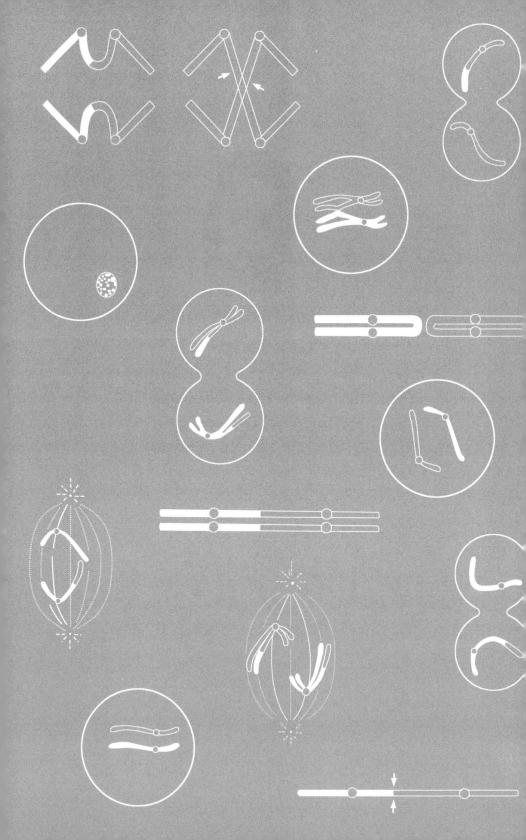

20년만의
만남

그녀에게 가는 길

맨해튼 동쪽에서 빠져나와 25A번 도로를 따라 콜드 스프링 하버 쪽으로 65킬로미터쯤 달리다 보면, 마을 어귀에 닿기 바로 전 '롱아일랜드 생물학연구소'로 향하는 길목이 나온다. 너무나 평범해서 잠깐이라도 한눈을 팔면 그냥 지나치기 십상인 길이어서, 이것만 봐서는 대학들이 방학을 시작하는 초여름마다 전 세계에서 몰려오는 생물학도로 연구소가 북적거린다는 것을 짐작하기란 쉽지 않다.

하지만 그것은 엄연한 사실이다. 해마다 6월부터 9월 초까지 이곳 연구소에서는 생물학 심포지엄이 진행되며, 엄청나게 많은 이들이 그 행사에 참여하기 위해 연구소를 찾는다. 연구 활동이나 특별한 프로젝트를 진행하고 있는 이들을 비롯해 단지 생물학과 관련한 최근 동향을 귀동냥하려는 사람들까지 몰려들기에, 연구소 내부는 말할 것도 없고 인근 해안과 주변 도로까지 북적거리기 일쑤다. 그들은 여기저기 소그룹 단위로 모여 앉아 밤낮을 가리지 않고 열띤 토론을 벌이곤 한다. 따라서 그 시기에 이곳을 방문한 이들이 이 도로를 지역의 시끄러운 장터쯤으로 기억한다고 해도 전혀 이상한 일은 아니다.

그러나 계절이 바뀌어 가을로 접어들면 콜드 스프링 하버는 전혀 다른 곳으로 변해버린다. 여름 행사로 들끓던 열기가 가라앉고 북적대던 인파가 흩어지고 나면 이곳에 남는 생물학도는 사실상 얼마 되지 않는다. 하루가 다르게 날씨는 점점 서늘해지고, 그에 따라 작은 해안엔 적막이 감돈다. 울창한 나뭇잎도 어느덧 빛이 바래기 시작한다. 그러면 여기에 상주하는 과학자들은 다시 고요한 일상으로 돌아가 연구 활동에 몰입한다.

여기는 도심의 대학이나 연구소와는 사뭇 다른 분위기이다. 도시의 야경이 주는 유혹도, 업적 위주로 사람을 평가하는 데 따른 부담스런 압력도 없다. 무엇보다 콜드 스프링 하버 연구소는 이곳에 머물며 연구하는 사람들에게 그 어느 곳에서도 맛보기 힘든 평화를 선사한다.

1978년 가을, 나는 이 책을 준비하기 위해 카세트 녹음기와 수첩 등을 가지고 콜드 스프링 하버로 향했다. 사실은 그보다 훨씬 전, 박사 과정을 밟고 있던 무렵에 '롱아일랜드 생물학연구소'에서 여름을 보낸 적이 있다. 그 당시 내 눈에 비친 매클린톡은 늘 실험실이나 그 주변 어디쯤에 서 있거나, 아니면 해안이나 숲길을 따라 걷고 있었다. 그녀의 모습은 항상 차분하고 대단히 초연해 보였으며, 그래서 조금은 이상하게 느껴지기도 했다.

나는 그녀와 같은 건물에서 지내는 동안 한 번도 그녀에게 말을 걸거나 그녀의 방을 찾아간 적이 없었다. 당시 내가 공부하던 분자생물학이 그녀의 작업과 전혀 다른 분야이기도 했고, 무엇보다 남들이 그랬듯 나 역시 그 특이한 여성에 대해 아무런 관심이 없었기 때문이다.

그로부터 20년의 세월이 흐른 후 다시 그곳을 찾아가자니 왠지 기분이 묘했다. 이제 막 스산한 바람이 불기 시작하는 계절이어서인지, 연구소는 참으로 조용하고 고즈넉했다. 내가 학생 시절에 잠시 맛보았던 부산스런 여름날의 흔적은 찾아볼 수 없는, 완전히 다른 분위기였다. 말 그대로 홀로 숨어버리기에 딱 좋을, 적막하고 은밀한 장소로 보였다. 여기서는 무엇을 하든 자신의 일이 전부이고 모든 것일 수 있을 것만 같았다.

"나는 다른 여자들과는 너무나 달라요"

매클린톡은 자신의 실험실에 있었다. 하지만 '실험실'이라는 표현은 아무래도 적합하지 않은 듯하다. 여느 실험실과는 무척 다르기 때문이다. 나는 그녀의 실험실만큼 연구자의 삶이 오롯이 배어 있고 진하게 농축돼 있는 실험실을 어디서도 본 적이 없다. 그런 점에서 그녀의 실험실은 오히려 '소우주'라 부르는 게 더 맞지 않을까, 나는 생각한다. 실험실 바로 옆방은 그녀의 연구실로, 1973년부터 그녀의 이름을 따서 '매클린톡관'이라 명명한 커다란 콘크리트 건물 깊숙한 곳 맨 끝에 그 두 곳이 나란히 위치해 있다.

나는 롱아일랜드의 굽어진 작은 해안이 한눈에 들어오는 실험실에서 매클린톡을 만났다. 그녀의 모습은 20년 전과 거의 달라진 게 없었다. 짧은 머리가 약간 더 희어지고 얼굴에 주름이 몇 가닥 더 늘었다는 점이 유일한 변화였다. 어느 한 곳 흐트러짐이 없는 몸가짐이나 태도도 그대로였다. 유행과는 거리가 먼 그녀의 블라우스와 바지에는 공들인 다림질 자국이 역력했고, 그녀가 사용하는 언어며 그에 곁들이는 몸짓 또한 군더더기 하나 없이 극도로 간결했다. 그런 그녀에게서 나는 시간의 덫에 걸려들지 않는 절제의 미학을 느낄 수 있었다.

첫 만남을 끝내고 집으로 돌아오는 길에 나는 세상 사람들이 이 특별한 여성을 가리킬 때 쓰는 몇몇 수식어를 떠올렸다. '숫기가 없고', '다가가기 퍽 힘들고', '철저하고 고집스러우며', '쉽게 사귈 수 없지만', '무척 큰 그릇'이긴 하다는 말들. 그런 표현에 선입견을 가졌는지 나 또한 무척 조심스럽게 첫걸음을 떼었는데, 생각과 달리 그녀는 나를 아주 살갑고 정중하게 대해주었다. 부끄러움에 어쩔 줄 몰라 하는 것은 오히려 내 쪽이었다.

그런 내가 안쓰러워 보였는지, 그녀는 마치 자신이 나를 인터뷰하기 위해 찾아온 사람처럼 내게 편안한 의자를 권하고 자신은 딱딱한 의자를 가져와 내 앞에 앉았다. 그런 다음 내게 몇 가지를 물었다. 나 자신과 내 관심사에 대해, 그리고 내가 공부한 분야에 대해. 나는 그녀의 인터뷰에 성실히 임했다. 그렇게 자연스럽게 대화의 물꼬를 튼 우리는 서로 통하는 게 많다는 걸 확인했고, 그 후 다섯 시간이 넘도록 '여성'과 '과학'과 또 그녀의 '삶'에 관한 많은 이야기를 나누었다. 격식에 맞는 인터뷰보다는 이렇게 여러 가지 주제를 넘나들며 자유롭게 이야기를 주고받는 것이 바로 그녀가 원하는 대화법이었다.

내가 그녀에 관한 책을 쓴다고 했을 때 그녀가 가장 먼저 보인 반응은 회의와 의심이었다. 그녀는 자기의 삶이 세상 사람들에게 흥미로울 수 있다는 점을 믿지 않았다. 자신의 체험이 다른 여성들에게 중요한 의미를 지닌다는 점도 납득하지 못했다. "나는 다른 여자들과 너무 다를 뿐 아니라 심지어 비정상인 데다 '이단'이어서, 보통의 여성들이 공감하기 어려울 것"이라는 게 그녀의 주장이었다. 자기는 어릴 때부터 지금까지 다른 여성들에게는 너무나 당연한 삶의 방식, 이를테면 몸치장이라거나 결혼 같은 것에 관심을 둔 적도 체험을 해본 적도 없으니, 자신과 일반 여성은 원래부터 다르게 생겨먹은 게 아니냐는 말도 덧붙였다.

매클린톡 안에 이런 생각이 굉장히 깊이 뿌리 내리고 있던 탓에, 그녀 스스로 자신의 삶을 정리하고 기록하도록 설득하는 작업은 쉽지 않았다. 하지만 나는 일반적이지 않다는 바로 그 점 때문에 당신의 삶이 의미가 있고 다른 여성들에게 중요한 메시지를 줄 수 있다고 끈질기게 그녀를 설득했다.

바바라 매클린톡 스스로 강조하듯, 그녀의 삶이 당시의 일반적인 여성들의 삶과는 완전히 달랐던 건 사실이다. 그녀는 육체적으로나 정신적으로, 그리고 학문적으로도 거의 언제나 혼자였다. 삶에서 부딪히는 모든 것을 혼자서 생각하고 혼자서 결정하고 혼자서 실행하고 조율해온 것이다. 그러나 그녀를 만나본 사람이라면 금방 알 수 있듯, 그녀는 혼자여서 문제를 느낀 게 아니라 반대로 충분히 만족스럽고 풍요롭고 또 훌륭한 삶을 살아왔다.

내가 볼 때 이런 그녀의 특징을 가장 잘 드러내는 말은 아마도 '자율(autonomy)'이 아닌가 싶다. 그렇다면 세상의 통상적인 기준과는 '상관없이' 완전히 자율적으로 살아갈 수 있는 그녀의 특별한 능력, 즉 정신분석가 위니컷의 글에 자주 나오는 '홀로일 수 있는 능력'은 어디서 어떻게 유래한 것일까?

바바라 매클린톡의
남다른 성장기

개척자 집안의 딸로 태어나다

바바라 매클린톡은 운명적으로 이단 혹은 개척자의 정기를 한몸에 받고 태어났다고 말할 수 있을 것 같다. 어머니는 이른바 신대륙의 개척기에 영국에서 미국으로 이민 온 가족의 후손이고 아버지 역시 스코틀랜드에서 이주한 가족의 후손이어서, 그녀는 철저한 개인주의와 개척정신의 가치를 지향하는 집안 분위기에서 성장했다.

바바라의 어머니인 사라 핸디 매클린톡(Sara Handy McClintock)은 대단히 활동적이고 쾌활한 성품의 여성이었다. 그녀는 바바라의 외할머니인 사라 왓슨 라이더(Sara Watson Rider)와 외할아버지 벤자민 프랭클린 핸디(Benjamin Franklin Handy)의 외동딸로, 그녀 부모님의 결혼은 당시 그 지역의 가장 덕망 있는 두 집안이 사돈으로 맺어진다는 점에서 화제가 되었다. 또한 메이플라워를 타고 신대륙에 건너온 이민 첫 세대의 직계후손들의 만남이라는 점에서도 주목을 받았다.

사라는 1875년 1월 22일 세상에 태어나 '그레이스'라는 이름으로 유아영세를 받았다. 돌도 되기 전 어머니가 세상을 떠나는 비극을 겪었지만, 그로 인해 1849년 골드러시 물결에 올라타 캘리포니아로 이주한 숙부와 숙모에게 보내져 그곳에서 풍족한 성장기를 누렸다. 그럼에도 사라에게 꿈에도 못 잊을 영원한 고향은 뉴잉글랜드였다. 언제나 뉴잉글랜드를 그리워하던 그녀는 '메이플라워 후손 협회'의 멤버로 열심히 활동했고, 또 '미국 혁명의 딸들 연맹'의 지역대표를 맡은 적도 있다. 바바라 매클린톡을 비롯하여 네 아이의 엄마가 된 후에는 친정의 가족사를 대단히 낭만적인 서사시로 꾸며 작은 책으로 펴내기도 했다.

감상적인 구석이 있긴 하지만, 그녀는 자신이 쓴 시를 통해 배를 타고 대서양을 건너온 조상들의 뉴잉글랜드 생활을 상세하게 보여주고 있다. 그중에서도 가장 멋진 얘기는, 그녀의 할아버지인 헤이절 핸디(Hatsel Handy)가 열두 살의 나이에 배를 타기 시작해 열아홉 살에 드디어 자기 소유의 배를 확보한 선장이 되는 대목이다. 여기서 핸디 선장은 활달한 성품에 썰렁한 유머도 곧잘 구사하는, 무척 자립심이 강한 모험가로 묘사된다.

사라가 펴낸 책의 주제는 '비록 내가 공감할 수 없다고 해도 다른 사람의 행동을 그대로 인정하라'는 것이었다. 이는 사라가 묘사한 헤이절 핸디 외할아버지의 성품인 동시에, 그녀 자신의 인생철학이기도 했다. 하지만 그녀의 아버지는 전혀 기질이 달랐던 것 같다.

사라의 아버지 벤자민 프랭클린 핸디는 무척 고지식한 사람으로 지역 교회의 목사로 일했다. 형편이 여의찮아 딸을 직접 키우지는 않았지만 멀리서도 딸에 대한 교육 원칙은 철저히 고집했던 것으로 보인다. 그 결과 큰딸 사라 핸디, 즉 매클린톡의 어머니는 캘리포니아에서 대단히 매력적인 아가씨로 성장하였고, 흠잡을 데라곤 없는 신붓감이 되어 고향 부모님 집으로 돌아왔다. 그녀는 피아노 연주도 수준급인 데다 글이며 그림 솜씨 또한 누구에게도 뒤지지 않았다. 그런데 막상 결혼 상대자를 찾는 과정에서 이 만점짜리 신붓감은 아버지와 상당한 갈등을 겪어야 했다. 가장 큰 문제는 아버지 마음을 흡족하게 하는 총각이 단 한 명도 없다는 것이었다. 그 무렵에 등장한 토마스 헨리 매클린톡이라는 청년에 대해서는 더욱 탐탁하게 여기지 않는 눈치였다.

바바라 매클린톡의 아버지인 토마스 헨리 매클린톡(Thomas Henry MacClintock)은 1876년 매사추세츠의 나틱이란 곳에서 출생하였다. 토마스 헨리의 부모는 영국의 어느 섬에서 이민 온 사람들로, 핸디 목사가 보기에는 이 청년이나 그 부모나 외국인이나 다름없는 뜨내기에 불과했다. 게다가 토마스는 아직 의과대학에 재학 중인 학생이어서 가정을 꾸리기엔 경제적 형편이 여의찮찮았다. 그러나 토마스의 늠름한 용모와 총명한 기백은 목사의 재기발랄한 큰딸 사라 핸디의 마음을 붙들기에 충분했다. 결국 이 두 젊은 남녀는 사라 아버지의 반대를 무릅쓰고 1898년에 결혼식을 올렸다. 보스턴 의과대학의 졸업식을 바로 앞둔 시점이었다.

사라와 토마스 부부는 메인에서 신혼살림을 시작했다. 사라의 아버지 핸디 목사는 이들 부부에게 단 한 푼도 후원하지 않았다. 사라는 아버지를 제외한 친정으로부터 약간의 재정적인 원조를 받았지만, 그 대부분을 남편이 다니는 의과대학 등록금의 대여장학금을 갚는 데 써야만 했다. 어려운 가운데 이들 부부는 메인에서 뉴햄프셔로, 그다음에는 코네티컷의 하트포드로 자주 이사를 다녔다. 그 사이에 식구가 금세 불어났다. 1898년 10월에 태어난 첫딸 마조리(Majorie)를 시작으로, 1900년에는 둘째 딸 미뇽(Mignon)이, 1902년 6월 16일에는 셋째 딸 바바라(Barbara)가 태어났다. 그리고 일 년 반 후에는 드디어 기다리던 아들을 얻어 말콤 라이더(Malcolm Rider)라는 이름으로 영세를 했는데, 웬일인지 집에서는 줄곧 톰(Tom)이라고 불렀다.

외톨이면서 독립적이던 아이

매클린톡의 설명에 따르면, 그녀는 배냇저고리 입을 때부터 이미 '홀로 일 수 있는 능력'을 연습하기 시작했던 모양이다.

> "우리 어머니는 나를 마루 위에다 베개로 받쳐 앉힌 다음, 그냥 장난감 하나 달랑 주고 혼자 내버려두었대요. 그래도 생전 안 울고 잘 놀더래요."

바바라의 원래 이름은 '엘레노어'였다고 한다. 위로 딸만 둘을 낳고 셋째는 아들이려니 싶어 외할아버지 이름을 따 벤자민이라 부를 작정이었는데, 그만 또 딸이어서 몹시 실망을 한 부모님이 그냥 적당히 예쁘고 가녀린 느낌의 이름을 붙였다는 것. 그런데 .이제 갓 백일 지난 딸이 혼자서도 잘 노는 걸 본 부모님들이 이 씩씩한 공주님의 이름을 바꿔주기로 했다. 그래서 아기는 생후 4개월이 지날 무렵부터 담대하고도 독립적인 성품에 걸맞은 이름 '바바라'로 불리게 되었다.

바바라의 큰언니 마조리가 말하길, 셋째인 바바라가 태어났을 때 어머니인 사라 매클린톡은 정신적으로나 물질적으로나 무척 힘든 시기를 보내고 있었다 한다. 물질적으로 풍족한 가운데 경제적 어려움을 전혀 모르고 자란 반면, 결혼을 한 뒤에는 늘 돈에 쪼들리며 산 데다 줄줄이 태어난 아이들까지 남의 도움 없이 혼자 뒤치다꺼리하느라 심신이 극도로 지쳐 있던 탓이다.

남편이 수련의 과정을 모두 마치고 정식 의사로 개업을 하기까지, 상당한 기간 동안 사라 부부는 경제적인 어려움을 겪어야 했다. 그 때문에 사라는 네 아이를 키우면서 틈틈이 피아노 교습을 했고, 그 와중에도 자기만의 예술세계를 잃지 않으려는 마음이 강했기에 내적 갈등이 컸던 것으로 보인다. 물론 남편 토마스 헨리 매클린톡도 아내를 돕느라고 나름대로는 애를 많이 썼던 모양이나, 사라는 육아와 살림으로 이미 녹초가 된 상태였고 내면의 갈등은 점점 더 커지고 있었다.

그와 같은 엄마의 상태에 가장 많은 영향을 받은 자녀는 바로 바바라였다. 바바라가 돌을 넘기자 곧 남동생인 톰이 태어나면서 사라는 더욱 힘들어졌고, 그로 인해 바바라가 매사추세츠에 신혼살림을 차린 작은아버지 댁으로 보내진 것이다. 그때부터 학교에 입학할 때까지 바바라는 유년기의 거의 대부분을 작은집에서 보냈는데, 그 시절을 회고하는 그녀의 얼굴에는 의외로 생기가 감돌았다.

"나는 얼마나 좋았는지 몰라요."

그녀는 "한 번도 집 생각이 나지 않았다"고 신이 나서 말하였다.
작은아버지는 마차를 몰고 다니며 생선시장에 가서 물건을 받아다가 마을을 돌며 소매로 파는 생선 장수였다.

"우리 작은아버지는 아주 몸집이 좋으셨어요. 우렁찬 목소리로 '생선 사-요!'라고 외치면 마을 여자들이 생선을 사러 우르르 몰려나왔지요."

바바라의 작은아버지는 나중에 마차 대신 트럭을 사서 몰고 다니며 장사를 했는데, 트럭 성능이 썩 좋지 않았던 모양이다. 바바라를 태우고 달리다 갑자기 길 가운데 멈춰버리는 일이 무척이나 잦았다고. 이를 회상하는 바바라의 얼굴에 밝은 웃음이 번져갔다. 바바라는 또한

어머니인 사라 매클린톡이 '톰'이라는 애칭으로 불리던 막내 말콤 라이더를 안고 있다.
가운데 소녀가 바바라 매클린톡, 오른쪽의 노신사는 어머니의 숙부인 로이드.

어릴 때부터 작은아버지와 의사인 아버지가 손수 다루는 기계며 장비에 무척 흥미를 느꼈다며, 이렇게 말했다.

"우리 아버지가 그러시는데, 내가 다섯 살 때 공구통을 가리키면서 저런 걸 갖고 싶다고 그랬대요. 그래서 애들이 갖고 놀 만한 공구를 하나 골라 줬더니, 그걸로 뭘 하냐면서 싫다 그러더래요. 그러니까 나는 애들용 놀이기구나 장난감을 달라는 게 아니었던 거예요. 진짜 공구가 갖고 싶었던 거지요."

작은아버지 집에서 행복한 시간을 보낸 바바라는 초등학교에 입학할 나이가 되어 집으로 돌아왔다. 하지만 갓난아기 때 헤어진 어머니 사라와의 관계는 쉽게 회복되지 않았다. 바바라는 학교에서 돌아온 자기를 안아주려는 사라에게 야멸찬 목소리로 "싫어!" 하며 도망치기 일쑤였고, 어머니는 그런 딸을 이해하지 못했다. 바바라 딴에는 이제 일곱 살이 되어 학교에 갔으니 더 이상 응석받이로 굴면 안 되겠다는 생각에 단호하게 거절한 것인데, 어머니에게는 가뜩이나 낯선 아이가 정말이지 정떨어지게 군다는 식으로 받아들여졌던 것이다.

이 때문에 어머니와 바바라 사이에는 항상 긴장과 갈등이 있었고, 다른 식구들 역시 그것을 느끼지 않을 수 없었다. 그들이 기억하기에 바바라는 늘 외톨이였고, 한편으로는 참으로 독립적인 아이였다.

"홀로 생각하는 시간이 가장 좋았어요"

1908년 매클린톡 가족은 뉴욕의 브루클린 쪽으로 이사를 했다. 당시만 해도 그 지역은 한적한 변두리였다. 바바라를 포함해 사남매는 모두 그 동네에 있는 초등학교를 마친 다음 에라스무스 중고등학교에 진학하였다.

다행히 그 무렵에는 살림살이가 한결 나아져 여름이면 가족이 모두 롱비치 끝으로 휴양을 가곤 했다. 사람의 발길이 드문 외진 그곳에서, 부모님은 아이들 모두에게 물속에 들어가 열심히 수영을 익히라고 시켰다.

> "그런데 나는 아침 일찍 일어나 개를 데리고 나와서는 해변을 따라 멀리까지 걷곤 했어요. 그냥 해변을 따라 걸으면서 혼자 있는 그 시간을 즐기곤 했지요."

가뜩이나 외진 곳이어서 밤이면 인적이 더 드물었다. 하지만 바바라는 그 시간에도 혼자 나와 멀리까지 산책을 나가곤 했다. 자기가 개발한 방식으로 해변을 따라 달리곤 했다는 것이다.

"등을 곧게 편 자세로 말이죠, 그러니까 몸을 아주 똑바로 세운 상태로 완전히 긴장을 풀고 물결을 타듯 빨리 걷는 거예요. 한 걸음 한 걸음 파도를 타는 느낌으로 발을 내디디며 앞으로 달리면 전혀 무게가 느껴지지 않아요. 대신 특별한 행복감을 맛볼 수 있지요."

몇 년 후 마가렛 미드(Margaret Mead)의 책을 읽다가, 그녀는 자신이 개발한 보행법을 다른 이들도 하고 있다는 사실을 알게 되었다. 심지어 티베트 승려들 중에는 그녀가 개발한 것과 똑같은 보행법을 수행의 기본으로 삼는, 이른바 '달리는 승려단'까지 있었다.

그녀가 어릴 적에 특별히 좋아했던 일은 전부 이처럼 혼자서 하는 것이었다. 그중에서도 책 읽는 것을 가장 좋아했고, 그보다 더 좋아한 일은 책을 읽다가 골똘히 생각에 몰두하는 거였다고 한다. 하지만 '그냥 골똘히 생각에 빠져서' 혼자 앉아 있는 바바라의 모습을, 그녀의 어머니는 퍽 불안해했다고.

"어머니는 딸에게 뭔가 문제가 있을까봐 걱정을 하셨던 모양이에요. 하지만 나는 내게 아무런 문제도 없다는 것을 확실히 알고 있었어요. 내가 그렇게 가만히 앉아 있던 건 단지 뭔가 열심히 생각할 게 있어서였으니까요."

어머니 사라는 바바라를 걱정하는 만큼 그녀의 생각에 열심히 귀를 기울여주었다. 때로는 수첩을 꺼내서 바바라가 하는 얘기를 열심히 받아 적기도 했다. 이렇듯 어린 딸이 종알거린 말들을 하나도 빼놓지 않고 주워 담던 어머니가 훗날 전해준 이야기 중 어떤 대목에서는, 바바라의 과학자적 기질을 엿볼 수 있다.

> "아직 어렸을 때라고 하는데 정확히 몇 살이었는지는 모르겠어요. 어머님이 후식으로 먹을 딸기케이크를 만드느라 딸기를 으깨고 계셨는데, 그걸 곁에서 열심히 바라보던 내가 마치 큰 발견이라도 했다는 듯 이렇게 외치더래요. 아! 알았다. 나 이제 피가 어디서 나오는지 알아요. 피는 딸기에서 나오는 거예요!"

어린 시절 바바라는 무엇보다 음악을 좋아했다. 어머니가 피아노 교습을 했던 터라 바바라가 마음만 먹으면 누구보다 피아노를 더 잘 배울 수 있는 조건도 이미 형성돼 있었다. 그런데 바바라가 피아노 교습을 시작한 지 얼마 되지 않아 어머니가 그것을 중지시켰다. 뭔가에 빠져들면 지나칠 정도로 스스로를 혹사하며 매달리는 바바라의 성향을 염려한 탓이다. 그 후 어머니는 바바라에게 다른 피아노 선생을 붙여주었다. 그래도 바바라의 태도에 달라지는 게 없자 어머니는 그마저도 금세 그만두게 했다.

> "나는 일단 무슨 일에 한번 빠지면, 예를 들어 어떤 문제가 마음처럼 쉽게 풀리지 않는다거나 그래서 꼭 해결을 해야겠다 싶으면 학교는 그냥 빼먹곤 했어요."

여섯 살배기 바바라 매클린톡(1907).

사실은 바바라뿐 아니라 매클린톡네 아이들은 모두 그렇게 컸다. 뭔가 재밌는 일이 있으면 학교에 가지 않고 하던 일을 계속하는 식이었다 할까. 부모님 또한 아이들의 그런 선택을 만류하기는커녕 오히려 하고 싶은 걸 계속하라며 격려했다. 사남매 중 부모님의 남다른 교육관을 가장 잘 활용한 것은 물론 바바라였다. 어느 해엔가 그녀는 담임인 여선생이 마음에 들지 않는다는 이유로 한 학기동안 아예 학교에 가지 않고 수업을 몽땅 빼먹은 적도 있었다. 학년이 바뀌고 동시에 담임도 바뀌었을 때, 바바라는 그제야 다시 학교에 나가기 시작했다.

왼쪽부터 어머니 사라 매클린톡, 막내 톰, 바바라, 미뇽, 마조리(1918).

"그 선생님은 참 험상궂었어요. 외모뿐 아니라 성격도 너무 거칠고, 정서 또한 아이들을 다루기엔 적합하지 않았죠. 그 선생님 모습이 아직도 생생해요. 그때 어찌나 정나미가 떨어져버렸는지 지금도 그 사람을 떠올리면 눈앞이 아득하답니다."

바바라가 그토록 싫어했던 담임교사와 달리, 그녀의 아버지는 "소아과 의사였으면 좋았을" 만큼 "아이들 마음을 정말로 잘 헤아려주시는 분"이었다고 한다. 실제로 바바라의 아버지는 한 학기나 학교에 가지 않겠다는 딸의 마음을 헤아리고 존중해, 그 기간에 단 한 번도 학교에 가라는 소리를 하지 않았다.

운동과 과학에 빠진 여자아이

매클린톡 부부에게 학교는 그저 아이들이 성장하는 동안 '필요한 만큼만 관계를 맺는' 곳이었다. 특히 아버지 토마스는 아이들이 학교에 입학할 때부터 다른 학부형들과는 상당히 다른 태도를 취했다. 학교의 행정 책임자를 찾아가 자기 아이들에게는 절대로 숙제를 내주지 말라고 당부하고, 심지어 그렇게 하겠다는 약속을 받아낸 것이 그 대표적인 사례이다. 토마스 매클린톡은 학교에서 하는 여섯 시간의 수업만으로 아이들의 공부는 충분하다 여겼다. 그러니 집에 와서까지 공부에 짓눌리지 않도록 숙제는 면제해 달라고 학교에 부탁한 것이었다. 사남매 중 첫째 딸인 마조리가 기억하는 부모님은 "아이들에게 어떻게 되어야 한다고 강조하는 게 아니라 아이들 각자가 지닌 본연의 잠재력을 북돋아주는" 가치관을 지니고 있었다.

이 말을 증명해주는 일화는 수없이 많으며, 그중에는 물론 바바라와 관련한 일화들도 적지 않다.

> "어릴 때 스케이트 타는 걸 정말 좋아했어요. 하루는 부모님이 내게 스케이트를 사주셨는데, 제일 좋은 신발에 제일 좋은 칼날이 달려 있는 거였죠. 그래서 스케이트를 탈 수 있는 날씨가 되면 나는 학교에 가지 않고 집 근처 프로스펙트 공원에 가서 실컷 스케이트를 타곤 했어요."

학교에 간 날도 일단 집에 돌아오면 공부에서 완전히 해방되었다. 바바라는 곧잘 집 앞을 운동장 삼아 남동생과 그 친구들과 어울려 팀을 짜서 야구며 축구며 배구를 하고 놀았는데, 거친 녀석들 틈에 끼여

놀자면 마땅한 운동복이 있어야 했다.

"그 시절에는 어디 가서 옷을 사거나 하지 않았어요. 그런 가게가 없었거
든요. 그래서 부모님이 우리 집에 오시는 양재사에게 부탁해서 자매들 옷
을 짓게 하셨지요."

바바라는 아주 어린 나이부터 자기 옷은 좀 다르게 지어달라고 부
모님께 당당히 요구했다. 언니들 것과 옷감은 같은 걸 쓰더라도 운동할
때 입을 수 있도록 바지로 지어달라고 졸랐다고 한다.

"부모님은 내가 정말로 원하는 건 그만큼 내게 중요한 일이라고 믿으셨어
요. 그래서 내가 원하는 건 모두 할 수 있게 해주셨지요. 그렇게 지어 입
은 바지를 입고, 나는 야구도 하고 축구도 하고 나무도 탔어요. 남동생하
고 그 친구들이 몰려다니며 하는 놀이를, 나 또한 뭐든지 함께 했어요."

그 무렵 함께 놀던 친구들은 모두 사내아이들뿐, 여자아이는 한 명
도 없었다.

"그러던 어느 날이었어요. 그날도 나는 사내애들과 어울려 야구도 하고 배
구도 하며 신나게 뛰어놀고 있었지요. 그런데 길 가던 아줌마가 갑자기 나
를 부르더니 자기 집에 데리고 가는 거예요. 현관문을 열면서 들어오라기
에 따라 들어갔죠. 그랬더니 아줌마가 이러는 거예요. 이제 너도 다 큰 아
가씨가 되었으니까 머슴애들과 어울려 노는 건 그만두고 숙녀들이 할 일
을 배워야 한다고요. 나는 멍하니 서서 그 아줌마 얘기를 듣고만 있다가

아무 대답도 하지 않고 그냥 집으로 돌아왔어요. 어머니께 그 일을 말씀드렸더니 어머니가 곧장 전화통으로 달려가 그 아줌마 댁에 전화를 거시더라고요. 그러더니 다시는 우리 아이한테 그런 쓸 데 없는 짓 하지 마시라고 쏘아붙였죠."

바바라의 어머니가 그때 보인 반응은 사실 좀 특별한 것이었다. 다른 자녀에게도 늘 그런 식으로 대한 건 아니었다는 말이다. 어머니는 물론이고 아버지 또한, 바바라는 좀 특이한 아이라는 느낌을 갖고 있었던 듯하다. 그렇다고 다른 자녀에 비해 바바라가 유독 개인주의 성향이 강하다고 생각한 것은 아니었다. 큰언니의 표현대로 "바바라는 그냥 바바라"였다. 그리고 부모들은 최소한 바바라가 사춘기에 접어들 때까지는 그 아이의 '다른 면모'를 지켜주고 싶어 했다.

그런데 바바라는 사춘기가 되고 나서도 여전히 '다른 아가씨들과는 달리' 사내 녀석들하고만 어울려 다녔다. 대단한 '학구열'을 드러내기 시작한 것도 이 무렵부터였다. 바바라의 그런 모습을 지켜보면서 어머니는 딸의 장래를 걱정했지만, 바바라는 시간이 흐를수록 점점 더 '여자애들과는 아무 상관이 없는 일들' 쪽으로 쏠리는 경향이 강해져갔다. 그러다 어느 순간, 바바라는 그렇게 좋아하던 운동을 그만두는 대신 지식 추구에 더 열을 올렸다.

"몰랐던 걸 새로 알게 되는 게 나는 그렇게 좋더라고요. 그때는 정말이지 뭐든지 다 배우고 싶었어요."

에라스무스 고등학교에 들어가면서 바바라가 특히 관심을 갖게 된 분야는 과학이었다. 그녀는 까다로운 문제를 해결할 때 느끼는 희열을 맛보며 과학이 무엇인지를 배워가기 시작했다.

> "열심히 문제를 풀다 보면, 선생님이 기대했던 방식이 아닌 다른 방식으로 접근해서 문제를 해결하는 경우가 종종 생기곤 했어요. … 그럼 나는 선생님께 좀 기다려달라고 부탁을 했지요. 선생님이 생각하는 바로 그 모범답안에 맞는 방식으로 문제를 풀 테니 잠시만 기다려달라고요. 그러면 곧 답이 나왔어요. 이렇게 하나의 정답을 찾아서 다양한 방식을 시도하며 이리저리 헤집고 다니는 일이 나에게는 정말 가슴 벅차고 즐거운 일이었어요."

남들이야 뭐라던 내 길을 가고 싶어

제1차 세계대전이 터지면서 토마스 헨리 매클린톡에게 입대 명령이 떨어졌다. 그가 군의관으로 전쟁에 참여하기 위해 유럽으로 길을 떠나자, 매클린톡 가족에게 다시 어려운 시절이 닥쳤다. 어머니는 열심히 피아노 교습을 하면서 사춘기에 접어든 아이들을 남편 없이 혼자 길러야 했다. 아이들의 장래와 관련한 일도 모두 혼자서 결정을 내려야 했는데, 그중 어머니를 가장 막막하게 만든 건 바로 막내딸 바바라였다.

큰딸 마조리와 둘째딸 미뇽은 모두 우수한 성적으로 고등학교를 마쳤다. 마조리는 명문여대인 바사르 대학에 좋은 성적으로 합격하여 장학금도 받을 수 있었지만, 어머니로서는 선뜻 대학에 보낼 수가 없었다. 학업에 들어갈 비용도 만만치 않거니와, 당시만 해도 대학을 나온

군의관으로 입대했을 당시의 토마스 헨리 매클린톡(1918).

여자는 신붓감으로서 값이 떨어졌기 때문이다. 그래서 마조리는 하프 전문연주자의 길을 갔고, 미뇽 역시 대학 진학이 아닌 어머니 사라처럼 피아니스트가 되는 쪽을 택했다. 이렇게 해서 두 딸은 무대에서 연주를 하고 보통 여자들처럼 시집도 갔다.

그러나 셋째 넷째는 어머니의 마음대로 되지 않았다. 외아들 톰은 외할아버지처럼 배를 타겠다며 스무 살도 안 되어 집을 떠났다. 게다가 딸인 바바라는 도통 무슨 소린지 알아들을 수 없는 세계에 빠져 어머니의 마음을 더욱 불안하게 만들었다.

"우리 어머니는 별걱정을 다 하셨어요. 행여나 내가 교수라도 되면 어쩌나, 그런 쓸 데 없는 생각까지 하셨다니까요."

어머니에게 교수란 '세상이 어떻게 돌아가는지도 모른 채 살아가는 불쌍한' 사람이었고, 그래서 바바라가 교수가 될까 몹시 애를 태웠다고 한다. 그 당시 여자가 교수 자리를 얻기란 하늘의 별 따기였다는 사실을 어머니는 알지 못했던 것이다.

바바라 역시 자신의 길이 생각보다 험난하리라는 점을 차츰 깨닫게 되었다. 그러자 과거에 자신이 경험했던 크고 작은 사건들이 새롭게 해석되기 시작했다. 예를 들어 바바라가 아직 어렸을 때, 동네 애들과 어울려 다니며 놀던 시절에 생긴 일이 얼마나 어이없는 것이었는지 그녀는 여러 차례 그 의미를 되새기곤 했다.

"한 번은 우리 동네 아이들과 이웃 동네 아이들이 대결을 벌이기로 한 적이 있었어요. 그래서 다들 약속 장소인 놀이터로 몰려갔지요. 그런데 우리 동네 아이들이 글쎄 나보고 빠지라는 거예요. 상대 팀이 우리 팀보다 한 명 적어서 여자인 나를 빼기로 결정했다는 거죠. 하는 수 없이 놀이에 끼지 못하고 그냥 서 있는데, 잠시 후 우리 쪽 아이 하나가 집에 가야 한다며 빠지더라고요. 그러자 아이들이 집에 가는 아이를 대신해 다시 나를 끼워줬어요. 우리 편이 한 명 모자라니까요. 그래서 신나게 함께 뛰었는데 아쉽게도 우리 팀의 완패로 끝났어요. 문제는 집에 오는 길에 벌어졌죠. 우리 팀이 나 때문에 졌다면서 다들 나한테 욕을 퍼붓고 난리가 난 거예요. 하지만 나는 그게 왜 내 잘못인지 이해할 수 없었어요. 그 일을 겪으면서 나는 보통의 여자들이 하지 않는 일을 하려면, 내가 여자라는 점을 끊임없이 되새기며 그 상황에 맞춰야 한다는 점을 깨닫기 시작한 것 같아요."

일찍이 이런 깨달음을 얻은 바바라는 고등학교에 다닐 무렵엔 이미 자기가 남들과 무척 다르다는 것을 알게 되었고, 그 때문에 어떤 일들을 겪게 될지에 대해 열심히 생각하기 시작하였다. 그리고 스스로 결론을 내버렸다. 앞으로 닥칠 일들이 결코 쉽지 않으리라는 점을 받아들일 수밖에 없다고.

"남들의 기준에 맞지 않는다는 이유로 언짢은 대접을 많이 받겠구나 싶었어요. 그렇지만 다른 해결 방법은 없다고 생각했지요. 나의 기쁨을 위해서 하는 일이 남들에게 거슬린다면 그들의 반발을 감내할 도리밖에 없다고 본 거예요. 설사 그게 무척 고통스럽더라도 그냥 견뎌내기로 한 거죠. 세상에 맞서서 싸우겠다는 게 아니라, 내가 좋아하는 일을 하기 위해, 또 그런 나를 지키기 위해서는 묵묵히 참고 견디는 수밖에 없다고 생각한 겁니다. 고등학교 때도 그랬고 대학에 들어가서도, 그리고 그 이후에도 줄곧 그랬어요. 남들이 뭐라 하든 개의치 않고 묵묵히 내가 가고 싶은 길을 계속 가는 게 나의 원칙이었고, 그 원칙을 지금껏 변함없이 지켰습니다."

코넬 대학에
가다

여학생에게 자연과학을 '허락'했던 코넬 대학

바바라가 왕성한 지적 욕구를 실현하고 과학자로서 성공하는 데 그녀의 부모님이 전폭적인 도움을 준 건 아니었다. 그러나 그들은 막내딸이 원하는 일이면 그게 무엇이든 할 수 있도록 격려했고, 그를 통해 그녀가 자기 삶에 대한 믿음을 가질 수 있도록 그 토양을 제공해주었다. 어머니는 물론 그 시대의 일반적인 여성으로서 딸이 대학에 진학해서 혼기를 놓치고 안정된 삶의 기회를 잃어버릴까 노심초사한 게 사실이다. 그러나 사회적 규범이 이러하니 너를 고치라는 식으로 바바라에게 압력을 행사한 적은 한 번도 없었다고 한다.

그리하여 바바라 매클린톡은 대학에 가겠다는 자신의 의지를 굽히지 않고 1919년 코넬 대학의 농과대학(당시는 농업학교였다)에 진학했다. 딸이 대학에 간다는 데 다소 완고했던 부모 입장에서는 그것이 파격적인 사건이었을지 몰라도, 그 당시 사회 전체로 볼 때는 그렇게까지 특별한 일은 아니었다. 미국 내 대학들은 이미 19세기 초부터 여학생의 입학을 허용하고 있었고, 특히 바바라가 대학에 들어갈 무렵에는 여학생 수가 급격히 증가하는 추세였다. 뉴잉글랜드 지역에만 5개의 여자대학이 문을 여는가 하면, 미국 전역의 주요 대학에 입학하는 여학생 수도 상당히 늘고 있었다.

그 시절에 이와 같은 교육의 혜택을 누린 여성들은 물론 상류층이거나 최소한 중산층 출신이었다. 그들 대부분은 뉴잉글랜드에 뿌리를 내린 앵글로색슨 계의 후손이었는데, 그중 많은 여성이 자연과학에 뜻을 두었다. 그 대표적인 인물로는 50년도 더 전에 새로운 혜성을 발견한 업적으로 국립과학아카데미 회원으로 선출된 마리아 미첼(Maria Mitchell)을 꼽을 수 있다. 그다음으로는 리디아 섀턱(Lydia Shattuck), 애니 점프 캐논(Annie Jump Cannon), 코르넬리아 클랩(Cornelia Clapp), 엘렌 스왈로우 리차드(Ellen Swallow Richard), 네티 스티븐스(Nettie Stevens) 등이 뒤를 이었다.

1870년대에는 마리아 미첼의 주도로 여성들이 과학을 공부해 관련 분야에서 재능을 발휘할 수 있도록 촉진하는 운동이 시작되기도 했다. 그 결과 1920년을 전후로 과학 분야에서 차지하는 여성의 비율이 그 어느 때보다 크게 높아졌다. 반면 지금은 부끄럽게도, 그때에 비해 여성 과학자의 비율이 절반으로 떨어진 상태다.

바바라가 대학에 들어갈 무렵, 여자대학이 아닌 남녀공학 중에서 여학생에게 자연과학을 공부할 수 있도록 배려한 곳은 시카고 대학과 코넬 대학, 딱 두 군데였다. 특히 코넬 대학의 경우 '누구나 어떤 분야든 공부할 수 있도록 보장한다'는 조항이 대학 설립 취지에 포함되어 있었고, 그로 인해 1872년에 처음으로 여학생이 입학할 수 있었다. 나아가 1873년에는 세이지관의 건립이 시작되었는데 이 건물을 희사한 헨리 세이지(Henry W. Sage)는 그 주춧돌에 다음과 같은 선구적인 기록을 남겨놓았다.

"문화와 교육 전반에 여성의 참여가 많아질수록 인류의 지혜는 몇 배로 커질 것이고 우리의 활동 반경도 몇 배로 늘어날 것이다."

이상과 현실의 간극은 언제 어디서나 존재하는 법이지만, 그래도 20세기 초 코넬 대학에는 이미 상당수의 여학생이 입학해서 퍽 열심히 그리고 성공적으로 학문하는 능력을 키우는 분위기가 형성되어 있다. 매클린톡이 졸업한 1923년만 보더라도, 코넬의 자연과학부 졸업생 총 203명 중 74명이 여학생이었다. 물론 이들 중 대부분은 가정대학 출신이었지만, 이것만도 큰 변화임에 틀림없었다. (참고로 농과대학 졸업생 중 여학생의 비율은 25퍼센트였다.)

변화는 단지 수적으로 여학생이 많아진 데만 있지 않다. 문과대학의 경우 남학생이 여학생보다 4배 정도 많은 데 비해, 우수성적 졸업자의 3분의 2는 여학생이었다. 재학 중에 장학금을 받는 비율도 여학생 수가 남학생 수를 앞질렀다. 또한 장학금을 받고 대학원에 진학하는 인원도 여학생이 단연 많았는데, 이들 중 상당수는 수학과 물리학 그리고 생물학 등을 전공으로 택했다.

매클린톡은 자기가 언제 처음 코넬 대학의 이름을 들었는지, 또 어떤 사연으로 코넬에 진학하기로 마음먹었는지는 기억나지 않지만, 꽤나 일찍부터 대학 진학을 결심하고 그 목적지로 코넬 대학을 점찍은 건분명하다고 했다. 그녀의 언니 말을 빌리면, 바바라는 일단 마음먹은 일은 꼭 하고야 마는 아이였다. 하지만 당시엔 무엇보다 상황이 좋지 않았다. 그 무렵 어머니는 딸의 진학을 반대하는 쪽으로 입장을 굳혔고, 딸의 편을 들어줄 아버지는 대서양 건너 전쟁터로 간 뒤 감감무소식이었다. 게다가 아버지의 부재로 집안의 경제 사정까지 악화되었기에, 다들 바바라가 대학을 포기하는 것이 당연하다고 여겼다.

1918년 그녀는 월반으로 고등학교를 한 학기 먼저 졸업하고 노동사무소에 일자리를 얻었다. 만으로 16세인 바바라는 그곳에서 6개월 동안 구직자들을 상대로 상담을 했고, 하루 일을 마친 후에는 곧장 도서관에 가서 공부에 몰두했다.

"일과표를 작성했어요. 매일 공부할 분량을 미리 정해놓고, 내가 선생님이 되어 나를 가르치는 식으로 공부했죠. 다른 문제와 마찬가지로 공부도 나혼자 해결해야 한다면, 대학에서 배우는 내용을 그런 방법으로 채워가야한다고 생각했던 거예요. 나 스스로 선생님 노릇을 하자면 학생에게 효과적으로 설명해줄 수 있을 만큼 빈틈없이 공부해야 하니까, 그거야말로 이세상에서 가장 좋은 학습법이 아니겠어요?"

그렇게 한 학기를 보내고 여름방학이 끝날 무렵, 드디어 아버지가 유럽에서 돌아왔다. 그 이후 바바라에게 마침내 대학 진학의 길이 열렸다.

"어느 날 아침 노동사무소로 출근하려는데 어머니가 부르셨어요. 아버지랑 상의했는데 나를 대학에 보내주기로 결정했다고 하시더군요. 그러고는코넬 대학에 다니는 내 친구한테 바로 전화를 해서 다음 학기 시작이 언제냐고 물으셨어요. 친구 말이, 당장 다음 월요일부터 등록을 받는다면서 성이 M자로 시작하는 사람은 화요일 아침 여덟 시에 등록을 해야 한다고 알려줬어요. 전화를 끊은 어머니는 고등학교 성적증명서와 졸업증명서를 떼는 건 당신이 해주겠다고 하셨죠. 그래서 나는 마음놓고 노동사무소로 출근을 했어요. 그런데 알고 보니 고등학교가 방학 중이라 교무처가 문을 닫았던 거예요. 결국 어머니는 헛걸음만 하고 빈손으로 돌아오셨죠."

서류를 준비하지 못한 바바라는, 그러나 월요일 오전에 기차를 타고 코넬 대학이 있는 이타카에 가서 하룻밤을 자고 다음날 아침 8시 정각에 코넬 대학으로 갔다. 그리고 M자 성을 지닌 사람들이 등록하는 창구 앞에 늘어선 줄 끝에 가서 섰다. 다른 학생들은 전부 손에 서류봉투를 들고 있었다. 맨손으로 그 자리에 온 건 바바라 한 사람뿐이었다. 드디어 바바라 차례가 되어 담당자를 만났다. 그는 "아무 것도 없이 그냥 와서 어쩔 셈이냐"고 바바라에게 물었다. 그런데 그때 신기한 일이 발생했다. 사무실 안쪽에서 누군가 큰소리로 바바라의 이름을 부르자 담당자가 잠시 안으로 들어가 누군가와 얘기를 주고받고 나오더니, 서류 절차를 생략하고 바바라를 등록시켜 준 것이다.

"그때 대체 무슨 일이 있었던 건지, 그건 아직도 수수께끼예요. 누가 뭘 어떻게 해서 내가 바로 등록이 된 건지 그 내막을 전혀 몰라요. 아마도 '될 일'이었으니까 그렇게 풀린 거겠죠. 나로서는 무슨 일이 있어도 등록해야 한다는 생각밖에 없었거든요. 그리고 나서 첫 강의인 동물학개론 수업에 들어갔는데, 너무 좋아서 정신이 하나도 없었어요. 거의 황홀경이었죠. 내가 정말 하고 싶은 걸 할 수 있었으니까요. 나는 대학 시절 내내 그 기쁨을 잊어본 적이 없어요."

이후에도 바바라는 '일이 그렇게 풀리는 느낌'을 종종 받곤 했다. 그건 마치 보이지 않는 세계의 힘이 작용하여 모든 문제가 해결되는 느낌으로, 바바라는 그 충만하고 편안한 체험을 신뢰했다. 그러나 대학 등록과 관련해서는 틀림없이 어머니가 일을 처리해주었을 거라고, 그녀의 언니는 확신하고 있었다.

> "어머니는 대단히 용의주도한 분이셨어요. 일단 아버지와 합의가 이루어진 이상, 어머니는 모든 수단과 방법을 동원해서 바바라의 대학 등록에 필요한 일을 빈틈없이 처리하셨을 거예요."

패거리 문화에 맞선 첫 경험

코넬 대학 학생이 된 바바라는 부속 농장에서 일하는 대신 농과대학 등록금을 면제받았다. 그 덕분에 대학 진학에 따른 경제적 부담이 한결 줄어들었지만, 그래도 최소한의 학비며 생활비는 필요했다. 바바라는 적은 돈으로 얼마나 버틸 수 있을까 하는 걱정스러운 마음과 공부에 대한 지나친 욕심으로, 첫 학기부터 무리하게 수강신청을 했다. 이를 곧 후회하게 될 줄 그때는 알지 못했다.

> "기대를 하고 신청했는데 도무지 아닌 과목들이 있잖아요. 그런 건 중간에 그만둬버렸어요. 그런데 이게 모두 0점으로 처리가 된 거예요. 3학년에 올라가 보니 성적표에 0점투성이더라고요."

0점 처리된 과목이 여럿이다 보니 교무처에서 예의주시하는 성적 관리자 명단에 오르기도 했다. 그것만 빼면 조기졸업이 충분히 가능했을 바바라는, 그만 여기에 발목이 묶여 훗날 고달픈 대가를 치러야 했다. 사실 그건 알고 보면 형식상 절차일 뿐이었지만, 그녀는 평생 이런 문제에 속수무책이었다.

이와 같은 어려움이 있긴 했어도 코넬에서 보낸 시절은 바바라에게 마냥 즐겁고 뿌듯한 기억으로 남아 있다.

"바깥세상에서는 맛볼 수 없는 특별한 기회들이 대학에는 있더라고요. 다양한 분야의 교수들, 여러 부류의 친구들을 만날 수 있었거든요. 전혀 다른 세계, 전혀 다른 환경에서 성장한 많은 사람들을 만나 다양한 지식을 얻을 수 있다는 게 가장 인상적이었어요. … 특히 유대인 친구들을 처음으로 사귀었던 게 기억나요. 당시만 해도 유대인은 몹시 차별을 당하고 있었거든요. 그런데 나는 걔네들이 참 좋았어요. 그래서 유대인 학생들이 주로 사는 기숙사에 입주했죠. 마침 친구 둘이 방 두 개짜리 집에 같이 살고 있어서 거기서 자주 모였어요. 거기가 우리들의 아지트였던 셈이죠."

바바라는 유대인 친구들과 늘 붙어다녔다. 그들의 언어로 된 책을 읽고 싶어서 한동안 특별히 시간을 내어 친구들이 쓰는 언어를 배우기도 했다.

"그들은 코넬 대학의 다른 친구들과 무척 달랐어요."

여기서 말하는 '다른 친구들'이란 바바라가 대학 초기에 사귄 여자친구들을 의미한다. 그들로부터 다소 소외되어 있던 유대인 친구들은 자기들끼리 무리지어 몰려다녔는데, 이들 중 한 명인 엠마 바인슈타인(Emma Weinstein)은 나중에 뉴욕유대인회의의 지도적 인물이 된다. 또 바바라처럼 비유대인이지만 유대인 친구들과 어울렸던 몇몇 학생 중에는 나중에 유명한 작가가 된 로라 홉슨(Laura Hobson)도 끼어 있었다.

바바라가 소외된 유대인 친구들에게 유독 애착을 느끼고 가까이 지낸 건 사실이지만, 그렇다고 같은 과 친구들과 잘 어울리지 못했느냐 하면 그건 아니다. 큰언니 마조리에 따르면, 바바라는 대학에 진학한 후 외톨이였던 어린 시절과 전혀 다른 모습으로 변했다고 한다. 대학에 들어가자마자 곧 많은 친구들을 사귄 것은 물론, 외모까지 활짝 피어나 '아주 깜찍하게' 변모했다는 것이다. 그 시기에 바바라는 다른 이들과 어울리는 데 주저함이 없었고, 어머니와 언니들이 다 놀랄 정도로 여기저기 그녀를 찾는 데도 많았다.

바바라는 학교 행사에도 적극적으로 참여해 1학년 여학생 대표로 선출되는가 하면, 여학생회에서 주최하는 특별한 댄스파티에 초청되기도 했다. 이를 알고 처음에는 무척 좋아했지만, 자기와 같은 기숙사에 사는 친구 중에는 초대 받은 이가 하나도 없다는 사실을 알고 나서는 참가를 취소했다고.

> "우리 기숙사에도 괜찮은 여학생들이 참 많이 살았거든요. 그런데 나 말고는 한 명도 파티에 초대 받지 못한 거예요. 그걸 보고 파티를 주최하는 애들이 얼마나 사회적 편견에 사로잡혀 있는지를 깨달았지요."

벌써 몇십 년이 흘렀지만 그녀의 분노는 아직도 가시지 않은 것 같았다.

"보이지 않는 금이 있던 거예요. 우리하고 저쪽을 갈라놓는 금이요. 나는 거기에 놀아나고 싶지 않았고, 어느 편에도 속해선 안 되겠다는 생각을 했어요. 그래서 며칠을 두고 생각하다가 정중히 거절했지요. 어떻게 그런 식의 차별이 가능했는지 모르겠어요. 그런데 이런 식의 패거리 짓기가 실은 지금도 흔하잖아요. 뭘 좀 먼저 차지하면 끼리끼리 모여서 패거리를 짓고. 그래서 내가 어떤 직종에 머물고 싶으면 어떻게든 패거리에 끼어들어야 해요. 일자리를 잃어버릴 각오 정도는 되어 있어야 맘놓고 싫다는 소리를 할 수가 있는 거예요. 거기에서 계속 일을 하려면, 비록 그 무리와 몰려다니며 함께 놀지는 않더라도 최소한 패거리에 발은 담그고 있어야 한다는 거죠."

짧은 머리에 일바지에 비혼, 뭐가 문제죠?

큰언니 마조리는, 대학교 1학년 때만 해도 그렇게 활달하고 거리낌없던 바바라가 매사에 신중하기 짝이 없는 고집불통으로 변한 건 바로 그 무렵의 부정적인 경험 때문일 거라고 짐작한다. 그렇게 생각하는 것도 무리는 아니다. 실제로 바바라는 그 무렵부터 매사에 좋고 싫고를 너무나도 분명하고 올곧게 구별하기 시작했다. 일례로 그 시기의 어느 날 동네 미장원에서 미용사와 머리 스타일에 대한 '장시간의 철학적 토론'을 벌이면서 머리를 짧게 자르기로 결심한 그녀는, 자기 머리를 바싹 올려 깎아달라고 주문했다. 그리고 그 이후로 한 번도 머리를 기른 적이 없었다.

　처음 머리를 짧게 치고 학교에 간 바바라는, 여기저기서 자기를 가리키며 "여자 머리가 대체 저게 뭐냐!"고 수군대는 소리를 들어야 했다. 그녀의 최신식 머리 스타일에 학교 전체가 발칵 뒤집힌 꼴이었다. 그런데 그 다음 해인 1920년이 되자 이 치켜 깎은 헤어스타일이 코넬 대학을 중심으로 유행하다가 그 지역 전체로 퍼져갔다. 의도한 건 아니었지만 결과적으로 바바라는 시대에 앞서 유행을 선도한 셈이었다.

어느 날 갑자기 개인적인 이유로 머리 스타일을 바꾸었듯, 바바라는 똑같은 이유와 방식으로 언제부턴가 바지를 입기 시작했다. 그녀가 대학원에 들어간 다음 해였는데, 당시만 해도 여학생이라면 모두 치렁치렁 길게 늘어진 치마를 입고 다녔다. 농과대학에 다니는 여학생들도 예외는 아니었다. 그런데 하루는 바바라에게 문득 이런 의문이 떠올랐다. '옥수수밭에 일하러 가면서 왜 군이 거추장스러운 긴치마를 입고 가야 하지?' 바바라는 이를 개선할 방도를 모색한 끝에 양재사에게 달려가 자신의 길고 치렁치렁한 치마 한가운데를 박아서 편하게 입을 수 있는 '일바지(일명 몸빼바지)'로 고쳐달라고 부탁하였다. "특별한 디자인을 고집한 게 아니라 그저 편하게 입고 다닐 수 있도록 해달라"고 했을 뿐이다.

바바라는 같은 맥락에서 남자들과의 관계도 바꿔나갔다. 상대적으로 여학생 수가 적은 남녀공학인 까닭에 그녀에게도 1~2학년 때는 데이트 신청이 많이 들어왔고, 그에 적극 응하면서 다수의 남자들을 만났다.

"언젠가부터 정말 사람을 가려서 만나야겠다는 생각이 들기 시작했어요. 정서적으로 통하고 마음이 끌리는 친구들이 몇 명 있긴 했죠. 그런 이들을 보면 대부분 예술가 쪽이지 과학자는 아니었어요. 웬일인지 과학 하는 남자들은 좀처럼 편하게 사귈 수가 없더라고요. 그렇다고 감정이 전부인가 하면 그것도 아닌 것 같고. 어느 순간 감정이 특별해진다고 해도 가만 보면 그건 그냥 감정일 뿐이거든요. 그 이상이 아니더라는 거죠."

사실 이성에 대한 감정은 '이성적으로' 통찰하기가 쉽지 않은 법이다. 하지만 바바라는 그 역시 대단히 차분한 시선으로 바라보며 자기 안에 움직이는 기운의 작용을 섬세하게 관찰하였다.

"누구에게 끌린다는 것도 알고 보면 일시적인 거잖아요. 결코 오래가지 않죠. 제법 많은 남자를 만나보았지만, 그런 감정을 영원히 간직할 사람은 만나지 못했어요. 무엇보다 나는 한 사람한테 매달려서 특별한 관계를 맺을 수가 없더라고요. 혹시 누구와 결혼해서 가족이 되었다 해도 결국은 마찬가지였을 거예요. … 나는 그 누구든 딱 한 사람만을 선택해서 온전히 나를 바쳐 결속하고 싶지 않았어요. 아무리 생각해도 그래야 할 이유가 전혀 없거든요. 결혼이라는 사회제도가 나로서는 정말 납득할 수 없는 방식이었던 거죠. 지금도 나는 결혼이라는 제도를 이해할 수가 없어요. … 그런 걸 해보고 싶다는 생각조차 한 적이 없는 걸요."

평생 한 사람과 결속되는 결혼에 거부감이 컸다면, 평생 하고 살아야 하는 직업을 택하는 것과 관련해서는 어떤 생각을 했을까? 그것에는 별다른 거부감을 느끼지 않았던 걸까? 나의 질문에 바바라 매클린톡은 다음과 같이 말했다.

"나는 뭔가를 꼭 해야만 한다거나 어떤 일을 몸 바쳐 이루어야 한다는 생각을 단 한 번도 해본 적이 없어요. 나는 그저 하고 싶은 일을 열심히 했을 뿐이에요. 다음에 뭘 해야지, 뭐가 되어야지, 이런 생각은 좀체 들지 않았어요. 그리고 보면 나는 인생에 대한 특별한 계획이나 선택 없이, 언제나 하고 싶은 일을 하면서 좋은 시간을 보낸 것 같네요."

특별히 선택하지도 계획하지도 않았는데 일찍이 평생 할 일을 알아보았다면 그건 운명이었던 것일까. 대학교 3학년을 마치고 4학년에 올라갈 무렵, 바바라는 자연과학이라는 학문의 길에 제대로 들어서게 되었다. 대부분이 남자들인 그 세계에 발을 들여놓을 수 있도록 학문적으로 이끌어준 스승이나 선배는 없었냐는 내 질문에, 그녀는 잠시 머뭇거리다 특별한 인물이 떠오르지 않는다고 대답하였다. 집안으로 눈을 돌려도 사정은 마찬가지였다. 외가 친가 합쳐서 바바라 말고는 과학 분야에서 두각을 나타낸 사람이 없었다. 그나마 가장 가깝다고 할

코넬대학 재학시절 바바라 매클린톡, 1920년대 초반, 브루클린 부모님 집에서.

만한 건 의사인 아버지인데, 그분 역시 막내딸에게 많은 관심을 보이고 심정적으로 지원해주긴 했지만 딱히 과학자가 되도록 독려한 적은 없다고 했다.

그녀는 또한 고등학교 때 수학과 물리학을 대단히 좋아하긴 했지만, 그때도 자신을 이끌어준 특별한 선생님이 있었던 것은 아니라고 했다. 그나마 유일하게 기억나는 것은 대학교 3학년 때 생물학과에서 개설한 유전학 과목을 재미있게 들었던 것과, 학기말쯤 담당 교수가 자신을 불러 대학원 과정의 유전학 과목도 들어보라고 특별히 허락했던 것 정도다.

바바라는 별것 아닌 듯 말했지만, 사실 교수가 학부생에게 대학원 과목을 듣도록 허락하는 것은 예외적이고 특별한 일이다. 게다가 바바라에게 그런 권유를 한 교수는 한 명이 아닌 다수였다. 그 덕분에 그녀는 대학원생이 듣는 과목을 수강하면서 생물학과 대학원생들이 쓰는 공부방도 하나 얻었다. 그럼에도 이전에 0점 처리된 과목이 하도 많아서 바바라는 나머지 학기 동안 부지런히 점수를 따서 보충해야 했다. 그렇게 해서 '정식'으로 졸업한 다음 '정식'으로 대학원생 대접을 받는 것 말고는 다른 방도가 없었던 것이다.

"닥치는 대로 과목을 들어서 펑크난 학점을 메운" 끝에 바바라는 마침내 대학원생이 되었지만, 그녀 앞에는 전혀 예상치 못했던 문제가 놓여 있었다. 생물학과에 유전학을 연구하는 식물배양실이 있는데, 당시만 해도 그곳에 여성이 들어간 전례가 없었던 것이다. 그녀는 당시의 일을 생각하며 절레절레 고개를 흔들었다.

"이 분야에 여자 대학원생이 오리라고는 아무도 생각하지 못했던 거예요. 그래도 다들 나보고 열심히 해보라고 격려를 해주었죠. 뭐 어쩌겠어요. 나는 일찍부터 식물 쪽에 흥미를 느꼈고 학부 때 벌써 유전학과 세포학 강의까지 들었는데. 결국 나는 생물학과 대학원에서 식물 쪽으로 등록을 하고, 염색체 작업을 주로 하는 세포학을 전공으로 했죠. 부전공으로는 유전학과 동물 쪽을 선택했고요."

생물학이라는 하나의 과녁을 향해

바바라 매클린톡의 성장담을 들으면서 나는 그녀에게 내재해 있는 '과학자적 면모'를 발견할 수 있었다. 그것을 세 단어로 정리하면 집중력, 자립심, 자율성이라 하겠다. 이 중에서 과학을 하는 데 가장 중요한 요소는 자기 일에 완벽하게 몰입할 줄 아는 집중력이 아닐까.

뜬금없이 들릴 수도 있겠지만 그녀는 자신의 놀라운 집중력을 통해 '몸으로부터 자유로워지는' 신묘한 체험을 한 적이 있다. 공부에 몰입하다가 문득 생각이 끊기면서 삼매경에 빠진 적도 간혹 있다. 그때의 자유로운 느낌이 얼마나 좋던지, 그녀는 그 이후 의도적으로 몸에서 해방되길 꿈꾸며 자기 나름대로 그 방법을 훈련했다. 그중 하나가 자기가 개발한 보행법으로 온몸의 힘을 빼고 해변을 따라 출렁출렁 걷는 것이었다. 그렇게 걷다 보면 불현듯 날아오르는 듯한 가벼운 느낌이 들었다던가?

"몸은 우리가 짊어지고 다니는 거추장스러운 대상이에요. 나는 언제나 남들 눈에 '나'라고 보이는 이런 식의 한정된 육체에서 벗어나고 싶었어요. 공정한 관찰자가 되기를 원했던 거죠."

이런 맥락에서 바바라는 자신의 이름을 잊어버리는 연습을 하기도
했다. 그 얘기를 내게 들려주며, 그녀는 옛날에 있던 일을 기억해내고는
몇 차례나 배꼽을 잡고 웃었다.

"아마 대학교 3학년 때일 거예요. 지구에 대해 탐구하는 지학 과목을 들
었는데, 정말 재미있었어요. 어찌나 공부가 재미있던지 학기말 시험이 다
가오는데도 그걸 전혀 의식하지 못했다니까요. 내용을 다 아는데 뭐 때
문에 시험이 따로 필요한가, 뭐 이런 생각도 들었고. 그러다가 어쨌든 시
험일이 되어서 학기말 고사를 보러 갔죠. 파란 색 공책을 한 권씩 나눠주
면서 거기다 작성을 하래요. 나는 선생님이 시험 문제를 어떻게 냈는지
너무너무 궁금해서 기다릴 수가 없을 정도였어요. 그렇게 들뜬 기분으로
내가 아는 내용들을 일사천리로 적어나갔지요. 아니, 그런데 이게 웬일입
니까? 마지막에 내 이름을 써야 하는데 도대체 생각이 나지를 않는 거예
요. 아무리 끙끙거려도 모르겠어요. 내가 왜 이러나 싶어 마음을 가라앉
히고 다시 생각해보아도 정말 모르겠는 거예요. 옆의 친구들한테 물어볼
까도 생각했지만 너무 당황한 상태여서 그것도 어렵더라고요. 그들이 나
를 사이코로 알면 어쩌나 싶고. 그렇게 한 이십 분쯤 지났을까요? 다행
히 그때 이름이 퍼뜩 생각나는 거예요. 이 일을 겪으면서 나는 또 한 번
육체가 참으로 번거롭다는 생각을 하게 되었어요. 그냥 보고 듣고 느끼
며 좋아하는 게 더 중요한데, 대개는 어떤 정해진 형식으로 인해 오히려
그런 것이 차단되니까."

바바라의 남다른 몰입 능력은 과학자로서의 창조력과 상상력을 샘
솟게 하는 원천이었고, 이는 다른 분야에서도 비슷한 효과를 가져다주

었다. 이를테면 음악을 할 때도 그러했다. 그녀는 대학에서 화성악 과목을 수강했는데, 그때 내면에서 음악적 영감이 떠올라 작곡이 되는 것을 체험했다.

"학생들이 곡을 지어 오면 교수님이 연주를 해주셨거든요. 그런데 종종 교수님이 내게 묻는 거예요. 어떻게 이런 악상을 떠올렸느냐고 말예요. 하지만 내가 어떻게 그런 걸 떠올릴 수가 있겠어요? 특별하게 음악 교육을 받은 것도 아니고, 또 무슨 계산을 해서 그런 생각을 해낼 수 있는 건 아니잖아요? 그건 그냥 저절로 나온 거지요."

바바라는 그 수업을 통해 차근차근 음악적인 훈련을 쌓아갔고, 그러자 훗날 더 많은 영감을 떠올릴 수 있었다. 밴조라는 현악기를 배운 그녀는 4학년이 되어 친구들과 밴드를 조직해 학교 근처 술집에서 재즈를 연주했는데, 그때마다 바바라는 자신의 즉흥적인 연주 감각을 유감없이 발휘했다. 그러다 한 번은 몹시 신기한 일을 경험하기도 했다. 대학원에 들어간 다음이었는데, 그날따라 너무 피곤했던 바바라는 춤곡을 연주하면서 자기도 모르게 스르르 잠 속으로 빠져들었다고.

"연주 내내 잠들어 있다가 춤곡이 다 끝난 다음에야 퍼뜩하고 잠에서 깨어났어요. 나는 깜짝 놀라 옆에 있던 색소폰 연주자에게 물어봤지요. 내가 곯아떨어지지 않았느냐고요. 그런데 아니라는 거예요. 심지어 그는 제 연주가 아주 좋았다면서 칭찬을 하더라고요. 그 말을 듣자 상황이 이해가 됐어요. 나는 꿈속에서 연주를 했던 거죠. 의식 없는 상태로 말이에요."

그녀는 음악을 사랑했고 연주하길 즐겼지만 대학원 1학년을 마칠 무렵 밴드 활동에서 손을 떼야 했다.

"밤늦도록 일하고 나면 아침에 일어날 수가 없더라고요."

그 후 바바라는 오직 생물학에만 몰두하기 시작했다. 그녀의 열정과 몰입하는 능력이 오로지 생물학 공부로 향한 것은 바로 이때부터였다.

3장. 유전학계의 샛별로 떠오르다

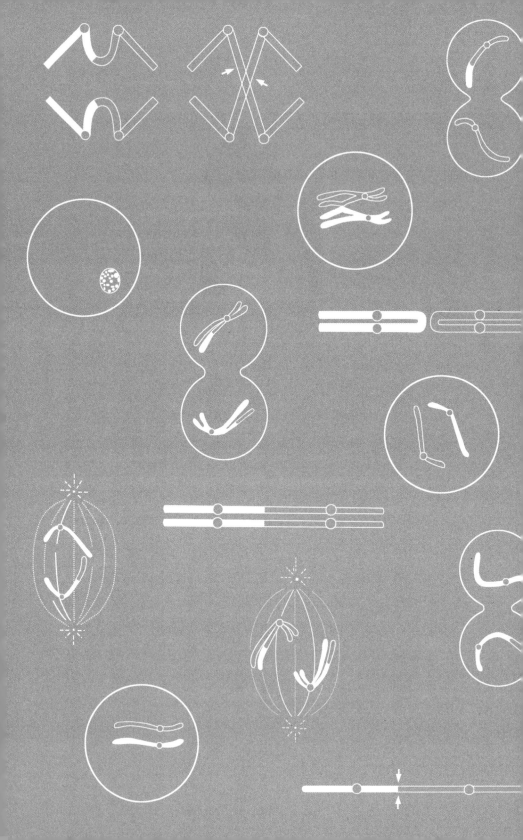

코넬에서 날개를 단
매클린톡

교수보다 앞서간 풋내기 대학원생

1920년대 초반, 바바라 매클린톡이 공부했던 코넬대 농과대학의 남자선생들 대부분은 그녀에게 무척 친절했고 적극적으로 학업을 도와주었다.

"코넬 대학이 좋았던 건 교수님들과 친하게 지낼 수 있다는 점이었어요. 수업시간이 아니어도 자주 보고 얘기를 많이 했지요."

식물학과에서 세포학을 담당했던 레스터 샤프(Lester Sharp) 교수는 토요일 오전마다 따로 시간을 내어 바바라에게 현미경 관찰에 필요한 세포 처리 기술을 가르쳐주었고, 그녀는 나중에 그에게서 논문 지도를 받기도 했다. 또한 세포 연구에 필요한 기술을 열심히 배워 그의 조수 노릇을 한 덕분에, 그녀는 대학원에 들어가자마자 곧 혼자서 실험을 할 수 있을 정도가 되었다.

"샤프 교수님은 실험에 능한 분은 아니었어요. 젊어서는 실험을 꽤 하셨던 편이지만, 원래 글 쓰는 쪽에 재주를 가지신 분이어서 세포학 관련한 주요 교재를 맡아 쓰셨어요. 그 분야에서는 단연 선두였죠. 다른 책들을 평론하는 능력도 탁월하셨어요. 하지만 실험실에 붙어사는 연구자 체질은 아니었지요."

그에 비해 매클린톡은 말 그대로 '연구자 체질'이었다. 샤프 교수는 이 점을 인정하고 그녀가 마음껏 일할 수 있게 도와주었다.

"실험실을 아예 나한테 맡겨버리셨어요. 하고픈 건 뭐든 다 마음대로 하라는 뜻이었죠."

실험실에 틀어박혀 연구하는 것을 좋아하는 바바라에게는 그 이상의 배려가 있을 수 없었다. 덕분에 매클린톡은 대학원 2학년에 올라갈 즈음이 되었을 때 이미 앞으로 전공할 분야를 정할 수 있었다.

하지만 모든 교수가 다 그녀를 지원하고 도운 건 아니었다. 대학원 1학년 때 일이다. 당시 바바라는 다른 세포학 교수 밑에서 조교를 하다가 옥수수의 유전자를 식별하는 방법을 발견하였다. 각각의 세포 속에 들어 있는 유전자에서 염색체 하나하나를 구별할 수 있게 된 것이다. 그런데 오래 전부터 이런 작업을 해온 담당교수는 매클린톡이 이룬 성과에 몹시 당황하며 못마땅해 했다.

"내가 특별한 방법을 쓴 건 아니었어요. 단지 그 양반이 하는 대로 따라했을 뿐이죠. 그렇게 사나흘 현미경을 들여다보니까 염색체가 선명하게 드러나 보이더라고요. 그래서 일을 깨끗하게 처리할 수 있었어요."

제자의 성공을 별로 달가워하지 않는 지도교수의 반응을 보며 바바라는 어떤 생각을 했을까?

"내가 교수님한테서 뭘 훔친 거라는 생각은 들지 않았어요. 단지 나는 그런 작업을 할 수 있다는 게 그저 좋았고, 염색체 하나하나를 구별해서 볼 수 있어 신이 났지요. 내가 성공하고 보니 교수님이 그동안 다른 데를 뒤지고 헤매었다는 걸 알겠더라고요. 그에 반해 나는 염색체가 있는 자리를 처음부터 정확히 포착한 거고요."

그 일을 계기로 그 교수와의 인연은 끝이 났다. 하지만 그녀는 염색체 자리를 정확히 포착하는 데 성공한 이후 이 분야에 몇 년 동안 몰두할 수 있었다. 이는 그녀가 과학도로서 자신이 앞으로 나아가야 할 방향을 제대로 잡았음을 의미한다.

세포분열의 이해, 유전자 연구의 첫걸음

그 무렵 벨링(Belling Kaus)이라는 생물학자가 원하는 염색체만 선명하게 드러나도록 염색하는 기술을 발표해 세포 연구에 새바람을 불러일으켰다. 세포를 연구하려면 현미경 밑에 놓고 관찰할 수 있도록 세포를 다듬어 고정시키고 모양을 식별할 수 있게끔 염색하는 기술이 필수불가결하다. 그런데 바바라 매클린톡은 벨링이 개발한 붉은 염료를 한층 더 다양하게 변형시켜 옥수수 염색체의 활동을 관찰하기 좋도록 개선하는 데 성공했다. 그 결과 옥수수가 세포분열을 일으켜 염색체가 복제되기까지의 주기 전체를 시간 순서대로 관찰하는 게 가능해졌다.

염색체는 세포의 핵 속에 들어 있다. 그런데 세포는 언제나 생명 활동을 벌이고 있으므로 끊임없이 새로 태어나고 성장하며 또 사라진다. 이러한 과정은 핵분열에서 시작되는데, 핵분열의 첫 단계에 들어서면 핵(nucleus) 속의 인(nucleolus)이 사라지는 대신 가늘고 긴 실가닥들이 모습을 드러낸다. 그러다가 적당한 조건이 갖춰져서 세포분열이 전기(前期 prophase)에 들어서면 이 '실가닥'들이 뭉쳐서 덩어리를 이루며, 이 덩어리가 두꺼워진 다음에는 가운데가 세로로 길게 갈라진 모양이 된다. 우리 몸의 세포 속에 들어 있는 염색체는 모두 이렇게 가운데에 홈이 파져 두 줄로 쌍을 이룬 꼴을 하고 있다.

핵분열은 크게 체세포분열과 생식세포분열로 나뉘는데, 그중 체세포분열은 휴지기, 전기, 중기, 후기, 말기, 휴지기의 여섯 단계를 거쳐 '동일한' 염색체를 생산해낸다. 그 각각의 과정은 다음과 같다.

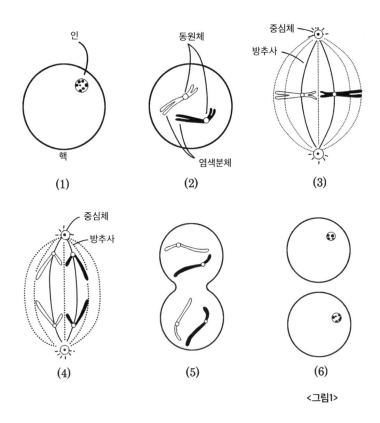

<그림1>

체세포분열 중에 핵 속에서 벌어지는 활동. 여기 〈그림1〉에서는 세포질은 빼고 핵만을 묘사했다. 실제 핵 속에는 염색체가 훨씬 더 많지만, 여기서는 특징적으로 검은 염색체 하나와 하얀 염색체 하나로 요약해서 표현하였다.

(1) 휴지기

염색체는 한 쌍으로 이루어져야 온전한 단위로 보며, 절반에 해당하는 한 줄짜리 염색체는 염색분체 혹은 크로마티드(chromatid)라는 별도의 이름으로 부른다. 다시 말해 염색체라 하면 똑같이 생긴 두개의 염색분체 혹은 크로마티드가 붙어 있는 것을 말한다. 그 두 개의 염색체를 묶어주는 것이 중간쯤에 있는 동원체(動原體 centromere)인데, 이 동원체는 핵분열이 후반부에 이르렀을 때 염색체 전반의 움직임을 조정하는 역할도 한다. 핵분열의 첫 단계인 전기(prophase) 동안, 염색체는 길이가 점점 짧아지는 대신 두꺼워진다.

(2) 전기

염색체가 이미 두 개의 염색분체로 늘어난 상태이다. 세포분열에는 체세포분열과 생식세포분열 두 가지가 있다. 이 두 과정은 시작 단계에는 거의 비슷해 보이지만 중간부터는 아주 다른 양상으로 진행된다. 세포 하나가 분열하여 두개의 세포로 늘어나는 '체세포분열(mitosis)'의 경우, 전기의 과정이 끝날 즈음이면 핵막이 사라진다. 핵막이란 세포질 속에 있는 핵과 세포의 나머지 부분을 가르는 경계선이다.

(3) 중기

전기 다음 단계인 중기(中期 metaphase)로 접어들면 핵 안의 양쪽 끝부분인 중심체(重心體 centrosome)에서 여러 가닥의 실들이 방추형으로 뻗어 나온다. 그러면 염색체는 핵의 가운데에 한 줄로 정렬을 한 다음 양쪽 중심체에서 뻗어 나온 방추사의 가운데에 들러붙고, 곧이어 동원체가 반으로 나뉘면서 쌍을 이루었던 염색체가 둘로 완전히 갈라진다.

(4) 후기

후기(後期 anaphase) 단계에 이르면, 이렇게 생겨난 새로운 염색체는 동원체에 이끌려 방추사가 뻗어 나온 핵의 양끝으로 딸려 간다.

(5) 말기

마지막으로 말기(末期 telophase)에 접어들면, 새로 생겨난 딸염색체 각각의 주변에 새로운 핵막이 형성되어 두 개의 독립적인 핵이 된다. 그리고 각각의 핵 속에는, 원래의 핵 속에 있던 염색체와 똑같은 수의 염색체가 생긴다.

(6) 휴지기

다시 핵이 생성된 독립적인 두 개의 딸세포로 분리되어 있다.

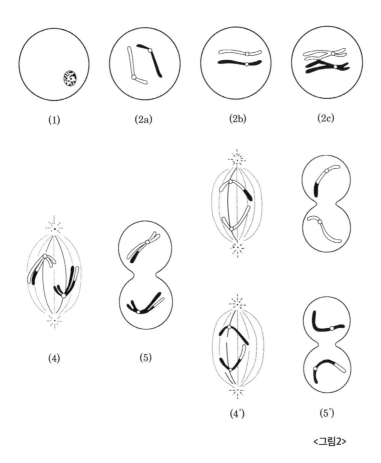

(1) (2a) (2b) (2c)

(4) (5)

(4') (5')

<그림2>

감수분열이 진행중일 때 핵 속에서 벌어지는 활동은 다음과 같다.

(1) 휴지기
(2a) 염색체가 나타난 상태
(2b) 염색체가 쌍을 이룬 상태
(2c) 두 개의 염색분체로 늘어난 후 염색분체가 교차하고 있는 상태
(4)(5) 첫번째 후기와 말기 과정
염색체 교차를 통해 두 개의 염색분체 일부가 교환됨.
(4')(5') 두 번째 후기와 말기 과정
이러한 감수분열의 결과 네 개의 생식세포가 생겨남.

체세포분열에 비해 생식기관에서 진행되는 생식세포분열은 훨씬 복잡하다. 위에서 설명한 체세포의 분열 과정 중간에 암수 특성을 띠는 생식세포의 생성 과정이 추가되는데, 두 개씩 쌍을 이루는 체세포의 염색체와 달리 생식세포는 외짝(haploid) 염색체로 이루어져 있는 게 특징이다.

또한 생식세포분열은 몇몇 중요한 점에서 체세포의 분열과 다른 양상을 보인다. 그중 하나는, 생식세포분열로 생긴 세포에는 쌍을 이루는 두 짝의 염색체가 아닌 외짝의 염색체가 들어 있다는 점이다. 그래서 이를 특별히 감수분열(meiosis)이라고도 부른다. 두 짝(diploid)이 한 쌍을 이루는 온전한 염색체가 전달되는 체세포분열과 달리, 생식세포분열 시에는 부모로부터 한 짝씩 물려받은 외짝 염색체가 동일한 기능의 외짝 염색체와 만나 한 쌍을 이룬다.

또한 감수분열의 경우 곧바로 분열을 시작하는 게 아니라 91쪽의 그림 (2)에서처럼 각 염색체는 우선 짝을 이루는 상동염색체를 만나 한 줄로 늘어선다. 감수분열의 전기(前期 prophase)에는 유전자의 일부가 서로 접합(synapsis)되는 등, 체세포분열보다 복잡한 현상이 많이 발생하곤 한다. 그래서 렙토틴(leptotene), 자이고틴(zygotene), 패치틴(pachytene) 등 세부 단계로 구분해 부르며, 이러한 과정을 지나 디플로틴(diplotene) 단계에 이르면 쌍을 이룬 염색체들이 다시 벌어진다. 이때 상동염색체끼리 염색분체의 일부를 교환하는 교차(crossing over) 현상의 결과로 생긴 결합점(chiasma)들을 확인할 수 있다.(감수분열에서 이루어지는 교차 현상은 유전학 연구의 중요한 분야이다.)

전기의 마지막 단계에서는 방추사가 나타난다. 그러면 한 쌍씩 짝을 짓고 있던 상동염색체가 반으로 나뉘어 각각의 방추사에 끌려가고, 그 다음부터는 체세포분열과 거의 동일한 과정을 거치게 된다. 이때 감수분열이 체세포분열과 다른 한 가지 차이점은, 한차례의 분열이 끝난 후 다음 차례가 시작되면 자기복제를 끝낸 염색체의 한가운데가 길게 갈라져 나뉘며 네 개의 핵이 생겨난다는 것이다. 이 넷은 모두 외짝의 염색체를 갖는 생식세포가 된다.

이와 같이 놀라운 과정을 거치는 세포분열의 전체적인 짜임새가 드러나면서, 유전자에 대한 연구는 대단히 흥미로운 분야로 떠오르고 있었다. 더욱이 1920년대 중반에 이르러 염색체 속에 유전자가 자리잡고 있다는 사실이 밝혀짐에 따라, 기존에 유전 현상을 바라보던 기계적인 원리와 시선에서 벗어나 보다 심층적인 차원에서 염색체를 연구하는 바람이 불기 시작했다. 이는 그만큼 염색체의 존재가 생물학계 전반에서 특별한 주목을 받고 있다는 증거나 다름없었다.

옥수수 연구로 새로운 지평을 열다

세포분열의 경이롭고도 빈틈없는 과정을 규명하고자 많은 사람이 이에 몰두한 결과, 마침내 1920년대 중반에 이르러 염색체가 유전자를 옮기는 물질이라는 사실이 밝혀졌다. 이에 따라 염색체 연구와 유전법칙의 연구가 밀접하게 연결되기 시작했고, 곧이어 이 주제는 생물학계의 각별한 관심을 끌게 되었다. 그러나 유전학과 세포학 연구를 함께 엮는 일은 누구도 손을 대지 못한 채 큰 숙제로 남아 있는 상태였다.

당시 유전학 연구에 활용된 주요 재료는 초파리와 옥수수였다. 초파리의 경우 염색체 하나하나는 이미 다 파악이 된 상태지만, 크기가 워낙 작아서 내부 구조를 들여다볼 수 없다는 한계가 있었다. 그리고 옥수수 연구는 아직 개별 염색체조차 구별할 수 없는 수준에 머물러 있었다. 옥수수 염색체를 눈으로 볼 수 있고 심지어 그 개수까지 셀 수 있었지만, 이들이 염색체라는 점 말고는 더 이상 밝혀진 게 없었다. 이는 마치 누구네 집에 자녀가 몇 명 있는 줄은 알지만, 그 아이들의 이름은커녕 나이와 성별조차 모르는 것과 마찬가지였다.

이런 시점에서 매클린톡은 우선 옥수수에서 각 염색체를 구별하는 기준을 마련하였다. 열 개의 염색체를 키 순서대로 늘어놓은 다음 1번부터 10번까지 번호를 매긴 것이다. 열 쌍의 염색체는 모두 크기가 다르고 모양이 다르고 구조도 달라서, 매클린톡이 매긴 각각의 번호는 임의로 바꿀 수 없는 기준이 되었다.

열 개의 염색체는 또 저마다의 특징을 지니고 있었다. 한쪽이 삐죽하게 튀어나온 게 있는가 하면, 세포분열을 하는 동안 염색체 상에 구슬 무늬가 생기는 것도 있었다. 또 어떤 것은 동원체의 위치가 유별나서 눈에 뜨였다. 이처럼 유전자 덩어리인 염색체의 생김새는 무척이나 다양해서, 잘 들여다보기만 하면 각각의 특징에 따라 얼마든지 구별이 가능했다. 예컨대 열 쌍의 염색체 중 크기가 두 번째로 작은 9번 염색체의 경우, 맨 끝부분에 매듭 모양으로 진하게 염색되는 자리가 있었다.

염색체별로 식별 가능한 기준이 마련되자, 흡사 망망대해와도 같던 유전자 세계에 한 줄기 빛이 비치는 듯했다. 이처럼 유전자 탐구에 새 지평을 열어젖힌 매클린톡의 발견에 대해, 유전학자인 마르쿠스 로우즈는 이렇게 말했다.

"매클린톡의 작업을 통해 옥수수는 이제 그 어떤 생물체에도 비할 수 없는 훌륭한 실험 재료가 되었다. 옥수수가 세포유전학의 연구에 아주 긴요한 쓰임새를 제공하며 구체적인 자료가 되는 데 그녀가 확실히 자리매김을 한 것이다. 게다가 이후 몇 년 동안 매클린톡은 이 분야에 획기적인 중요 논문들을 꾸준히 발표했으며, 이를 통해 세포유전학이라는 새로운 학문의 지평을 열어 보였다."

1927년, 매클린톡은 만으로 25세가 되기 직전에 논문을 다 마치고 식물학 박사학위를 받았다. 그와 더불어 전공 분야에서 시간강사 일도 맡게 되었기에, 그녀의 다음 행보는 명확해 보였다.

"코넬 대학에서 이제 무슨 일을 할 차례인지가 분명해졌죠. 유전학이나 식물교배 분야에서 다음 단계의 일이라면 뭐겠어요?"

염색체 하나에는 한 가지 유전자가 아닌 여러 형질의 유전자가 함께 놓여 있어서, 그 염색체가 옮겨갈 경우 이들이 함께 묶여 유전되는 '연관(linkage)그룹'이 있게 마련이다. 당시 초파리의 염색체와 관련해서는 이러한 연관그룹을 확인하는 작업이 대략 마무리되고 있었지만, 옥수수 연구는 아직 그 수준에 도달하지 못한 상태였다.

"그와 꼭같은 작업을 옥수수에도 해야 한다고 생각했어요. 옥수수의 유전형질을 살펴보면 형질상 서로 별 관련이 없는데도 늘 함께 묶여서 유전되는 특질들을 확인할 수가 있거든요. 나는 이러한 연관그룹을 찾아내고 그것들이 어느 염색체에 실려 있는지를 밝히고 싶었어요. 그래서 코넬 대학에 남아 그 일을 계속한 거지요."

일은 생각처럼 쉽지 않았다. 도저히 매클린톡 혼자 할 수 있는 일이 아니었다.

"당시엔 유전학자가 두 부류로 나뉘었어요. 교배실험만 하면서 좋은 종자를 만드는 사람과 염색체만 들여다보는 사람. 문제는 이들이 서로 만나지를 못한다는 거였죠. 일하는 장소도 서로 달랐고요."

매클린톡은 이 두 부류의 작업을 결합시켜야 한다고 생각했다. 그런데 이를 위해서는 옥수수 교배에 정통한 동료가 하나 필요했다.

"유전학에만 매달린 사람들은 나를 이해하지 못했어요. 아니, 그 정도가 아니었죠. 농장에서 일하는 사람을 찾는다니까 아예 미친 사람 취급을 하더라고요. 천신만고 끝에 다행히 함께 일할 사람을 하나 구했는데, 세상에 나, 그 사람이 글쎄 얼마 있다가 달아나버린 거예요."

그 일로 바바라는 한동안 무척 의기소침한 상태로 지냈다. 그러나 곧 다시 힘을 내어 일어섰다.

"다른 도리가 없더라고요. 거기서 포기할 수는 없는 거 아녜요?"

그녀는 사람을 구하는 대신 혼자 힘으로 해결하는 게 낫겠다는 결론을 내렸다.

"좋다. 내가 그 일까지 다 배우겠다!"

그 무렵 매클린톡이 처했던 상황을 이해하기 위해서는, 당시의 통상적 유전학과 그녀의 기대 사이에 얼마나 큰 괴리가 있었는지를 아는 게 필요하다. 이에 대해 매클린톡은 다음과 같이 설명했다.

"세포유전학 연구라 하면 염색체와 유전 현상 사이의 관계를 밝히는 건데, 당시엔 그에 대한 인식조차 없는 상황이었어요. 이런 방식의 연구가 초파리를 대상으로 처음 시작되고 나서도 나아진 건 없었죠. 초파리를 통해 밝혀진 원리가 다른 생물에게도 적용된다는 점을 사람들은 이해하지 못했으니까요. 상당한 시간이 흐른 후에야 비로소 그게 당연한 걸로 여겨지기 시작했지요."

과학사를 다루는 전문가들에 따르면, 생물학자들 사이에서 유전 현상이 이루어지는 자리가 염색체라는 점이 일반적으로 받아들여진 것은 1927년쯤이라고 한다. 그러나 이에 대한 결정적인 단서는 그보다 10여 년이 더 흐른 후, 브리지스와 스터티반트가 초파리를 대상으로 행한 실험에서 포착되었다. 그들은 초파리 세포를 관찰하면서, 멘델이 말하는 유전인자가 염색체의 어디쯤에 놓이는지를 분명하게 확인했다. 이는 분명 중요한 성과였지만, 초파리 연구와 관련한 세포유전학의 수준은 여전히 초보 단계를 벗어나고 있지 못했다.

앞에서 언급했듯 초파리의 유전자는 크기가 대단히 작다. 고배율의 광학현미경으로 들여다보아야 어렴풋하게 모양새가 잡힐 정도다. 그러다 보니 하나하나 염색체를 붙들고 특정한 유전형질에 해당하는 자리가 어디인지 찾아내는 작업의 속도는 더딜 수밖에 없다. 대부분의 연구자들에게 이러한 작업은 사소한 부분에 너무 많은 힘을 쏟아버리는 불필요한 노고처럼 여겨졌다. 다른 한편으로 농사 현장에서 종자개량에 몰두하는 사람들에게는, 유전 현상을 일으키는 물질적 구조가 염색체라는 사실만 알면 그만이지 그밖에 또 무슨 연구가 필요하냐는 생각이 지배적이었다.

이처럼 선입견과 오해가 팽배한 분위기에서 바바라 매클린톡은 옥수수를 재료로 홀로 외로운 작업을 해나가며 세포유전학의 새로운 토대를 쌓았다. 남성들이 초파리를 재료로 세포유전학의 분야를 개척했다면, 그녀의 옥수수 연구는 유전학 연구의 새로운 지평을 열어젖혔다 할까. 그리하여 이후 전개될 생명체의 유전 현상과 관련한 모든 탐구와 그 성과들은, 필연적으로 그녀가 다져놓은 기반 위에서만 이루어질 수밖에 없게 되었다.

그녀의 조력자가 되어준 남성들

세포유전학이란 학문 자체가 워낙 낯설고 이제 막 발전하는 단계였기에, 그에 관한 개념을 정리하고 세부 이론을 잡아가는 과정에서 여러 가지 질문이 제기되었다. 유전적으로 다양한 형질이 드러나는 현상이나 유전자들 사이에서 이루어지는 여러 작용 등, 그녀로서도 참으로 궁금한 점이 많았다. 하지만 바바라 매클린톡은 이에 대한 답을 곧바로 찾으려 하는 대신 염색체 하나하나를 들여다보면서, 그 동안 알아온 옥수수의 유전적 특질을 담당하는 자리가 어디인지 찾아내는 데 몰두했다. 초파리의 경우 이 작업이 어느 정도 완성되어 있던 반면, 옥수수 같은 식물과 관련해서는 알려진 사항이 거의 없었기 때문이다.

옥수수는 이런 방식의 실험과 연구 재료로 적격이었다. 미국의 주요 식량이 옥수수여서 다양한 교배실험을 통해 이미 많은 특성들이 밝혀져 있었기 때문이다. 때마침 매클린톡이 개발한 새로운 염색 기술 덕분에 옥수수 염색체를 세부적으로 관찰하는 일이 더 쉬워진 점도 유리하게 작용했다. 반대로 초파리를 대상으로 한 유전자 연구는 이즈음 거의 중단된 상황이었고, 1933년 페인터(T.Painter)라는 과학자가 초파리 애벌레의 침샘에서 거대한 크기의 염색체를 발견하는 획기적 사건이 일어나기 전까지는 계속해서 침체를 벗어나지 못했다.

이처럼 초파리 연구의 전성시대가 끝나고 매클린톡을 선두로 한 옥수수 유전자 연구가 떠오르는 시기였지만, 마땅히 손발을 맞춰 일할 협력자가 없어 홀로 고군분투하던 그녀 앞에 마침내 주목할 만한 새로운 인물이 하나 나타났다.

"그는 막 초파리로 유전학 석사를 끝낸 사람이었어요. 옥수수로 유전학 박사 과정을 하기 위해 코넬 대학에 온 거였지요. 코넬은 처음이고 앞으로 자기가 공부할 곳이니까, 여기서 어떤 일이 벌어지고 있는지 이 사람 저 사람한테 묻고 다닌 모양이에요. 그러다 내 실험실에까지 오게 된 거죠. 당시 나는 커다란 실험실 한쪽 귀퉁이에 작은 책상 하나를 얻어 지내고 있었는데, 어느 날 그가 그곳에 들어와서는 나더러 무슨 작업을 하느냐 묻더라고요. 그래서 대충 얘기를 해줬더니 단박에 내 말을 알아듣고는 감격과 흥분을 감추지 못하는 거예요. 그러고는 만나는 사람마다 붙들고 내가 하는 작업이 얼마나 중요한 일인지를 설명하기 시작했죠. 덕분에 나는 그 뒤로 거기서 지내기가 한결 수월했어요."

그때 대학원 학생으로 코넬 대학에 들어온 그 남자가 바로 훗날 유전학 분야의 대표주자로 부상하게 되는 마르쿠스 로우즈이다. 그와 매클린톡의 만남은 두 사람 모두의 인생에 기록될 만한 각별한 사건이었다. 학문의 길에서 서로에게 의지가 되고 서로를 북돋았던 두 사람은, 또한 평생토록 좋은 친구 관계를 유지했다. 특히 매클린톡에게 학문 교류의 상대가 절실한 시점에 나타났다는 점에서, 그는 구원자라 불리기에 손색이 없었다.

"남들 안 하는 짓을 나 혼자 하고 있었거든요. 그런데 마르쿠스는 그 짓이 뭐고 왜 중요한지를 내가 말하는 순간 그 자리에서 바로 알아듣더라고요."

하지만 둘의 관계에서 매클린톡이 일방적으로 도움을 받는 쪽이었던 건 아니다. 마르쿠스 로우즈에게도 매클린톡의 작업은 새로운 세계로 향하는 출구와 같았다.

"그는 세포유전학이라는 분야에 들어오고 싶어 했어요. 그런데 딱 보니까 내가 그리로 들어가는 문의 열쇠를 만들고 있는 거예요. 그가 우리 실험실에 들어와 하필이면 나한테 말을 건 그 절묘한 순간, 그는 그걸 한눈에 알아봤지요. 그러고 나서 그는 당장 옥수수를 연구하는 세포유전학자가 되고 말았어요."

이 무렵 바바라 매클린톡에게는 또 하나의 중요한 사람이 나타난다. 그의 이름은 조지 비들(George Beadle). 매클린톡과 만나고 나서 몇 년 후, 에드워드 테이텀(Edward Tatum)과 함께 '유전자 하나에 효소 하나(one gene - one enzyme)'라는 중요한 가설을 세우게 되는 인물이다. 이 가설을 세우는 데 결정적인 실험 방법을 고안한 공로를 인정받은 덕분에, 그는 1958년 테이텀과 조슈아 레더버그(Joshua Lederberg)와 함께 생리의학 분야에서 노벨상을 받는다. 또한 분자생물학의 발전에 큰 공을 세웠다는 찬사와 더불어 국제적인 명성도 얻게 된다.

바바라 매클린톡을 만난 당시, 조지 비들은 옥수수밭이 지천으로 널린 네브라스카 주의 어느 시골에서 올라온 촌뜨기 대학원생이었다. 그러나 그는 매클린톡이나 로우즈와 마찬가지로, 옥수수를 재료로 한 세포유전학 연구에 온 삶을 쏟아붓고도 남을 엄청난 열정을 지니고 있었다.

이렇게 뛰어난 젊은이들을 코넬 대학으로 불러 모은 구심에는 그들의 지도교수인 롤린스 에머슨이 있었다. 그는 당시 옥수수 유전학 분야의 최고 권위자로, (아직 여학생의 입학이 허용되지 않던) 식물교배학과의 학과장인 동시에 대학원장이었다. 아울러 학생들의 존경과 사랑을 한몸에 받는, 참으로 훌륭한 지도교수이기도 했다. 그 밑에서 세 사람은 모두 지독한 훈련을 받았지만, 지도교수의 고매한 인품 덕분에 그들의 실험실에는 열정이 샘솟았고 개방성이 유지되었다.

에머슨 교수 밑에서 공부했던 학생들은 당시의 분위기를 회상하며, '거긴 참 특별한 곳'이었다고 이야기한다. 그중에서도 맨 후미진 자리에 처박혀 있던 매클린톡의 작업이 가장 특별했다고, 마르쿠스 로우즈는 털어놓는다. 그만큼 그는 누구보다 그녀의 특별함을 알아본 사람이었다.

에머슨 교수의 작업이 '현장에서의 교배'와 관련한 옥수수 유전학으로 제한되어 있던 데 비해, 매클린톡의 작업은 '실험실에서의 세포 연구'와 관련한 새로운 분야를 개척하는 것이었다. 따라서 이 둘을 연결시키는 질문들이 제기되었고, 이를 해결하기 위해 매클린톡과 로우즈와 비들, 이 삼총사는 한마음으로 똘똘 뭉쳐 유전학 공부에 매진했다. 당시만 해도 유전학과 관련한 새로운 개념이나 이론은 오로지 초파리 연구에서 얻은 자료들을 토대로 했는데, 이들 세 사람의 작업으로 인해 초파리에서 확인된 모든 것을 옥수수에도 그대로 대입해볼 수 있게 되었다.

더욱이 옥수수는 광학현미경과 새로운 염색 기술을 이용해 세포 분열이 이루어지는 각 단계의 규칙적인 변화 과정을 빠짐없이 관찰하고, 나아가 한 세대에서 다음 세대를 거치며 이루어지는 다양한 형질의 변화를 살펴보기에 유리했다. 그리하여 위의 세 사람은 특정 유전자들이 염색체의 어느 자리에 놓이는지 확인하는 작업에 매진할 수 있었다.

매클린톡은 당시의 분위기를 이렇게 설명한다.

"우리는 정말 의기투합했어요. 마음이 잘 맞았고, 뭐든 해낼 것 같은 투지로 불타올랐죠. 우리는 교수님 빼고 학생들끼리만 하는 정기적인 세미나도 열었는데, 우리 세 사람 말고도 이 주제에 관심 있는 학생 몇몇이 함께했답니다. 나중엔 교수님도 참석했고요."

이 세미나에 거르지 않고 참석했던 학생으로는 매클린톡과 로우즈와 비들 외에 찰스 번햄(Charles Burnham), 해롤드 페리(Harold Perry), 피위 리(PeeWee Lee)가 있다. 이 밖에 루이스 스태들러(Lewis Stadler) 같은 탁월한 유전학 이론가를 비롯해서 다른 친구들 몇몇도 이따금 참석하였다. 이 모임이 시작된 1928년부터 매클린톡과 로우즈가 코넬대

코넬대학의 옥수수 세포유전학도들. 왼쪽부터 찰스 번햄, 마르쿠스 로우즈, 롤린스 에머슨, 바바라 매클린톡, 그리고 무릎을 꿇고 앉아 있는 사람은 조지 비들(1929).

를 떠난 시점까지가 옥수수 유전학의 황금기였다고, 이 분야에 종사하는 사람들은 이구동성으로 말한다. 그러니까 1935년까지가 전성기였던 셈이다.

앞의 사진은 젊은 학자들이 점심시간을 이용해 옥수수밭 창고에 모여 세미나 하는 모습으로, 당시 모임 분위기가 어떠했는지를 짐작하게 하는 귀중한 역사적 자료이다. 에머슨 교수와 건장한 체구를 자랑하는 남자들, 그리고 그 곁에 선 매클린톡. 한줌도 안 돼 보이는 작은 몸집이지만, 당차고 아름답게 빛나는 그녀의 강렬한 눈빛이 마치 이렇게 말해주는 듯하다. 나는 지금 정말로 행복하다고.

"이 여자는 진짜 특별하다, 뭐 그런 느낌?"

사진에서 뒷줄 가운데 있는 마르쿠스 로우즈와 앞에 앉은 청년 조지 비들은 이제 둘 다 칠70대 후반에 접어들었다. 로우즈는 블루밍턴의 인디애나 대학에서, 비들은 시카고 대학에서 각각 정년퇴임을 했으며, 이 두 사람 모두 여전히 옥수수를 키우며 산다.

큰 키에 다부진 몸집을 한 마르쿠스 로우즈는 언뜻 보기에 저명한 학자라기보다 미국 중서부 농장의 건장한 일꾼처럼 보인다. 아닌 게 아니라 그는 학문 연구와 함께 농사를 짓는다. 옛 여자친구인 매클린톡의 이야기를 들려주는 동안, 그는 꼭 젊은 시절로 돌아간 듯했다. 오래 전 자신이 열정적으로 작업해온 대학 캠퍼스의 울창한 수풀 사이를 거닐며, 그는 아득한 세월 너머의 일들을 즐거이 기억해냈다.

내가 본 마르쿠스 로우즈는 항상 마음이 열려 있고 매사에 너그러우며 참으로 수더분한 성품의 소유자였다. 1974년에 정년퇴임을 하고 교수직에서 물러났지만, 그는 하루도 빠짐없이 실험실에 나가고 있다. 자기 일을 너무나 사랑하는 까닭에 그 이상 즐거운 일을 생각해낼 수가 없다는 것이다. 그는 옥수수의 독특한 면모에 매료당한 것 이상으로 또한 함께 일하는 동료들 각각의 개성과 성향을 몹시 아끼고 사랑하였다.

석사를 마치고 갓 코넬 대학에 왔던 때를 회상하며, 그는 당시 자신의 역할이 매클린톡과 다른 유전학자들 사이에서 통역을 하는 것이었다고 했다. 그러면서 그가 꺼낸 이야기는 신기하게도 앞서 매클린톡이 언급했던 내용과 거의 일치했다.

"내가 생각해도 참 신통한 일이었어요. 나는 첫눈에 바로 그녀를 알아봤거든요. 이 여자가 보통내기가 아니다, 나보다 저만큼 앞서가고 있다는 걸 곧바로 알아챘다니까요. 그럼에도 시기심이라거나 질투 같은 못된 생각이 들지 않았어요. 오히려 그녀가 충분히 자기 능력을 발휘할 수 있도록, 정말로 내가 할 수 있는 일은 다 해줬죠. 왜 그랬느냐고요? 뭐 그 이유는 너무 명백했어요. 이 여자는, 그리고 이건 진짜 특별하다, 그런 거였죠."

마르쿠스 로우즈에 따르면, 바바라 매클린톡은 그들이 꾸린 작은 그룹에 생기를 불어넣는 영감의 원천이었다고 한다.

"나는 정말로 바바라를 좋아했어요. 참 놀라운 점이 많았거든요."

그로부터 이미 50년 가까운 세월이 흘렀는데도, 그는 매클린톡을 처음 만났을 때 자기가 내린 판단이 여전히 유효할 뿐 아니라 한 치도 틀리지 않는다고 장담했다.

"내가 이래 봬도 상당한 수준의 과학자들을 퍽이나 만나본 사람 아니겠습니까? 하지만 진짜 천재를 꼽는다면, 그건 누가 뭐래도 바바라예요."

바바라와 함께 일해본 이들은 대부분 그녀가 얼마나 명석한 사람이었는가를 기억하고 있었다. 반면에 성격이 참 까다로운 여자였다고 기억하는 경우도 상당하다. 그런 반응에 대해 마르쿠스 로우즈는 다음과 같이 설명했다.

"바바라는 너무나 총명해서 아둔하고 답답한 꼴을 참지 못했던 거예요. 자기는 모든 걸 한달음에 다 알아버리는데 남들은 그걸 못 하니까요."

자신의 뜻이 통하지 않는 눈치면, 그녀는 곧 마음을 접어버리는 기색이 역력했다고 한다. 게다가 당시는 사람들이 그녀가 하는 작업의 중요성을 잘 알지 못하던 시절이었기에, 팍팍한 성격의 그녀가 다른 이들과의 소통에 어려움을 느끼는 것은 당연했다고.

하지만 개인의 성격을 떠나서 유전학 학계 전반의 분위기가 미성숙한 점도 그에 영향을 미쳤다고 마르쿠스 로우즈는 설명했다. 그 무렵만 해도 염색체가 유전의 본체라는 점은 다들 받아들이고 있었지만, "거기서 한 걸음 더 나아갈 생각들은 별로 없었다"는 것이다. 그에 비해 매클린톡은 염색체 속을 더 철저하고 자세하게 들여다봄으로써 세포학과 유전학을 하나로 결합시키려 했는데, 다른 이들에게는 그런 식의 작업이 너무 낯설고 미덥지 못했다는 얘기다.

"그래도 어린 학생들은 그녀가 하는 작업의 의미를 잘 알아들었어요. 그에 비해 나이든 교수들은 그녀의 주장을 별로 탐탁해하지 않았습니다. 나이가 들면 마음이 굳어지거든요."

나는 또 한 사람의 동료인 조지 비들도 찾아갔는데, 매클린톡과 관련한 그의 기억은 로우즈 박사보다 훨씬 희미했다. 비들은 일찍이 매클린톡이나 로우즈보다 한결 현대적인 방식으로 작업을 시도했다. 그는 유전이 일어나는 현상과 과정을 분자 차원에서 연구하는 쪽이어서, 사실상 매클린톡의 작업과는 상당히 일찍 거리가 멀어졌다. 하지만 비들 역시 세포학 분야에서 탁월했던 매클린톡의 능력만큼은 대단히 인상적이었다고 강조하였다. 아울러 매클린톡이 얼마나 그 일에 빠져 있었는지, 그 열정에 감복했던 얘기를 들려주었다.

1966년에 출간된 막스 델브뤽의 회갑 기념 헌정 논문집에는 비들 박사의 글이 실려 있는데, 여기서 그는 당시 작업했던 세포 연구(식물의 꽃가루에서 일어나는 생식작용을 거세시키는 일)를 설명하면서 이렇게 회고하고 있다.

" … 나는 오로지 그 일에만 빠져 있었다. 그런데 바바라 매클린톡은 내가 하던 세포 실험을 마치 자기 일처럼 열광하며 좋아했고, 심지어 누구보다 그 내용에 해박해서 그녀의 도움이 있어야만 모든 일이 순조롭게 진행되었다. 이 분야에서 그녀는 항상 압권이었다. 나보다 단연 한 수 위였다."

그가 정말로 잊기 어려운 사건이라며 전해준 또 하나의 이야기는 이러하다. 과거 언젠가 비들은 정말 죽을 만큼 열심히 실험한 끝에 대단히 흥미로운 결과를 얻어낸 적이 있다. 그런데 자신이 도출해낸 자료들을 해석하는 매클린톡의 관점이 너무나 탁월해서 결국은 그녀와의 공동 작업 형식으로 결과를 발표할 수밖에 없었다고 한다.

"지금 내가 이렇게 웃으면서 그 얘기를 꺼낼 수 있는 건, 당시 나의 작업이 훌륭했다는 확신이 있기 때문입니다. 하지만 그때는 정말 비참한 느낌을 떨쳐버릴 수 없었지요."

코넬에서 매클린톡, 로우지와 같이 연구하던 시절, 점심시간에 옥수수밭으로 피크닉을 가곤 했던 일이 인생 '최고로' 즐거웠던 기억이라고 회상하는 비들. 그러나 그는 결코 매클린톡에게 개인적인 호감을 느껴본 적은 없다고 잘라 말했다. "그녀는 워낙 우리들과는 달랐기 때문에" 그로서는 늘 '그녀의 신비주의'로부터 거리를 둘 수밖에 없었다는 것. 그렇지만 그녀에 대한 존경심은 결코 부인할 수가 없다고 그는 또한 덧붙였다.

"그녀는 워낙 특별했거든요!"

매클린톡이 해온 작업들에 대해, "자신이 손댈 일"은 아니었지만 "환상적이고" "어마어마하고" "더 이상의 것이 있을 수 없다"는 최고의 극찬을 보내는 비들은, 시카고 대학에서 정년퇴임을 한 후 현재는 고향의 옥수수밭으로 돌아가 여생을 보내고 있다. 남은 생애 동안 옥수수라는 종의 유래와 원천을 찾아내는 연구에 몰두할 참이라 하는데, 흥미롭게도 이에 대해 매클린톡과 비들은 완전히 상반된 견해를 갖고 있었다.

'여성'과학자들의
연대

여자에게 과학은 생업이 될 수 없던 시절

코넬 대학에서 함께 일했던 동료들이 이구동성으로 말하듯, 매클린톡에게도 역시 코넬에 딸린 옥수수밭에서 보낸 시절은 가장 좋은 추억으로 남아 있다. 활동도 그 시기에 가장 왕성해서, 1929년에서 1931년 사이에만 매클린톡은 탁월한 내용의 논문을 무려 아홉 편이나 발표하였다. 옥수수 염색체의 모양과 구조를 상세히 설명하고, 이미 알려져 있는 '유전자 표식(marker)'이 '세포의 표식'과 서로 어떤 관련을 맺고 있는지 등을 설명하는 내용으로, 이와 같은 매클린톡의 연구 결과는 이 분야가 더 크게 발전할 수 있도록 강한 추진력을 제공하였다.

이처럼 의미 있는 시간을 함께 보낸 로우즈와 비들은, 매클린톡에게 그저 고마운 동료 정도가 아니었다. 그들의 협조와 격려가 없었다면 결코 오늘의 자신이 없었을 거라면서, 그녀는 두 사람에게 진심으로 고마워했다.

"우리 셋은 정말 서로를 북돋고 힘을 보태주면서 전에 없던 새로운 과학 분야를 하나 탄생시켰어요."

공동작업을 통해 세 사람 모두 많은 것을 배우고 큰 성과를 얻었다는 점은 분명하지만, 그러나 매클린톡과 두 남자 사이에는 묘한 차이가 있었던 것도 사실이다. 그리고 이 점은 특히 매클린톡에게 대단히 중요한 의미를 지닌다.

로우즈와 비들, 이 두 남성에게 코넬 대학은 앞으로의 성공과 출세를 약속하는 보증서와도 같은 것이었다. 젊은 시절을 다 바쳐 코넬에서 훈련을 쌓는 일이 그들에게는 곧 유능한 학자로 이름을 날리고 야심차게 출세가도를 달리기 위한 전제조건인 셈이었다. 그러나 바바라 매클린톡에게는 그런 식의 구체적인 계획이나 야심이 전혀 없었다. '앞으로 뭐가 되겠다'는 생각이라고는 전혀 없이, 그녀는 그저 자기가 하고 싶은 일을 열심히 했을 따름이다. 그도 그럴 것이 그녀에게는 미래에 어떤 직업을 갖고 어떻게 활동한다는 생각이 도무지 피부에 와닿지 않았던 것이다.

이를 그녀의 개인적인 성향의 문제로 보는 건 옳지 않다. 그 시절, 과학을 전공했다고 해서 여자가 과학자가 되는 경우는 없었기 때문이다. 여성 과학도에겐 잘해야 실험실 조수나 학교 선생 정도가 허용될 뿐이어서, 그들 스스로에게조차 과학을 공부한다는 것은 일종의 취미생활로 여겨졌다. 연구를 본업으로 하는 과학자가 된다는 건, 적어도 여성에게는 전혀 실감나지 않는 환상에 불과했다는 말이다.

대학 내에서도 이러한 차별은 엄연히 존재했다. 여자들은 조교 정도에 머물렀고 잘해야 시간강사 자리를 얻을 수 있을 뿐이었다. 남녀공학이 아닌 여자대학에서는 여성이 교수가 될 수도 있었지만, 대개는 과학자인 남편을 만나 남편 실험실에서 남편의 일을 돕는 식으로 숨어서 실력을 발휘하는 데 그쳤다. 상황이 이렇다 보니 과학에 관심과 소질이 있더라도 여학생들은 다른 꿈을 꿀 여지가 없었고, 대부분은 현실을 달게 받아들였다.

그러나 매클린톡은 '보통' 여자가 아니지 않은가. 그녀는 단지 여자라는 이유로 활동이 제한되는 상황을 받아들일 수 없었고, 그리고 싶어 하지도 않았다. 딱히 어떤 직업이나 직함을 꿈꾼 적은 없었지만, 그렇다고 과학을 공부한 다른 여성들처럼 주어진 상황을 묵묵히 받아들일 수도 없었던 것이다. 다만 그녀는 자기 자신을 잘 알고 있었고, 특히 자신이 어디서 어떤 일을 하고 있을 때 행복한지를 정확히 꿰뚫고 있었다. 바바라는 연구하는 일을 정말로 좋아했고, 그녀가 그런 일에 재능과 소질을 타고났다는 점 또한 누가 보더라도 명백했다.

그 당시의 분위기를 읽는 데 중요한 지표가 되는 또 한 명의 여성을 이쯤에서 소개하고자 한다. 매클린톡과 로우즈와 비들, 이 세 사람이 함께 일하던 옥수수 세포유전학의 황금기에, 그들 후배로 코넬 대학에 들어온 해리엇 크레이턴이 그 주인공이다. 그녀가 웨슬리 여자대학을 졸업하고 스물한 살 나이로 코넬 대학 식물학과 대학원에 들어온 건 1929년 여름 방학이 끝날 무렵이었다. 그로부터 2년 후인 1931년, 크레이턴은 매클린톡과 함께 '염색체의 종합적 연구를 통해 유전학의 기초를 세운' 논문을 발표해 세계적인 명성을 얻게 된다.

반세기의 세월이 흐른 지금, 크레이턴 박사는 웨슬리여대를 정년퇴임하고 명예교수가 되어 있다. 그녀는 여러모로 매클린톡과는 달라 보인다. 매클린톡에 비해 15센티미터는 족히 큰 키와 굵직굵직하고 잘 생긴 얼굴 윤곽에 거침없고 소탈한 성격이 그녀의 트레이드마크라 할까. 한마디로 크레이턴은 주위 사람을 압도하며 느긋하게 이를 즐길 줄 아는 여장부 스타일이다. 게다가 대단한 골초에, 한번 말문이 터지기 시작하면 컬컬하게 가라앉은 목소리로 끝없이 말을 쏟아낸다. 내가 그녀를 만났을 때도 그랬다. 그녀는 옛날로 돌아가 그 시절을 추억하는 것이 무척이나 즐거운 듯, 잠시도 쉬지 않고 이야기를 이어갔다.

크레이턴은 코넬 대학 대학원에 들어오기 한 해 전 봄에 웨슬리여대를 졸업했다고 한다. 코넬로 오게 된 것은 전적으로 마가렛 퍼거슨의 추천 때문이었다. 퍼거슨 여사는 28년 전 코넬에서 박사학위를 받고 웨슬리여대에서 학생들을 가르쳐온 교수로, 그 무렵 많은 여학생에게 공부를 계속하도록 격려하고 용기를 준 것으로 유명하다. 웨슬리여대에 재직하는 동안 퍼거슨 교수는 그 당시 미국의 어떤 대학 어떤 남자교수보다 더 많은 수의 여성 과학자를 배출하였다. 물론 그들 대부분은 기껏해야 과학자인 남편을 만나 남편의 실험실에서 조수로 일하는 정도였지만 말이다. 일례로 코넬 대학에는 식물학을 전공한 교수가 넷이었는데 그들 모두 웨슬리여대 출신의 식물학도를 부인으로 맞았고, 웨슬리여대 출신 부인들은 대개 자기를 드러내지 않은 채 남편의 실험실에서 이름 없는 과학자로 살아갔다.

그렇다고 웨슬리여대 출신 여성 과학도들의 학력이나 실력이 뒤졌던 건 아니다. 그 학교 졸업생 중 상당수는 대학원에 진학하였고, 비단 생물학뿐 아니라 다른 과학 분야로도 많이 진출하였다. 특히 1920년 이전까지는 미국 내 대학 가운데 가장 많은 여성 과학자를 배출한 곳이 웨슬리여대일 정도로 명성이 자자했다. 그들 중 상당수는 '여성을 받아주는' 대학원에 진학해 공부를 계속했는데, 식물학 쪽 지원자들은 주로 코넬이나 위스콘신으로 갔다. 크레이턴도 그중 한 사람이었다.

"그녀는 내게 도전과 극복의 기쁨을 알려줬지요"

크레이턴은 코넬 대학 대학원에 입학한 후 고식물학(古植物學 paleobotany)을 맡고 있는 페트리 교수의 조교 자리를 얻었다. 그런데 입학 첫날 우연히 바바라 매클린톡을 소개받았다. 선배인 매클린톡은 스스럼없이 말을 건네며 그녀에게 앞으로의 계획에 대해 물었다.

"어떤 분야에 관심이 있니?"

크레이턴은 그와 관련해 특별한 고민을 해본 적이 없었기 때문에 그저 생각나는 대로, 세포학이라 했다가 생리학일지도 모른다고 하는 등 두서없이 대답을 했다고 한다. 그러자 매클린톡이 이렇게 제안했다고.

"그럼 말이지, 샤프 박사님께 함께 가보자. 내 생각에는 세포학과 유전학을 같이 하는 게 더 좋을 것 같거든."

매클린톡은 너무나 진지하고 친절하게 크레이턴을 안내했다. 앞뒤가 딱딱 들어맞는 매클린톡의 설명 덕분에, 크레이턴은 그날 저녁 일사천리로 모든 계획을 세울 수 있었다. 앞으로 대학원에서 무엇을 어떻게 공부할 것인지에 대한 정리를 완벽하게 끝낸 것이다. 그녀는 샤프 교수를 지도교수로 하고, 세포학과 유전학을 전공하기로 결정했다. 또 식물생리를 부전공으로 택했다. 무엇보다 그녀는 실험과 관련해서 모르는 게 생기면 무조건 매클린톡에게 달려가기로 마음먹었다. 실제로 크레이턴은 학업은 물론 숙소를 결정하는 일까지 매클린톡과 상의했고, 그때마다 매클린톡은 세심하고 친절하게 도움을 주었다.

"어떤 사람도 그 이상의 도움은 주지 못했을 겁니다. 모든 문제를 누구보다 현명하게 해결해주었지요. 그때 얼마나 고마웠는지 몰라요."

같은 해에 크레이턴과 함께 대학원에 들어온 여학생이 두 명 더 있었는데 그녀들은 모두 석사과정으로 등록을 했다. 크레이턴도 당연히 그럴 생각이었는데, 매클린톡이 이를 적극 반대하고 나섰다. 기왕이면 박사까지 계속하라는 얘기였다. 나중에 박사과정을 하더라도 지금은 석사로 등록하는 수밖에 없지 않느냐고 크레이턴이 묻자, 매클린톡은 처음부터 박사과정까지 올라갈 거라는 점을 밝혀야 학교에서 더 마음을 써준다며 계속해서 박사과정으로 등록하라고 열변을 토했다. 듣고 보니 일리가 있다 싶어서 크레이턴은 그 조언을 따랐다고 한다.

혹시 크레이턴이 여자 후배라서 매클린톡이 특별히 더 마음을 써주었던 것일까? 이에 크레이턴은 고개를 갸우뚱거리며 대답하였다.

"그랬는지도 모르죠. 여학생이 워낙 드무니까 반갑기도 하고 남학생보다 더 신경 써주고 싶었을 수도 있어요. 하지만 당시 우리는 여학생이기 때문에 겪는 어려움에 대해 심각하게 생각하거나 하진 않았거든요. 이런 점은 부당하고 옳지 못하다, 뭐 그런 생각을 구체적으로 해본 적이 없었어요."

오히려 크레이턴은 매클린톡이 그때 이미 코넬을 떠날 생각을 하고 있었는지도 모른다는 가능성을 제기했다. 자기가 떠난 뒤에 샤프 교수 밑에서 일할 적당한 조교를 물색하는 과정에서 크레이턴을 발견하여 적극 이끌어주었을 수도 있다는 얘기였다.

한편 그 무렵 과학을 공부하는 여자 대학원생들의 모임인 '시그마 델타 엡실론'이 있었는데, 매클린톡 자신은 그곳의 멤버가 아니면서도 후배인 크레이턴한테는 가입을 적극 추천했다고 한다. '시그마 델타 엡실론'은 1920년대 초반 코넬을 중심으로 시작돼 전국적인 단체로 성장한 단체로, 40명 정도의 여학생이 모임의 중심 역할을 하며 꾸준한 활동을 벌였다. 한때는 '누구나 주인'이라는 모토를 내걸고 자연과학을 공부하는 여자 대학원생의 기숙사 겸 활동본부를 건립하려는 계획까지 세웠으나, 해리엇 크레이턴이 대학원에 들어왔을 때는 이미 분위기가 많이 수그러든 상태여서 과학 하는 여학생들이 이따금 모여 사교적이고 학문적인 모임을 갖는 정도로만 유지됐다는 것이다.

그러나 자연과학부에 속한 학생들 대부분은 실험실 밖으로 활동 범위를 넓히기가 어려운 상황이었다. 사교적이든 학문적이든, 모든 만남은 사실상 실험실 주변에서 이루어지곤 했다. 해리엇 크레이턴 역시 '시그마 델타 엡실론'에 가입하긴 했지만, 인생에 중요한 것들을 더 많이 보고 듣고 느낄 수 있었던 공간은 그 모임이 아닌 자신이 일하는 실험실이었다고 고백한다. 비단 학업뿐 아니라 과학 하는 여성들이 필연적으로 부딪힐 수밖에 없는 현실적인 문제를 인식하고 이에 대응하는 방법을 배우는 곳 역시 실험실이었다.

코넬 대학교 설립자인 에즈라 코넬(Ezra Cornell)은 진정한 자유와 평등을 내세우며 능력이 닿는 사람은 '누구나 어떤 분야에서든 공부할 수 있는 대학'을 천명했지만, 교수를 선임하는 문제에서만은 설립자의 가치가 빛을 발하지 못한 게 사실이다. 일례로 코넬 대학 원예학과의 유명한 선생으로 흔히 '미스 민스'라 불리던 루아 민스(Lua A. Minns)는, 어느 면으로 보나 교수가 되기에 손색이 없었는데도 오십이 넘을 때까지 여전히 시간강사 노릇을 면치 못했다. 당시 크레이턴은 이 여성을 보면서, 그녀 같은 처지가 되지 않기 위해 무슨 일이든 이를 악물고 최선을 다하며 버텼다고 말한다.

크레이턴이 대학원에 다니면서 해야 할 가장 중요한 일은 무엇보다 공부와, 그것을 잘하기 위해 스스로를 훈련하는 일이었다. 세포 연구는 무척이나 까다롭고 섬세한 작업이어서 대단한 집중력을 필요로 했다. 이 무렵 그녀는 세포학을 전공하려면 무엇보다 세포를 자유자재로 다루는 기술이 중요하다는 사실을 깨닫게 되는데, 그 본보기가 된 것이 바로 매클린톡이었다. 따라서 크레이턴은 매클린톡이 개발해 놓은 기법들을 열심히 따라 하며 익히는 데 열심이었다. 그러나 그 기법은 너무나 복잡하여 '아무나 따라 하기란 도저히 불가능하다'는 지적이 이미 여기저기서 제기되고 있었다.

누군가 이 문제를 제기하면 매클린톡은 일단 그 점을 인정하면서도, "현재로서는 다른 뾰족한 수가 없고 그렇게밖에 할 수가 없기 때문에 그 방식을 쓰는 것뿐"이라며 "어떤 문제가 발견되면 그걸 해결할 길을 찾아나가는 것이 각자의 과제"라고 대답했다. 이처럼 문제 해결의 방도를 스스로 찾도록 독려한 매클린톡의 일침 덕분에, 크레이턴은 매사에 제기되는 문제를 '도전'으로 받아들이고 그것을 해결할 실마리를 찾기 위해 더 열심히 정진할 수 있었다고 한다.

두 여자의 옥수수 유전자 연구

1930년 이른 봄, 크레이턴이 첫 학기를 무사히 마쳤을 때 매클린톡은 후배인 그녀에게 중요한 과제를 하나 주었다. 당시 매클린톡은 옥수수 염색체 열 개를 크기별로 분류해 1번부터 10번까지 번호를 매긴 상태였다. 또한 제9번 염색체에 매듭 모양으로 진하게 물드는 자리가 있음을 발견한 이후 그것을 중요한 표시로 삼고 다음 작업을 진행하는 중이었다. 바바라 매클린톡은 이 매듭 모양의 표시를 근거로 형질교차 (crossover)가 일어나는 현상을 정밀하게 관찰하면 유전자와 염색체 사이의 관계를 밝혀낼 수 있을 것이라 생각했다. 그때만 해도 유전자라는 추상적 단위와 구체적 물질인 염색체 사이에 모종의 연관이 있다는 점은 막연하게 인정되고 있었지만, 그 정확한 관계에 대해서는 아직 연구된 바가 없었다. (유전자의 교차 현상은 부모로부터 자식에게 형질이 전달될 때 마치 묶여 있는 것처럼 늘 함께 유전되는 두 개의 유전자 사이에서 관찰된다. '연관linked 유전자들'은 무언가로 묶여 있는 것처럼 늘 함께 전달되므로, 이들은 한 염색체 안에 들어 있다고 추정할 수 있다. 이러한 현상이 생기는 물질적 요인에 대해, 당시의 유전학자들은 짝을 이루는 염색체 일부가 서로 교환되어 자손에게 전해지면 자손의 염색체는 양쪽 부모의 염색체가 부분적으로 섞인 상태가 될 것이라고 짐작하였다.)

매클린톡은 한 유전자에 있는 '연관 유전자' 그룹 한 쌍을 찾아 그 정확한 위치가 어디인지 확인한 다음, 그밖에 또 다른 표시가 될 만한 세포의 모양을 찾아서 유전자의 연관관계를 더욱 상세하게 밝히겠다는 구상 하에 실험을 진행 중이었다. 한 염색체 위에 나타나는 두 가지 표시를 이미 발견했으니, 그 근처에서 다른 표시 두 개만 정확히 포착하면 큰 진전을 이룰 수 있는 단계에 이미 와 있었다. 매클린톡은 염색체에 이런 표시가 있는 옥수수와 표시가 전혀 없는 옥수수를 교배시킨 결과를 토대로 두 쌍의 유전자 표시가 동시에 교차되는 현상을 확인할 작정이었다.

크레이턴이 매클린톡의 제안으로 실험에 끼어든 것은 바로 이 시점으로, 그녀에게 주어진 과제는 옥수수를 교배하고 거기서 맺힌 열매 (옥수수 알갱이)를 들여다보면서 매클린톡이 그동안 애써 식별해놓은 여러 표시를 준거 삼아 본격적으로 유전의 원리를 탐구하는 것이었다.

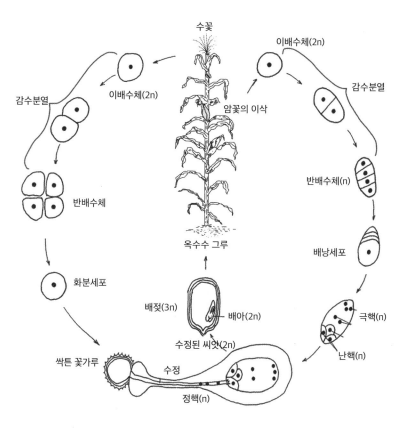

<그림3> 옥수수의 생명 순환

옥수수의 교배는 어린 옥수수가 한 그루 식물로 키가 다 크고 줄기와 이파리 사이에서 움터 나온 이삭이 모양을 갖출 무렵 이루어진다. 옥수수 줄기 꼭대기에 피는 수꽃에서 화분(花粉, 꽃가루)이 만들어지는 동안, 암꽃에서 생겨난 이삭 안에는 옥수수 알갱이들이 모양을 갖추어 간다. 이들이 다 여물어 나중에 땅에 뿌려지면, 그것이 다시 한 그루씩의 옥수수로 자라게 되는 것이다.

식물의 수정은 대부분 바람에 의해 이루어진다. 옥수수 그루 꼭대기로 쭉쭉 뻗은 수꽃의 꽃가루가 바람을 타고 흩날리다, 옥수수 알갱이에서 이삭 바깥으로 뻗어 나온 비단실 같은 수염 위에 떨어지면 곧 수정이 된다. 이 과정을 인위적으로 조절하려면 엄청난 주의가 필요하다. 특정 형질 사이의 교배관계를 관찰하는 실험인 만큼, 연구 대상인 어머니 꽃과 아버지 꽃가루가 엉뚱한 것과 섞여서는 절대 안 된다. 이를 방지하기 위해 이삭에서 비단실 같은 수염이 나기 바로 전, 줄기 부분부터 통째로 종이봉지를 덮어씌우곤 한다. 교배에 쓸 꽃가루를 보호하기 위해, 마찬가지로 수꽃 전체도 미리 종이봉지로 씌워 놓는다.

옥수수의 수정은 꽃가루가 비단실의 가닥에 닿으면서 시작된다. 비단실에 꽃가루가 떨어지면 곧 옥수수 알갱이에 이르는 기다란 관을 만들어내는데, 이 관을 타고 (그동안의 감수분열 결과로 생성된) 두 개의 화분 세포가 이동을 한다. 이 중 하나는 (암꽃에서 감수분열의 결과 생성된) 알세포와 결합하여 배아로 자라게 되고, 다른 하나는 두 개의 극핵과 결합하여 배젖으로 자란다. 암꽃에서는 세 번의 분열을 통해 모두 여덟 개의 세포가 되는데, 이 중 두 개의 극핵과 하나의 알세포를 뺀 나머지 다섯 개는 사라지고 만다. 그리고 옥수수 알갱이에 해당하는 배젖은 암꽃에서 두 개의 극핵과 수꽃에서 하나의 화분 세포가 결합한 결과이므로, 모두 합해 세 단위의 염색체를 갖는다. 이런 식으로 결합한 핵은 체세포분열을 통해 영양조직이 된 후, 배아의 성장에 필요한 양분을 제공하게 된다.

배아와 배젖은 이렇듯 동일한 교배를 통해 생성된 결과이므로 이들의 유전자는 같은 꼴이다. 따라서 옥수수 알갱이에 해당하는 배젖의 유전자를 통해 다음 세대 옥수수의 (빛깔 혹은 주름 등의) 특징을 가늠할 수 있고 부모 세대와 달리 어떤 변화가 생겼는지 예상할 수 있다. 또한 옥수수 알갱이의 배젖과 다음 해 새로 싹 트는 옥수수 그루의 다른 조직들을 살펴보는 세포 연구를 통해 유전 현상의 여러 면모를 심도 깊게 살펴볼 수 있다.

옥수수 유전학은 말 그대로 '온몸을 바쳐야만' 할 수 있는 일이다. 용의주도한 관찰을 위해서는 충분한 시간이 필요하므로 옥수수가 좀 더 더디게 자라도록 조절을 해주는 것이 필요한데, 그 일을 제대로 하려면 육체적으로 상당한 노고를 쏟아야 한다.

우선은 옥수수가 자라는 자리를 따뜻하게 해주는 것이 필요하다. 해가 잘 들지만 바람기가 없는 곳, 움푹한 지형이면서도 남쪽으로 경사진 자리에 파종을 해야 하는 이유는 이 때문이다. 또한 한여름에는 뙤약볕이 너무 강하므로 해가 내리쬐기 전 이른 새벽부터 밭에 나가서 일해야 한다. 어린 옥수수는 쉽게 말라죽기 때문에 계속해서 조금씩 물도 줘야 한다. 그뿐 아니라 밭에서 자라는 옥수수 그루는 물론이고, 여기서 채집하여 실험실에 갖다 놓은 것들까지도 일일이 이름표를 달아 주의 깊게 관리를 해야 한다. 특히 중요한 것은 다 자란 옥수수의 꽃가루가 바람에 날려 제멋대로 교배되지 않도록 하는 일이다.

이 모든 일을 차질 없이 진행하기 위해 옥수수밭과 실험실을 오가며 구슬땀을 흘리다 보면 어느덧 휴식의 시간이 돌아왔다. 그러면 바바라 매클린톡은 크레이턴과 함께 곧장 테니스장으로 달려갔다. 이때의 일을 회상하던 크레이턴은 껄껄 웃으며 다음과 같이 말했다.

"매클린톡은 테니스를 칠 때도 염색체 속의 미세한 표시를 낚아채는 무서운 집념으로 공을 받아쳤어요. 나도 테니스라면 자신이 있었고 나이로 보나 키로 보나 매클린톡보다 좋은 조건이었는데도, 그녀와 게임을 치르고 나면 늘 완전히 녹초가 되곤 했죠."

해리엇 크레이턴은 완전히 새내기였던 자신을 그 중요한 프로젝트에 선뜻 끼워주고, 에머슨 교수의 지도 아래 면면히 이어지던 훌륭한 학풍에 어려움 없이 적응하도록 도와준 선배 바바라 매클린톡을 지금도 잊지 못한다. 새로운 학생이 들어오면 언제나 가장 핵심적이고 이제 곧 좋은 성과가 나올 당면 과제를 코앞에 들이미는 게, 에머슨 교수의 방식이었다. 그러나 신입생이던 크레이턴은 그와 같은 진지한 분위기를 빨리 파악하지 못했다. 다시 말해 마냥 눈치 없이 꾸물거리고 있던 자신의 손을 잡아끌고 빠른 속도로 달려준 게 바로 매클린톡이었다는 것. 또한 필요할 때는 후배인 자신을 다그쳐가면서 일의 착수부터 마무리까지 깔끔하게 진행하도록 격려했다고 한다.

크레이턴은 그해 여름이 다 지나서야 자신에게 주어진 일이 아직 그 누구도 해결하지 못한 일이며 학문적으로도 대단히 중요한 과제임을, 학생이라면 누구나 해야 하는 판에 박힌 학습 훈련이 아니라 유전학이라는 새로운 학문에 막중한 공헌을 하게 될 의미 있는 작업임을 깨달았다. 그러나 매클린톡은 그 점에 대해서도 대수롭지 않은 듯 그저 담담한 태도를 보이며 이렇게 잘라 말했다.

"그건 그저 정해진 순서상 필요한, 다음 단계의 일이었을 뿐이에요."

애물단지 막내딸에서 가문의 영광으로

한편 대서양 건너 유럽에서도 이와 비슷한 진전이 이루어지고 있었다. 초파리 연구로 상당한 성과를 거둔 독일의 생물학자 쿠르트 슈테른(Curt Stern)이 그 무렵 고전유전학을 완성할 만한 '최종 작업'을 마무리

하고 있었던 것이다.

많은 학자들이 1920년대 내내 현미경으로 초파리의 생식세포 분열 과정을 들여다보았지만 도무지 해결되지 않는 문제들이 있었다. 그런데 마침내 교차가 일어나는 과정을 선명하게 보여주는 세포 속의 미세한 표시 몇 개를 식별해냄으로써, 슈테른은 이미 문제의 실마리를 잡고 있었다. 그는 또한 염색체의 교차와 유전적 교차가 직접적인 관련이 있다는 사실을 낱낱이 밝혀줄 실험을 순조롭게 진행 중이었다. 만약 이 시기에 그 유명한 모건이 등장해 순서를 바꿔놓지 않았더라면, 연구 결과는 당연히 슈테른의 공적으로 등록되었으리라고 크레이턴은 설명했다.

1931년 봄, 유전학계의 대부로 꼽히던 모건 교수가 연례학회의 발표자로 초청되어 코넬 대학을 방문했다. 그런데 강연 후 곧 돌아갈 줄 알았던 모건이 불쑥 실험실에 들어와, 여기서 어떤 작업들을 하는지 궁금하다며 내부를 둘러보고 싶다고 했다. 모건이 매클린톡과 그녀의 후배 크레이턴이 함께 쓰던 모퉁이 작은 실험실에 들어왔을 때, 크레이턴은 당시 하고 있던 프로젝트에 대해 설명한 다음 지난여름 수확한 옥수수의 1차 실험 결과에 대해서도 짤막하게 보고하였다. 그러자 모건은 그 결과를 학회에도 발표했는지 물어보았다. 두 사람이 1차 자료에 대한 신빙성을 확인하고자 올해 한 번 더 이 작업을 반복할 계획이라고 답변하자, 모건은 손을 내저으며 작년에 수집한 자료만으로 충분하니 그 결과를 당장 발표하라고 채근했다.

그렇게 서두를 필요가 있을까 싶은 마음에 사람들은 모두 주저하였다. 샤프 교수는 특히 그에 반대하며, 이 실험은 크레이턴의 박사논문에 필요한 것이고 그녀가 박사과정을 마무리하기까지는 아직 3년이나 더 남았다고 설명하였다. 그러나 모건은 그 자리에서 펜과 종이를 가져오라고 재촉하더니 급하게 편지를 쓰기 시작했다. 그는 이들의 논문이 앞으로 2주 후에 마무리될 예정이라고 편지에 쓰고는 그 내용을 모두에게 주지시키고 서명을 했다. 그리고는 미국 과학아카데미 학술위원회 편집자에게 당장 보내도록 지시하였다. 그리하여 매클린톡과 크레이턴은 정해진 기간 안에 서둘러 공동논문을 완성했으며, 그것은 7월 7일 담당자의 손에 들어가 정확히 1931년 8월호에 게재되었다.

이로 인해 낙담한 것은 독일에서 초파리를 재료로 똑같은 내용의 실험을 진행하고 있던 쿠르트 슈테른이었다. 그의 작업 역시 마무리 단계였고, 더구나 그의 논문은 앞의 두 사람 것보다 더 방대한 자료들을 토대로 작성되고 있었다. 그럼에도 몇 달 차이로 선취권을 뺏기고 말았으니 얼마나 원통했을까. 아니나다를까 세월이 한참 흐른 후에 그는 이 사건을 회상하며 이렇게 기록하였다.

나는 당시 혈기 넘치는 젊은 과학자로서, 논문을 완성하고 휴가를 다녀온 후 의기양양하게 그것을 베를린 빌헬름황제 연구소에 제출하였다. 그런데 얼마 후 그 연구소에 근무하는 친구 하나가 무척이나 머뭇거리며 나에게 조심스레 말을 꺼냈다.

"자네한테 이런 소리를 하기가 진심으로 민망하고 애석한데 말이야, 억울해도 할 수 없지 뭐 어떡하겠나. 자네가 휴가를 떠난 동안 해리엇 크레이턴과 바바라 매클린톡이라는 여자 둘이 공동으로 논문을 제출했는데, 이번에 자네가 발표한 것과 같은 내용이라네. 그 여자들은 옥수수를 재료로 사용해서 자네가 얻은 것과 똑같은 결과를 얻었어. 이런 얘길 하게 돼서 정말 미안하네."

이제야 하는 말이지만, 나는 그 소심한 친구에게 아직도 깊이 감사한다. 내 논문을 받아보고 그 자리에서 곧바로 크레이턴-매클린톡의 논문에 대한 얘기를 꺼냈더라면, 세상이 다 내 것 같았던 나의 도취감은 그만큼 단축되었을 것이다.

훗날 모건 교수가 크레이턴에게 털어놓은 바에 따르면, 당시 모건은 이미 슈테른의 작업에 대해 상세히 알고 있었다고 한다. 그래서 그처럼 두 사람을 채근하여 서둘렀다는 것이다. 옥수수 연구는 초파리 연구에 비해 더 많은 시간과 인내심이 필요하고, 그가 생각할 때는 이것이 참으로 불공평하게 여겨졌다나? 슈테른은 발끈 화를 낼지도 모르지만, 모건 교수의 말이 사실이긴 하다. 옥수수는 최소 일 년은 지나야 연구 결과를 수집할 수 있는 데 비해, 초파리는 단 열흘이면 다 자라서 교배를 통해 벌써 다음 세대를 얻을 수 있으니 말이다.

어찌됐건 매클린톡과 크레이턴의 공동논문은 큰 주목을 받았고, 둘은 나란히 이듬해인 1932년 8월 24일에 열린 '제6차 유전학 세계대회'에 참가하였다. 코넬 대학이 위치한 뉴욕 주 이티카에서 열린 그 자리에는 당시 유전학을 쥐락펴락하는 주요 인물들이 모두 모였다. 미국에서 5년마다 한 번씩 열려 벌써 30년째를 맞고 있는 이 대회는 나름 명성과 내실을 갖춘 것으로 알려져, 지난 대회만 해도 36개국에서 모두 836명이 참가하는 등 큰 성황을 이뤘다. 그에 비해 제6차 대회에는 536명이 등록하는 것에 그쳤으나(정치 상황이 복잡한 유럽에서 많은 사람이 참석을 포기한 탓이다), 그래도 유전학 분야의 저명한 인물들은 대부분 모인 셈이었다.

당시 세계유전학회는 모건 교수가 회장직을, 롤린스 에머슨 교수가 부회장직을 맡고 있었다. 그리고 베를린 빌헬름황제 연구소 소장인 리하르트 골드슈미트(Richard B. Goldschmidt)가 유럽 지역 대표로 활동하였다. 개막 연설을 통해 유전학의 역사를 돌아보고 당시 유전학의 현황과 전망을 개괄한 모건은 유전학 분야에서 조만간 이루어질 다섯 가지 중요한 과제를 다음과 같이 요약하였다.

첫째. 유전자의 성장과 복제에 포함되는 물리적 변화 및 생리적 과정 전반에 대한 이해.

둘째. 염색체가 서로 만나 접합하는 동안과 그 이후에 일어나는 변화를 물리적 용어로 해석하는 일.

셋째. 유전자와 유전자가 표현하는 유전형질 사이의 관계 파악.

넷째. 돌연변이란 무엇이며 그 상세한 과정은 어떠한지를 밝히는 일.

다섯째. 유전학의 지식을 농업과 축산업에 '응용'하는 일.

개막 연설 후 첫날 오전에는 주로 유전학 일반에 관한 내용이 토론되었다. 특히 멘델의 유전법을 중심으로 진화론과 염색체의 활동, 돌연변이 등등의 사항이 논의되었는데, 중간에 에머슨 교수가 옥수수 유전학의 현황을 상세히 보고하며 '유전형질의 연관그룹이 염색체의 어디에 위치하는지'를 식별해낸 매클린톡의 작업을 소개하였다.

이때쯤에는 매클린톡의 작업이 이미 많이 알려진 상태였다. 그녀가 도출해낸 결과는 그 당시 발표된 멀러와 스태들러의 논문을 통해 여러 각도로 해석되었고, 칼 삭스(Karl Sax)와 쿠르트 슈테른의 논문에도 여러 차례 인용되었다.

그날 오후에는 분과별로 몇 개의 논문을 발표하고 이들을 종합적으로 검토하는 프로그램이 진행되었는데, 이때도 역시 매클린톡의 새로운 작업이 소개되었다. 그 즈음 그녀는 동일한 형태가 아닌 염색체 조각이 짝을 짓는 과정을 관찰하고 있었기에 그 내용을 요약해서 발표했다. 그리고 나서는 또한 크레이턴과 함께, 세포에서 네 줄짜리 교차(four-strand crossover) 현상이 일어남을 증명하는 실험 결과를 발표하기도 했다.

당시 대회에는 70명 남짓 되는 여성이 참석했는데, 그중에서도 혜성처럼 등장한 새로운 얼굴이었던 매클린톡과 크레이턴은 유독 많은 관심과 주목을 받았다. 그 덕분에 해리엇 크레이턴은 2년 후 어느 여자대학에 교수직을 얻어 코넬을 떠나게 되었다. 반면에 매클린톡은 머나먼 인생 항로의 첫 관문을 이제 막 통과한 셈이었다.

한편 이 대회를 마치고 귀향하던 스코틀랜드 출신의 유전학자 크루(F. A. E. Crew)는 대서양을 건너 유럽으로 가는 여객선 안에서 뜻밖의 사람들을 만나게 되었다. 휴가차 유럽으로 향하던 그들은 다름 아닌 바바라의 부모인 매클린턴 부부였다. 우연히 옆자리에 앉아 대화를 나누던 중 그들이 바바라 매클린톡의 부모라는 사실을 알게 된 크루는, 그들의 막내딸이 얼마나 총명하고 재기발랄하며 대단한 과학자로 인정받게 되었는지 소상히 알려주었다.

훗날 로우즈 박사를 통해 이 이야기를 전해들은 바바라의 심정은 어땠을까? 모르긴 몰라도 참으로 뿌듯하고 가슴 벅찼을 게 분명하다. 하지만 그 소식에 가장 기뻐한 것은 아마도 매클린톡 부부였으리라 짐작할 수 있다. 자기 세계가 너무나 분명해 늘 부모를 불안하게 만들던 애물단지 막내딸이 어느덧 가문의 영광으로 변모했음을, 그것도 제3자의 입을 통해 확인했으니 말이다.

4장. 여자로 산다는 것

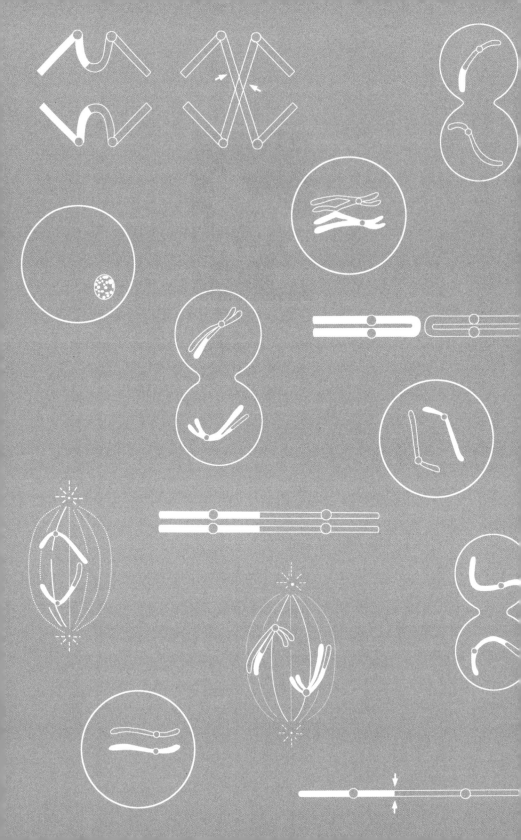

코넬 바깥의
실험실들

일자리 빼고 모든 걸 준 코넬대

1931년에 제6차 유전학 세계대회가 열리기 1년 전부터, 매클린톡은 이제 정말 코넬을 떠나야 하는 게 아닌가 하는 생각을 종종 하곤 했다. 학교에서 더 이상 자기에게 맡길 일이 없다는 것이 짐작되는 상황에서, 뭔가를 기다리며 무작정 버티는 것만이 능사는 아닌 것 같았기 때문이다.

> "거기서 내게 학생들 가르치는 일을 맡길 생각이 있었는지 없었는지, 그건 아직도 잘 모르겠어요. 아무튼 학교도 그렇고 내 입장도 그렇고, 둘 다 참 난처한 상황이었지요."

코넬에 있는 동안 그녀는 모든 면에서 탁월한 업적을 쌓아 학교에서나 대외적으로나 충분한 인정을 받고 있었다. 특히 연구 활동과 관련해서는 물심양면으로 지원 받으며 동료들과도 좋은 관계를 유지했다. 그러나 학교에서 전임교수 자리가 나올지는 정말로 미지수였다.

코넬 대학의 경우 1947년이 되기까지 가정학과를 빼놓고는 여자에게 전임교수 자리를 준 사례가 없다. 그 시절 여자들이 겪는 사정이란 대개 이러했으므로, 제아무리 천하의 매클린톡이라 해도 어쩔 수 없었을 것이다. 사실 코넬에 남아서 연구 활동을 지속할 장소와 시간을 누린다는 것만으로도, 그녀의 형편은 다른 여성에 비하면 월등히 나은 편이었다.

1931년부터 1933년까지는 그나마 국립학술연구진흥재단에서 2년짜리 프로젝트 연구비를 따낸 덕분에 코넬에서 버티는 게 어렵지 않았다. 그 기간에 매클린톡은 컬럼비아의 미주리 대학과 캘리포니아 공과대학 그리고 코넬 대학을 오가며 시간강사를 하기도 했다. 여기저기 옮겨 다니며 일을 하게 된 셈이었지만, 그래도 코넬 대학은 여전히 그녀의 본거지이자 활동의 중심지였다. 코넬 대학의 실험실에는 아직 그녀의 책상이 그대로 있었고, 그녀는 시간이 날 때마다 옥수수밭을 돌아보고 필요한 장비들도 빌려가곤 했다. 그 당시를 회상하는 그녀에게서 약간은 쓸쓸해 보이는 웃음이 흘러나왔다.

"코넬은 제게 일자리만 빼놓고는 뭐든 다 주었어요. 그 정도면 뭐 큰 은혜를 입은 셈이죠."

코넬 대학 못지않게 그 대학이 위치한 지역 이티카도 매클린톡에게는 매우 중요한 의미가 있는 장소였다. 막 대학을 마쳤을 무렵의 일이다. 매클린톡이 한차례 크게 병이 난 적이 있었는데, 그때 그녀를 치료해 준 여의사 에스터 파커(Esther Parker)는 병이 나을 때까지 자기 집에 와서 쉬라고 그녀를 배려했다. 알고 보니 파커 선생으로부터 그런 말을 들은 사람이 매클린톡 하나는 아니었다. 어머니와 둘이 살고 있던 파커 선생은 집이 먼 학생이 병을 앓을 때마다 자기 집의 일부를 내주었고, 그로 인해 친절한 의사선생님이라는 소리를 자주 들었다.

"선생님이 집으로 들어오라기에 당연히 갔죠. 나는 다른 학생들보다 훨씬 오래 그 댁에 머물렀어요. 이상하게 마음이 편하고 전혀 남의 집 같지가 않더라고요. 할머니하고는 물론이고, 할머니가 키우던 여러 마리의 개들과도 금세 친해졌어요. 또 그 집 카나리아도 나를 좋아했고요. 그래서인지 그냥 내 집 같은 느낌이 들더라고요. 아니, 정말 내 집처럼 지냈어요. 마당에서 화초도 가꾸고 잔디도 깎고, 벨이 울리면 전화도 스스럼없이 받고. 참 편안하고 기분 좋은 경험이었어요. 서로 기운이 통하는 느낌 있잖아요? 사실은 코넬도 꼭 그랬거든요."

매클린톡은 에스터 파커 선생님과 절친한 사이가 되었다. 이 관계는 오래도록 유지되었고, 정신적으로나 물리적으로 매클린톡은 그에 편안함을 느꼈다. 이따금 파커 선생님 댁에 들르면 그녀는 꼭 집에 돌아온 것 같은 안정감에 푹 쉴 수 있었다.

" … 그곳은 내게 언제라도 갈 수 있는 곳이었어요. 그저 스쳐 지나가다 우연히 들르는 곳이 아니라, 아무리 먼 곳에 있어도 기어코 가게 되는 그런 곳이었다 할까요? 마치 기다란 끈으로 나와 그 집이 연결돼 있는 것처럼 말예요. 그래요, 파커 선생님과는 정말로 특별한 이어짐이 있었지요."

옥수수 돌연변이 연구에 빠지다

일정한 직장이 없어도 파커 선생님 댁에 머물며 학교에 가서 연구할 수 있으니, 이티카와 코넬은 아닌 게 아니라 그녀의 활동이 이루어지는 중

135

심임에 틀림없었다. 그러다가 1931년, 드디어 그녀에게도 코넬을 떠나 다른 세상에 가볼 기회가 왔다. 그해 여름 미주리 대학의 루이스 스태들러 교수가 자기네 연구 프로젝트에 참여해 함께하자고 불러준 것이다. 스태들러는 1926년 국립학술연구진흥재단의 장학금을 받고 코넬에 왔을 때, 에머슨 교수 밑에서 공부하며 매클린톡과 교분을 쌓은 바 있었다.

두 사람은 모두 옥수수의 유전자 조합에 관심이 쏠려 있었고, 더욱이 매클린톡은 엑스레이로 돌연변이를 일으키는 스태들러의 새로운 작업에 큰 기대를 걸고 있는 상황이었다. 세포에 엑스레이를 쏘이면 유전자 구조에 변화가 생기는 강력한 효과가 발생하는데, 1927년 멀러라는 과학자 역시 스태들러와 별도로 동일한 기법을 개발하였다.

돌연변이를 만들어 연구에 활용하는 것은 오늘날 유전학 연구에서 매우 흔하게 쓰이는 방법이다. 돌연변이는 물론 자연 상태에서도 꾸준히 발생하지만, 이를 실험실에서 관찰하려면 하염없이 기다리는 수밖에 없는 것이 한계다. 반대로 엑스레이를 쏘이는 인위적인 방법을 쓰면, 돌연변이 발생 빈도가 높아질 뿐 아니라 그 양상도 다양해지는 장점이 있다. 이와 같은 엑스레이의 활용은 유전자 구조를 밝히는 작업 전반에 크게 박차를 가하는 효과를 가져왔고, 매클린톡이 이 새로운 방식의 연구에 관심과 흥미를 보이는 것은 당연했다.

옥수수에 어떤 돌연변이가 생기는지를 관찰하기 위해서는 먼저 특정 형질의 우성인자를 갖고 있는 쪽 꽃가루에 방사선을 쪼여 돌연변이를 일으켜야 한다. 그런 다음 이를 열성인 쪽 암술머리에 묻혀 수정시킨다. 이와 같은 실험을 통해 씨앗을 얻어 심으면, 엑스레이가 염색체 구조를 얼마나 어떻게 바꾸었는지 확인할 수 있다. 특히 옥수수에 열매가 맺히기 시작하면 돌연변이가 일어나는 양상이 확연하게 눈에 띈다. 엑스레이로 처리한 씨앗의 빛깔이며 질감이 뚜렷하게 달라지는 것이다.

그해 여름, 바바라 매클린톡은 염색체에서 생기는 변화를 특성별로 꼼꼼히 요약하고자 했다. 그녀는 자신이 개발한 세포 염색 기술을 다시 한 번 발휘하여, 엑스레이로 처리한 유전자에 세부적으로 어떤 변화가 일어나는지 빈틈없이 살피면서 일일이 기록을 해나갔다. 매클린톡은 그 결과를 염색체의 일부가 다른 자리로 옮겨가는 전위(轉位 translocation), 염색체 일부가 뒤집어져서 앞뒤가 바뀌는 도치(倒置 inversion), 그리고 아예 일부가 떨어져나가는 누락(漏落 deletion) 등으로 구분하여 정리했는데, 이는 모두 생식세포의 분열 과정에서 정상적인 염색체와 손상을 입은 염색체 사이에 일부가 교환되며 벌어지는 현상이었다.

"그해 여름엔 일을 정말 많이 했어요! 눈에 보이는 것마다 신기해서 탄성을 질렀지요. 대부분 처음 보는 현상이었으니까요. 어떤 염색체에다 다른 염색체의 유전자를 올려놓으며 다양하게 변화를 주는 게 가능하니까 연구 결과를 얻는 속도가 엄청나게 빨라지더라고요."

여기서 중요한 것은 새로운 현상을 '접수'하는 매클린톡의 사고방식과 태도이다. 이는 다른 이들에게서는 찾아볼 수 없는, 그녀만의 특별한 감수성이라 할 수 있다.

"옥수수밭 사이를 내가 천천히 걸어가면요, 돌연변이를 일으켜서 줄무늬진 이파리의 옥수수들이 거기 있는 거예요. 이파리에 줄무늬가 생기는 것은 우세한 형질과 열등한 형질이 서로 섞이기 때문이지요. 그것들을 내가 모두 들춰보는 게 아니에요. 오히려 그것들이 나를 찾아온다 할까요? 말로 설명하기는 어렵지만, 아무튼 그런 새로운 변화가 일어나면 나한테 그대로 와서 박히더라고요."

그해 가을, 그녀는 캘리포니아에서 이러한 줄무늬 현상에 대해 연구한 논문 한 편을 받았다. 정체를 알 수 없는 조그만 염색체에 대한 연구 내용이 담긴 것이었다. 어디선가 '떨어져나온' 것처럼 보이는 유전자인데, 이파리에 생기는 줄무늬는 바로 이것 때문일 것이라는 저자의 추측이 그 논문에 담겨 있었다.

"그 논문을 읽으면서 나도 모르게 말이 튀어나왔어요. 이건 분명 동그라미 염색체다! 동그라미야, 동그라미 모양이라야 이렇게 되지!"

정말 신기한 것은, 그 논문을 받기 바로 전에 매클린톡이 동그라미 모양의 염색체를 추정했다는 점이다. 그러나 그녀는 물론이고 함께 일하던 동료들 또한 그런 게 있다는 얘기를 들어본 적이 전혀 없어 의아해하고 있는 중이었다. 그런데 논문을 받아보고 나서 매클린톡은 다음과 같이 똑 떨어지게 설명할 수 있었다.

"그동안 여러 번 확인되었어요. 염색체 하나가 두 차례 분열하면 각각 두 번의 접합(fusion)이 생기지요. 그리고 분열된 자리가 두개인 염색체가 한 바퀴 휘어질 경우, 그 부분은 앞뒤가 바뀌게 됩니다. 그러므로 도치 상태가 되는 거예요. 아니면 염색체 일부가 떨어져 나가는 누락의 상태가 될 수도 있어요. 그런데 이렇게 누락이 되었는데도 떨어져 나간 조각이 보이

유기체와의 교감

지 않을 경우, 그건 염색체가 동그란 모양을 하고 있다는 얘기가 되거든요. 문제는 동그란 모양의 염색체에 대해서는 이제껏 한 번도 보고된 적이 없다는 거예요. 그런 얘기는 들어본 적이 없거든요. 이게 무슨 말이냐, 동그라미 모양의 염색체는 누락된 염색체와 마찬가지 양식으로 행동한다는 거지요. 그런 추측이 가능하다는 말입니다."

이런 결론을 도출해낸 매클린톡은 그 논문을 보내온 사람들한테 바로 편지를 썼다.

" … 아마도 당신들이 발견하신, 아직 정체불명인 그 염색체는 동그라미 모양을 하고 있을 것입니다. 그리고 그것이 다른 가닥과 서로 교환될 때는 누락된 염색체와 마찬가지 행동을 할 것입니다."

그러자 캘리포니아에서 재미있는 답장이 왔다.

" … 참으로 황당한 억측이지만, 그래도 여태까지 들어본 해석들 중에는 가장 그럴 듯했습니다."

앞뒤가 딱딱 들어맞는 그녀의 '직관'

돌연변이로 인해 옥수수 이파리에 줄무늬가 생기는 것을 관찰해보면, 틀림없이 어떤 유전자들이 사라져버리곤 한다는 점을 짐작할 수 있다. 이때 막대기처럼 기다란 염색체 양끝이 이어져서 동그라미가 된다고 가정하면, 매클린톡의 설명이 딱 들어맞는다. 염색체 일부가 끊어져 누락된 다음 막대기처럼 생긴 염색체 조각의 양쪽 끝이 맞닿아 서로 연결되면 결과적으로 동그란 모양이 되는 것이다. 이런 모양의 염색체는 더 이상 정상적으로 복제될 수가 없다. 즉, 동그라미 꼴을 짓고 있는 염색체의 활동은 누락된 채 나머지 염색체들만 계속 복제에 참여한다.

자기가 내린 이러한 결론에 대해 추호도 의심하지 않은 매클린톡은, 작년 여름 옥수수 이파리에 나타났던 줄무늬의 원인이 틀림없이 동그라미 염색체 때문일 것이라 확신했다. 그리하여 스태들러에게 올해도 똑같은 실험을 할 수 있도록 동일하게 처리한 옥수수 씨앗을 조금 더 많이 밭에 심어달라고 부탁하였고, 스태들러는 기꺼이 그 부탁을 들어주었다.

그 옥수수가 싹을 틔우고 자라나서 다시 열매를 맺게 되었을 즈음, 매클린톡은 스태들러의 연구소가 있는 미주리로 향했다. 미주리에 도착한 지 2주가 지난 무렵부터 그녀는 밭에서 채취한 옥수수를 재료로 세포 실험을 시작하였다.

"그때 내가 하도 동그라미 염색체 소리를 하고 다녀서인지, 사람들이 나를 동그라미라 부르며 놀려댔어요. 장난삼아 그런 거지만 내가 하는 얘기를 신통치 않게 여겼던 거죠. 그런데 어느 날 밭에 나가서 내가 돌연변이 실험을 하느라 키운 옥수수들을 둘러보는데, 사람들이 글쎄 그 옥수수를 동그라미라고 하는 게 아니겠어요? 동그란 염색체라고 그렇게 부른다는 거예요. 그때 가슴이 덜컥 내려앉았어요. 이 세상에 그 누구도 아직 동그라미 모양의 염색체를 본 일이 없고 그 정체가 확인된 것도 아닌데, 사람들이 벌써 그렇게 이름을 불러주다니! 나는 정말 깜짝 놀라고 말았죠."

매클린톡은 두 손을 깍지 끼더니 계속해서 말을 이었다.

"그렇게 수확한 옥수수를 가져와서 실험에 들어가는데, 내 손이 이렇게 덜덜덜 떨리더라고요. 바로 현미경을 설치하고 관찰을 시작했더니 실제로 동그라미 모양이 여기저기서 보이는 거예요. 막연하게 추론한 과정이 그대로 눈앞에 펼쳐지기 시작한 거죠. 엑스레이로 처리한 식물에서 내가 예상했던 동그라미 모양의 염색체가 그대로 드러난 겁니다."

혼자 머릿속에서 상상하고 추정해낸 동그라미 모양의 유전자가 현실로 드러난 것에, 그녀는 큰 기쁨과 더불어 안도감을 느꼈다. 그러나 한편으론 이상하다는 생각도 들었다.

"내가 왜 그처럼 무턱대고 동그라미 염색체를 '사실'로 믿어버렸는지, 문득 그게 이상하다는 생각이 들더라고요. 아무도 그런 모양의 염색체를 본 적이 없거든요. 그런데도 나는 그것의 이름을 동그라미 염색체라고 불러대면서 다른 사람들도 그렇게 믿도록 한 거예요. 정말 털끝만큼의 의심도 없이 말예요. 이상하지 않아요? 어찌 보면 나 혼자만의 허무맹랑한 추정일 뿐인데, 그걸 그토록 확신할 수 있다는 게? 대체 어쩌자고 그 존재를 그처럼 확고하게 믿었는지, 사실은 나도 잘 모르겠어요. 동그라미 염색체가 아니라 얼마든지 다른 이름을 붙이고 다른 식으로 설명할 수도 있었거든요. 그런데 나는 그냥 단번에 동그라미라는 소릴 해놓고 그걸 철석같이 믿어버린 거죠."

그랬다. 그녀는 단번에 믿어버렸다. 그리고 그녀가 이처럼 '절대적으로 확실한 결론'이라는 확신을 가질 때면, 다른 이들 또한 그런 그녀를 이상하게 여길 수 없었다. 그녀 입을 통해 거침없이 설명되는 말들이, 적어도 논리적으로는 한 치의 어긋남도 없이 딱딱 들어맞았기 때문이다.

"한 치의 어긋남 없이 앞뒤가 딱딱 들어맞는 설명은 그 자체로 힘이 있어요. 일관된 논리로 통할 수만 있다면 그 자체가 하나의 증명이 되거든요. 그게 바로 논리예요. 게다가 줄무늬 옥수수의 경우 우리가 해결해야 할 문제는 아주 단호하고 선명했어요. 애매하고 복잡한 과제가 아니었다는 말이죠. 퍼즐 한 조각만 찾으면 곧 커다란 그림이 드러나는 그런 상황이었어요. 그렇다면 전체 그림이 무언지 그것부터 확실하게 파악해야 해요. … 무엇보다 전체 구도를 잡는 게 중요하지요. 일일이 세부적인 것을 파악하는 것은 그다음이에요. 전체를 염두에 두고서, 세세한 부분을 채워 넣는 식의 접근이 필요하다는 겁니다."

동그라미 염색체가 확인된 이듬해 겨울, 바바라 매클린톡은 캘리포니아로 향했다. 그녀에게 편지를 보냈던 캘리포니아 버클리의 바로 그 실험실에서, 꼭 한번 방문해 달라는 요청이 있었기 때문이다.

"실험실에 들어가니 사람들이 많았어요. 그런데 어떤 현미경을 가리키며 저더러 들여다보라는 거예요. 그래서 보니까 동그란 염색체가 하나 있더라고요. 내가 오기 전 그들도 벌써 하나 잡아놓고 거기에다가 떡하니 현미경 초점을 맞춰둔 거죠."

염색체 일부가 자리를 옮기는 전위, 염색체 일부가 뒤집어져 앞뒤가 바뀌는 도치, 그리고 아예 일부가 떨어져버리는 누락 등의 현상에 이어, 동그란 모양의 염색체까지 발견한 매클린톡. 동그라미 염색체를 발견한 것이 그 당시 활동을 통틀어 가장 큰 성과였다고 그녀 스스로 평가할 만큼, 그것은 옥수수 유전학의 복잡한 비밀을 푸는 데 대단히 중요한 열쇠가 되어주었다.

"난 현미경을 타고 내려가 세포 속으로 들어가"

매클린톡이 아직 코넬에 적을 두고 있던 때, 그녀는 1931~1932년 겨울 학기를 캘리포니아 공과대학에서 연구원으로 지냈다. 그 학교엔, 1928년에 부임한 이후 짧은 기간 안에 유전학과를 미국 전체에서 손꼽히는 명문으로 키워놓은 모건 교수가 있었다. 그리고 그녀의 후배로 코넬에서 함께 공부했던 조지 비들은, 학위를 마친 다음 1931년부터 장학금을 받고 미주리 파사디나에서 박사후과정(post doctor)을 밟다가 캘리포니아 공과대학으로 넘어와 모건 교수 연구팀의 정식 멤버로 활동하고 있었다. 바바라 매클린톡은 모건 교수와 그의 부인 릴리안, 그리고 비들과도 매우 가까운 사이였기에, 연구원으로 지내는 학기 동안 여러모로 안정된 생활을 할 수 있었다.

그 무렵 매클린톡은 옥수수 세포 핵 속의 인(nucleolus)에 염색체가 붙어 있는 자리, 즉 옥수수 세포의 제6 염색체 끝에 보이는 '작은 물체'에 홀려 있었다. 인은 제법 덩치가 커서 눈에 잘 띄었지만 그 기능에 대해서는 알려진 게 전혀 없었고, 그만큼 사람들의 관심 밖이었다. (나중에 밝혀진 바에 의하면, 핵 속의 인은 단백질 합성을 맡아 하는 리보좀(ribosome) 이라는 세포 내 '단백질 공장'의 생성에 관여한다.) 오직 매클린톡만이 인과 제6 염색체 끝에 보이는 작은 물체에 주목했고, 꾸준한 관찰 결과 그녀는 늘 인의 바로 곁에서 나타나는 그 작은 물체가 분명히 인의 생성과 연관이 있을 것이라 확신했다.

그러던 어느 날, 특별한 실험이 하나 있으니 와달라는 요청을 받고 캘리포니아 공과대학에 간 매클린톡은 거기서 이 작은 물질이 둘로 나뉘는 현상을 관찰했다. 그것은 먼저 둘로 나뉜 다음, 하나는 원래 자리에 그냥 있는 데 반해 다른 하나는 다른 염색체와 결합을 했다.

"그걸 본 순간 나는 어떤 문제를 풀 열쇠를 손에 잡았다는 확신이 들었어요. 이 희한한 물체가 도대체 뭔지 밝힐 수 있는 단서를 움켜쥔 것 같았다 할까요?"

그런데 그녀 말고는 이 문제를 풀고자 하는 사람이 아무도 없었다. 그래서 매클린톡은 연구소 책임자인 앤더슨(E. G. Anderson) 교수에게 다음 겨울학기에 다시 와서 이 실험을 계속할 수 있도록 해달라고 부탁하였다. 앤더슨 교수는 흔쾌히 매클린톡의 부탁을 들어주었다. 그녀가 말한 옥수수를 파종하고 정성스레 재배하여 수확함으로써, 다음 해 그녀가 와서 곧바로 실험에 착수할 수 있도록 준비해놓은 것이다.

"결과는 정말 … 말로 할 수 없을 만큼 놀라왔어요. 그 작은 물체가, 이제 곧 인을 구성할 몇몇 성분을 솎아내는 걸 관찰했거든요. 그처럼 인이 만들어지는 장면을 목격하면서, 저는 그 물체에 '인의 조직소(nucleolar organizer)'라는 이름을 붙였어요. 그건 인이 만들어지도록 전체 구성을 조직하고 담당하는 세포 내 소기관(organelle)이라는 뜻이지요. … 세포 분열의 첫 단계인 전기가 끝나갈 즈음 인이 사라지거든요. 바로 그때 '인의 조직소'가 염색체로 오는 세포물질을 취합니다. 그런 다음 일정한 과정을 거쳐서 다시 염색체가 만들어져 나올 때쯤 새로운 인이 산출되는 거예요. … 쉽게 말해서 염색체 속에 세포물질이 들어간 다음 곧 다른 구조로 바뀌어 나온다고 생각하면 됩니다. 그러니까 이 '조직소'가 거기서 어떤 작용을 하기 때문에 인의 구조가 그렇게 정교할 수 있는 거지요."

바바라 매클린톡이 현미경으로 관찰한 이 과정을 분자생물학 차원에서 다시 살펴보고 설명할 수 있게 된 지 이제 30년의 세월이 흘렀다. 그 무렵의 학문 수준을 고려한다면, 그때 그녀가 해석하여 도출해낸 내용이 얼마나 탁월하고 막강한 것이었는지 짐작하기란 어렵지 않다. 당시 그녀를 지켜보며 감탄을 금치 못했던 마르쿠스 로우즈는, 내게 다음과 같은 에피소드를 들려주었다.

"하도 신기해서 하루는 내가 물었어요. 바바라, 너는 남들하고 똑같이 현미경을 들여다보는데도 어떻게 남들이 못 보는 걸 죄다 찾아내니? 도대체 무슨 재주로 그렇게 하는지 참 놀랍구나!"

그 말에 매클린톡은 이렇게 답했다 한다.

"난 세포를 관찰할 때면 현미경을 타고 내려가서 세포 속으로 들어가거든. 그 안에서 '비잉-' 돌며 구석구석 둘러보는 거지."

30년이 지난 지금도 기가 막히는지, 마르쿠스 로우즈는 너털웃음을 지었다.

"그때 그 말은 정말이지 평생토록 잊을 수가 없습니다."

말하자면 '인의 조직소'는 그녀가 세포 안으로 들어가 '비잉-' 둘러봄으로써 한달음에 답을 찾아낸 수많은 예들 중 하나일 뿐이었다. 매클린톡은 자신이 무엇을 어떻게 둘러보았는지 비록 말로는 제대로 묘사하지 못했지만, 세포 안에서 실제 일어나는 일을 누구보다 정확히 알아맞히곤 했다. 또한 최신식의 생화학적 분석법을 동원해 대상을 낱낱이 해체하지 않고서도, 그녀는 놀랄 만큼 정확하게 생명체의 활동에 대해 설명할 수 있었다.

늘 '첫 번째' 질문을 던지는 사람

당시 그녀가 진행한 작업의 결론을 한마디로 정리하면, 세포의 핵 속에서 인이 제대로 만들어지려면 '인의 조직소 자리(NOR: nulceolar organizer region)'가 있어야 한다는 것이다. 이와 관련해 그녀가 쓴 논문은 이제 생물학의 기본적인 지식으로 간주되고 있다. 그런데도 매클린톡은 생물학을 하는 사람들이 여전히 NOR에서 인이 생성되는 작용을 충분히 이해하지 못하는 것 같다고 말한다.

"조직소라고 이름을 붙였잖아요. 내가 왜 그런 이름을 붙였는지 그 의미를 충분히 깨닫고 있는 사람은 … 그렇게 많지 않은 것 같아요. 내 느낌에는 사람들이 생각하는 것보다 그 의미가 훨씬 중대하거든요."

이 주제에 대한 첫 번째 논문에서 매클린톡은 인을 만들어내는 자리(NOR)가 어떻게 조직소로 작용하며 활동 전반을 조절하는지 정확히 설명할 수가 없었다. 대신 그 자리에서 어떤 작용이 일어나는지, 그 현상에 초점을 맞추었다. 그로부터 몇십 년이 흐른 요즘에는 훨씬 세련된 분석법들이 개발되어 있으며, 인을 만들어내는 자리에는 무수히 많은 DNA 연속체가 있고 거기서 리보좀의 RNA를 찍어낸다는 점도 이미 밝혀진 상태다. 하지만 바바라 매클린톡이 애초에 던진 질문은 '인이 생겨날 때 그 자리는 과연 어떤 작용을 하는가'였다. 이에 대해 아무도 설명을 하지 못하던 시절이었기에, 그녀에게는 이 질문이 그만큼 중요했다.

매클린톡이 인의 조직소를 발견하고 나서 30여 년의 세월이 흐른 1979년에 유럽에서 '제6차 인(nucleolus) 연구대회'가 열렸는데, 그때도 역시 매클린톡이 애초에 제기한 문제는 전혀 해결되지 못하고 있음이 여실히 드러났다. 이와 관련해 당시 자료에 기록된 내용을 살펴보면 다음과 같다.

"첫 번째 발제를 맡은 부떼이유(Bouteille) 선생은 인의 구조에 대해 우리가 도달한 현재의 지식 수준이 어느 정도인지를 잘 요약해주었다. 여기서 특별히 강조된 사항은, 인이 만들어지는 자리에 또렷하게 나타나는 옅은 빛깔의 반점이 무슨 작용을 하는지를 규명해야 한다는 점이었다."

같은 자료의 뒷부분에는 또한 "최근에 발견된 … 옅은 빛깔로 염색되는 이런 '가느다란 실뭉치'의 흔적이 없으면 절대로 인이 합성되지 않는 점으로 미루어, 이 자리에서 분명히 인을 만드는 작용이 이루어짐을 추정할 수 있다"고 쓰여 있으나, 실제로 '인'과 '인의 조직소'는 어떤 관계며 그 사이에서 어떤 작용이 일어나는지에 대해서는 "앞으로 더 두고 보아야 할 문제"라고 결론을 내리고 있을 뿐이다.

바바라 매클린톡은 이렇게 미해결로 끝나버린 연구의 책임이 자기에게 있다고 말한다. 그 당시 자기가 관찰한 내용을 분명하게 표현하지 못하고 "너무 애매하게" 그리고 "너무나도 엉망으로" 글을 쓴 탓이라는 것. 스스로 엉망이라 깎아내린 그 글은, 그녀가 독일로 떠나던 1933년에 쓴 것이었다.

독일로 떠나기 직전 국립학술연구진흥재단에서 따낸 연구비로 활동한 2년의 기간이 만료되었을 때, 그녀는 명실공히 자유로운 방랑자가 되어 하고 싶은 일 하고 가고 싶은 데로 가면서 혼자서 많은 작업을 할 수 있었다. 고물 자동차를 한 대 구입하여 캘리포니아 공과대학에서 미주리 대학으로 정신없이 돌아다닌 것도 그 무렵의 일이다. 그럼에도 매클린톡에게는 어디선가 안정된 일터를 구해야 한다는 생각이 좀체 들지 않았다.

"내가 하고 있는 일이 너무나 좋아서 새벽같이 눈을 뜨고, 그리고 나서도 가만히 기다리는 것을 하지 못하고 바로 뛰쳐나가곤 했답니다. 유전학을 하는 내 친구 하나는 그런 날 보고 꼭 유치원 다니는 애 같다고, 유치원 가는 게 하도 좋아서 잠도 못 자고 마냥 설레어하는 어린애 같다고 놀려댔어요."

그런 매클린톡에게 단 하나의 걱정거리가 있다면 바로 자동차 사고였다. 그도 그럴 것이 자동차를 타고 가다가 사고가 날 수 있다는 '낯선' 소식이 이제 막 세상에 퍼지던 때였기 때문이다.

"혹시라도 차 사고가 나서 일찍 죽으면 어떡하나, 단지 그 걱정뿐이었어요. 사고가 나면 내가 한 실험 결과도 못 보고 죽을 텐데, 그럼 어떡하나 싶더라고요."

그러고 보면 죽음을 떠올릴 때조차 그녀 마음속에는 오직 하나의 생각밖에 없던 셈이다.

"맞아요. 내가 몰두하는 실험 말고는 아무 생각이 없었어요. 취직이 되고 안 되고 그런 문제는 전혀 생각해본 적도 없었죠."

몇 년이 더 흘러 30대 중반을 훌쩍 넘긴 다음에야, 비로소 그녀는 그런 문제를 현실로 인식했다고 한다. 어느 날 아침 눈을 떴는데, 몹시 억울하고 답답한 마음이 들더라는 것이다.

"세상에, 이건 정말 너무하구나. 여자라는 이유로 이렇게 아무 대가도 얻지 못할 수가 있다니!"

그러나 이 주제에 대한 본격적인 얘기를 들으려면 좀 더 기다려야 한다. 그 전 시기에 대한 대화가 아직 마무리되지 않았기 때문이다.

계속된
시련 속에서

독일 유학, 그 처참하고 끔찍한 기억

1933년 바바라 매클린톡은 모건 교수, 에머슨 교수, 스태들러 교수, 이 세 사람의 추천장에 힘입어 구겐하임 장학금을 받고 독일 유학을 떠난다. 그때까지만 해도 과학의 본고장이라는 명성을 유지하던 독일에 가서 쿠르트 슈테른과 함께 작업하고픈 욕심이 그녀에게는 있었다. 그런데 유대인이어서 위험을 느낀 슈테른은 이미 독일을 빠져나간 다음이었다. 다행히 또 한 명의 위대한 유전학자가 아직 베를린에 남아 있었으니, 그가 바로 당시 빌헬름황제 연구소의 소장을 맡고 있던 리하르트 골드슈미트였다. 그이 역시 유대인이었지만 워낙 탁월한 업적으로 국제적인 명성을 누리고 있던 덕에 슈테른에 비해서는 아직 안전한 상태였다.

골드슈미트는 유전학 역사를 통틀어 대단히 독특할 뿐 아니라 논란도 많았던 인물이다. 지치지 않는 탐구열과 활동력으로 유전학은 물론이고 발생학과 생리학, 그리고 진화론까지 지평을 확장해 나간 그는, 기계론식의 사유에 묶여 지나치게 한 길로만 빠져드는 현대 생물학, 그 중에서도 유전학에 대해 날카롭게 비판한 것으로 유명하다. 이 과정에서 그는 당시 이른바 '모건학파'라 불리는 미국 쪽의 유전학이 몹시도

편협한 개념들 위에 성립되고 있음을 특히 통렬하게 비판하곤 했다. 세월이 흐르면서 현대 유전학 분야에서는 거의 잊히다시피 했고 그가 주장하던 이론 중 일부는 완전히 폐기된 상태지만, 그가 과거에 누린 명성은 정말 대단하였다. 그 시기에는 매클린톡 또한 자신의 이론을 세우는 과정에서 그의 영향을 깊이 받았음을 부인할 수 없다.

그러나 아무리 그렇다 해도 그녀가 1933년에 독일로 가기로 한 것은 너무나 위험하고 섬뜩한 결정이었다.

"그건 정말 너무너무 지독한 충격이었어요. 상황이 어떻게 돌아가는지 아무 것도 모른 채, 그냥 무작정 길을 떠났던 거예요."

당시 독일이 어떤 상황인지 전혀 몰랐다니, 대부분의 미국 시민과 마찬가지로 그녀 역시 정치의식이 희박했다고밖에 말할 수 없다.

"올바르게 처신할 수 있는 정치의식이 없었던 거예요. 내가 한 일이라곤 주변에서 벌어지는 기가 막힌 일들을 보면서 그저 두려움에 벌벌 떠는 것뿐이었죠. 뭘 어떻게 해야 하는지는 도대체 분간을 할 수가 없었거든요."

만약 그녀가 당시 국제 정세에 대해 조금이라도 관심과 지식을 갖고 있었더라면 결코 독일에 가는 선택 따윈 하지 않았을 게 분명하다. 하지만 매클린톡 스스로 고백하듯 그녀는 그런 일에 무지했고, 그 결과 히틀러 정권이 주변 친구들에게 저지르는 잔혹하고 끔찍한 일을 곁에서 지켜보며 가슴에 깊은 상처를 입었다. 그건 평생 안고 가야 할 뼈아픈 기억이기도 했다.

앞서 밝혔듯, 매클린톡이 대학 시절에 가깝게 지낸 친구나 동료 중에는 유난히 유대인이 많았다. 생래적으로 외톨이 기질을 타고난 그녀가 동지의식을 느끼며 마음을 내줄 수 있는 사람들이 대부분 그쪽 출신이기 때문이었을 것이다. 그처럼 오래도록 소중하게 여겨온 친구들이 당한 비극에 대해, 매클린톡은 좀체 입을 열고 싶어 하지 않았다. 내가 보기에도 그녀는 당시의 기억을 떠올리는 것만으로도 몹시 괴로운 듯했다. 독일 유학 당시 그녀가 인의 작용을 밝히기 위해 쓴 논문을 보면, 본인의 심정을 애매하게 돌려 표현한 대목이 나온다.

"결과가 제대로 나오지 않았다 … 사실은 작업 당시 내 마음 상태가 지독히 좋지 않았다."

코넬 대학의 후배인 해리엇 크레이턴은, 그 무렵 거의 매일같이 독일에서 날아온 매클린톡의 편지 내용을 기억하고 있었다. 진행 중인 작업에 대해서조차 함께 터놓고 얘기할 수 있는 이가 아무도 없는 적막한 땅, 추적추적 빗발이 날리는 음산한 거리. 소름끼치도록 외롭고 음울한 시간들. 온통 이런 단어들로 가득한 편지를 보내던 매클린톡은, 결국 크리스마스 직전에 짐을 싸서 도망치듯 독일을 빠져나와 코넬의 실험실로 돌아오고 말았다.

마음의 고향 같은 코넬로 돌아온 후 예전처럼 자기 일에 몰두하기 시작했지만, 매클린톡은 여전히 정신적 충격에서 헤어나지 못하고 있었다. 독일에서 안고 온 지독한 공포의 그림자를 완전히 떨치지 못하는 기색이 역력했다.

유능한 그녀들의 절박한 '살 길 찾기'

그녀가 돌아왔을 때 미국은 마침 대공황의 악몽에서 막 벗어나고 있는 중이었다. 따라서 매클린톡은 독일에서부터 겪어온 심리적인 공황상태에서 간신히 벗어나자마자, 이곳의 현실을 직시하고 자신의 생활을 해결할 방도를 찾아야 했다. 말하자면 호구지책을 찾아 생계를 해결해야만 하는 절박한 상황에 놓이게 된 것이다. 자기 식대로 살려면 상당히 혹독한 대가를 치러야 한다는 것을 어린 시절에 일찍이 깨달은 매클린톡은 당연히 걱정이 앞섰다. 그래도 독일에 가기 전까지는 그럭저럭 혼자 힘으로 자립하는 것이 가능했지만, 갑자기 치러야 할 비용이 너무나 껑충 치솟은 바람에 그녀는 혼비백산할 지경이었다.

이제 뭘 어떻게 해야 좋단 말인가? 더 이상 연구비를 받을 가능성도 없고, 최소한의 수입이 들어올 데도 없었다. 이런 매클린톡을 옆에서 지켜보면서, 해리엇 크레이턴은 과거 자신이 다닌 학교의 선생이던 미스 민스를 떠올렸다고 한다. 유능하고 학생들로부터 그렇게 인기가 좋았는데도 평생토록 시간강사 노릇을 면치 못했던 바로 그 미스 민스 말이다. 크레이턴은 당시 미스 민스를 보며 느꼈던 분노가 뼛속 깊이 각인되는 것을 느끼며 자기도 모르게 이렇게 소리를 질렀다고 했다.

"코넬 대학에는 절대로 기회가 없어! 빨리 길을 찾아 어디 딴 데로 가자."

매클린톡은 크레이턴보다 일곱 살이나 더 많고, 게다가 최고의 권위자들이 실력을 보증할 만큼 그 분야에서는 누구보다 탁월한 업적을 쌓아온 사람이었다. 그럼에도 매클린톡은 마땅한 일자리 하나 얻지 못했다. 크레이턴은 다행히 1934년 코네티컷 여자대학에 자리를 얻어 괜찮은 보수를 받으며 나름대로 인정받는 선생 노릇을 할 수 있었지만, 끝끝내 매클린톡에게는 아무런 기회도 주어지지 않았다. 엄밀하게 말하면 당시의 그녀는, 타의 추종을 불허할 정도로 자기 분야에서 최고의 업적을 쌓았지만 아무런 보상도 받지 못한 채 그저 학문 세계에 발이 묶여 있는 불쌍한 과학자일 따름이었다.

아마도 그 무렵이었을 거라고, 매클린톡은 입을 열었다. 자기의 상황을 단지 개인적인 숙명으로 받아들이는 것에서 벗어나, 사회적인 차원과 시각에서 꿰뚫어볼 수 있게 되었다는 얘기다.

"이런 걸 '여자의 운명'이라 부르는 게 아닌가, 그런 생각이 얼핏 들었어요. 그러자 나도 모르게 온몸에 소름이 돋을 정도로 몸서리가 쳐지더군요. 기분도 무척 나빴고요. … 그때가 30년대 중반이었는데, 당시는 여자가 직업을 갖는 걸 달갑지 않게 보는 분위기였어요. 시집 못 가서 괴팍해진 노처녀 정도로 여기기 일쑤였죠. 그런 상황에서 삼십대 중반이 넘은 나이로 직장을 구하려니 참으로 막막하더라고요. 더구나 과학 분야는 여자를 더 기피하는 경향이 강했으니까. 그런데 한참 이런 생각들을 하다 보니까 정말 비참해지는 거예요. 이런 막다른 골목에 들어오려고 그처럼 치열하게 달려왔나 싶어서."

1934년 봄까지도 매클린톡은 아직 코넬을 떠나지 못하고 있었다. 거기서 박사과정을 마치고 그 후 7년 동안 뛰어난 업적으로 세계적인 명망을 얻었지만, 그녀는 학교로부터 단 한 푼의 재정적 후원이나 미래에 대해 전망을 약속 받지 못한 상태였다. 그렇다고 매클린톡만 궁핍한 건 아니었다. 누구나 할 것 없이 다들 어려운 데다, 심지어 대학의 형편도 좋지 않아 그녀의 동기인 남자들도 자리를 얻지 못하고 있는 실정이었다. 그러고 보면 당시 대학에 선생 자리를 얻은 해리엇 크레이턴은 운이 좋았던 셈이다. 그러나 생물학자로서의 연구 활동은 그것으로 끝나버렸다.

매클린톡과 연구 작업을 함께 했던 로우즈와 비들은 학교로 가지 않고 연구 쪽으로 나아갔다. 비들은 모건 교수와의 연줄로 살아남았고, 로우즈 또한 에머슨 교수의 덕을 보았다. 이처럼 두 남자가 4~5년간 박사후과정을 밟으며 생계를 해결했던 데 반해, 매클린톡에게는 그 정도의 운도 닿지 않았다. 장학금이 없으면 학문은 고사하고 당장 먹고살 길조차 막막한 상황에 직면한 그녀는, 이제 코넬을 떠나는 수밖에 없다고 생각했다.

다행히 매클린톡의 사정을 안 에머슨 교수가 이를 모건 교수에게 전했고, 이에 모건 교수는 유전학에 대한 지원 기금을 운영하고 있던 록펠러재단에 의뢰하여 그녀를 후원할 수 있는 재정 방안을 모색하였다. 그는 매클린톡이 에머슨 교수 연구실에서 일할 수 있도록 1년에 1,800에서 2,000달러 정도의 액수를 증액 신청하였다. 그리고 당시 록펠러재단의 학술 부문 담당관이던 워렌 위버를 만나, 매클린톡에 대한 후원이야말로 '유전학 분야를 통틀어 가장 중요하고 확실한 투자'가 될 것이라고 강조하였다.

"매클린톡은 최고의 전문가입니다. 그녀의 천재성은 비록 옥수수 유전학의 세포 연구라는 부분에 국한되어 있지만, 누가 뭐래도 그 분야에서만큼은 그녀를 따라갈 사람이 없다고 장담할 수 있습니다."

그러고 나서 모건이 덧붙인 말은 이러했다.

"그녀는, 자기가 만약 남자였다면 과학을 하는 데 어려움이 덜했으리라는, 그런 황당한 믿음을 갖고 있습니다."

같은 해 6월 말경, 에머슨 교수도 록펠러재단에 매클린톡의 연구비 지급을 요청하는 서류를 제출하였다. 그는 매클린톡이 기금을 얻을 수 있도록 그녀의 절박한 상황을 설명하는 데 상당히 공을 들였던 것으로 알려진다. 그 흔적이 당시 록펠러의 학술 부문 담당관인 위버의 일기장에 그대로 남아 있다. 위버는 자신의 일기장에, 에머슨이 설명한 내용을 다음과 같이 요약했다.

"저희 대학 식물학과는 그녀에게 더 이상 강의를 맡기지 않으려 합니다. 그녀는 학문 자체에는 탁월하지만, 학부 학생들을 가르치는 일은 즐기는 것 같지 않기 때문입니다. 그녀 자신도 자기에게 맞는 일거리만 있다면 어디로든 떠나고 싶어 합니다. 학교 입장에서는 비록 실력이 좀 부족하더라도 학사관리를 포함해 여러 잡무를 함께 처리해줄 사람을 먼저 뽑기 때문에, 학문에만 몰두하는 그녀 같은 사람은 뒤로 밀려나게 마련입니다. 그러다 보니 매클린톡은 당장 다음해부터 확실하게 맡아서 할 수 있는 일이 아무것도 없는 상태입니다."

위버의 일기장에는 또한, 매클린톡이 의기소침해지는 것을 염려한 에머슨 교수의 마음도 잘 드러나 있다.

"중간에 붕 떠버린 상태가 되면, 아마 그녀는 조바심과 위축감 때문에 나중에 설사 좋은 자리를 얻는다 해도 상당 기간 학문을 할 수 없게 되고 말 것입니다. 그녀는 벌써 무척이나 초조해하고 있습니다. 과학자로서 더 이상 실험실에서 일할 수 없다는 사실에 지독하게 상심한 상태입니다. 그리고 무엇보다 자기가 여자라서 이런 일을 겪는다고 믿고 있습니다. 한편으로는 자기가 상대했던 어떤 남자 동료보다 자기가 훨씬 재능이 뛰어난 사람이라는 점도, 그녀는 정확히 알고 있습니다."

에머슨 교수는 매클린톡을 가리켜 '옥수수 유전의 세포학 분야에서는 이 나라에서 가장 우수하고 숙련된 인물'로 표현했다. 모건 교수와 슈테른 교수 또한 이와 같은 에머슨의 평가에 동의하면서, "그녀의 작업이 이대로 멈춰진다면 그건 정말 과학사의 비극"이라고 덧붙였다.

이 모든 의견을 받아들인 위버 담당관은 마침내 그들의 신청을 수락하였다. 에머슨 교수의 프로젝트 중 유전학에 해당하는 연구에 매클린톡이 참여하는 것을 전제로 1년치 연구비를 추가 지급하도록 승인한 것이다. 이 연구비는 1934년 10월 1일부터 1년 동안 차질 없이 지급되었고, 다음해 여름 '1회 이상 연장되지 않는다'는 조건 하에 간신히 1년 더 갱신되었다.

성역할에서 자유로운 여자, 성역할을 강요하는 사회

주변에서 애써준 결과 얼마간은 생계를 유지하면서 연구 활동도 계속할 수 있었지만, 그녀의 미래가 지극히 불투명하다는 점은 바뀌지 않았다. 그녀는 자신의 처지와 남자 동료들과의 처지를 비교하지 않을 수 없었고, 그러면 늘 분하고 억울한 생각에 마음이 착잡해지곤 했다. 자기에게는 좀처럼 허락되지 않는 자리에 남자들은 어떻게 그처럼 잘도 쑤시고 들어가는지, 매클린톡은 이해할 수 없었다. 로우즈 박사 또한 그와 같은 상황을 보는 것이 정말로 안타까웠다고 진술한다.

> "탁월한 업적을 쌓았고 그처럼 명성이 자자했는데도 그녀는 아무런 대접을 못 받았어요."

1935년 내내 많은 이들이 그녀의 취직을 위해 동분서주한 기록이 남아 있다. 스태들러 교수는 미주리 대학에, 메츠(C. W. Metz) 교수는 존스홉킨스 대학에, 그리고 린드스트롬(E. W. Lindstrom) 교수는 아이오와 주립대학에 그녀의 자리를 하나 만들어주려고 다들 학교 측과 교섭에 나섰다. 그러나 록펠러재단의 프랭크 블레어 핸슨(Frank Blair Hanson)이 남긴 기록에 따르면, "연구 분야의 책임자들은 한결같이 여자를 쓰지 않으려 했다."

당시 자료들을 뒤적이던 나는, 매클린톡의 아버지도 (딸에게는 아무 말도 하지 않은 채) 록펠러재단을 방문해 핸슨을 만난 적이 있다는 사실을 알게 되었다. 그 무렵 스탠다드 정유회사 소속 병원에서 의사로 일하고 있던 바바라의 아버지가 핸슨을 찾아가 자기 딸이 어디든 안정된 직장을 얻을 수 있게 도와 달라고 한 기록이 남아 있는 것이다. 하지만 록펠러재단은 젊은 과학자들의 작업을 평가하고 전망을 모색하긴 했어도, 바바라 아버지의 바람처럼 직접 나서서 일을 처리해주는 곳은 아니었다.

그 일이 있고 나서 몇 주 후, 바바라 매클린톡은 우즈홀에서 열린 유전학대회에서 핸슨을 만났을 때 자기 아버지가 불쑥 찾아가 그런 식의 부탁을 한 점에 대해 몹시 민망해하며 사과하였다. 당시 핸슨이 남겨놓은 기록을 보면, 바바라 아버지의 방문과 관련해서 둘 사이에 무슨 얘기들이 오갔는지가 상세히 나와 있다.

"바바라의 아버지를 만나보게 되어 몹시 기뻤다. 그렇지만 그녀와 관련한 일은 이미 결정이 난 상태였다. 바바라 앞으로 배정된 연구비가 1년 동안 연장되어 지급된다는 점도, 그녀 아버지가 오기 전에 확정되었다. 그리고 무엇보다 그녀 아버지의 방문은 이런 결정에 아무런 영향을 끼칠 수가 없었다.

나중에 아버지의 방문을 알게 된 바바라는, 현재 자신이 처한 상태를 해명하기 위해 어린 시절로 거슬러 올라가 많은 것을 털어놓았다. 짧게 자른 더벅머리에 40킬로그램 남짓한 작고 가는 체구 탓인지, 그녀는 꼭 숫기 없는 소년처럼 보였다. 그녀는 위로 언니가 둘이어서, 셋째 딸인 자기가 태어났을 때는 아버지가 너무나 실망한 나머지 자기를 완전히 사내아이처럼 기르셨다고 얘기했다. 네 살이 되자 권투장갑을 사주고, 그 후로도 줄곧 사내아이들의 장난감을 갖고 놀게 했다는 것이다. 그래서인지 그녀는 서른다섯이 넘었는데도 여전히 사내아이 같은 느낌이었다.

또한 그녀는 현재 받고 있는 1,800달러는 자기가 세상에 태어나 제일 많이 만져본 돈이라면서, 사실 자기는 그렇게 많은 돈이 필요한 게 아니라고, 생활비만 있으면 족하다고 털어놓았다. 코넬 대학에서 연구 활동을 계속하려면 사흘에 한 번 꼴로 차를 타고 100마일쯤 떨어진 옥수수 농장을 다녀야 하는데, 여기 들어가는 경비 일체를 그녀는 자신에게 지급된 연구비에서 지출한다고 했다. 넉넉하지 않은 형편에 차를 굴리느라 몇 년째 새 옷 한 벌 장만하지 못했다고 말했는데, 그녀의 행색을 보면 그건 누구나 바로 알 수 있는 일이었다."

핸슨과 이런저런 얘기를 나눈 끝에 매클린톡은 "에머슨 교수님의 조수 노릇을 한다는 건 새빨간 거짓말이며, 교수님은 그냥 나를 도와 주는 셈치고 연구비를 따는 데 필요한 형식만 취하신 것"이라고 저간 의 상황을 이실직고한 모양이다. "내 작업은 교수님과는 전혀 상관없 는 혼자만의 독립적인 일이고, 다만 내가 마음껏 일할 수 있도록 교 수님이 전부 꾸며댄 것"이라고 말이다. 이처럼 한 점도 더하거나 빼지 않고 있는 그대로의 사실을 전달한 것은 참으로 매클린톡다운 방식 이었다.

그리고 하나 더 언급하고 싶은 것은, 그녀의 외양에 대해 꼭 사내아 이 같더라고 한 핸슨의 표현이 매클린톡 스스로 생각하는 자아 정체성 과는 좀 차이가 있다는 점이다. 그녀는 다른 여자들처럼 몸을 치장하고 꾸미는 건 죽도록 싫어했지만, 그렇다고 해서 '여자는 싫고 남자만 좋 다'거나 '남자처럼 보이고 싶다'는 생각을 한 건 결코 아니었다. 그녀는 오히려 이런 식으로 남녀를 구별하는 틀 자체에서 벗어나길 원했다. 이 는 그녀와 충분히 얘기를 나눠보거나, 혹은 그녀를 아는 친구들과 눈 을 마주보며 얘기를 나눠보면 금세 알 수 있다.

"어떤 사람하고 아주 가까워지면, 그 사람이 여자인지 남자인지 그건 거 의 잊어버리죠. … 여성이냐 남성이냐의 문제가 사라져버리는 거예요."

이 얘기를 하다 매클린톡은 문득 크게 웃음을 터뜨렸다. 그리고 나서 언젠가 대학원 수업에서 만난 한 학생이 떠오른다며, 그의 목소리와 표정을 흉내내기 시작했다.

"난 도대체 여자들이 나서는 꼴은 못 봐주겠어. 여자 교수는 딱 질색이야."

그 녀석이 한참을 떠들도록 가만히 내버려두다가, 어느 순간 매클린톡이 다가가 이렇게 물어보았다고 한다.

"이 녀석아, 지금 네 얘기 듣고 있는 사람이 누구인 줄은 아니?"

어릴 때부터 그녀는 성역할과 상관없이 자유롭게 살기를 원했고 또 그런 신념을 가지고 있었지만, 이 사회는 끊임없이 성역할과 그로 인한 차별을 의식하게 만들었다. 더욱이 여성 과학자로서 겪는 첨예한 문제들과 부닥치면서, 그녀는 자신의 신념이 현실에서는 대단히 무력할 수밖에 없다는 사실을 깨닫게 된다. 사회적으로 엄연히 존재하는 성차별의 문제를 그녀만 피할 수는 없다는 것을, 오히려 시간이 흐를수록 더더욱 그녀의 일상 속으로 사무치게 파고들 뿐이라는 것을 그녀는 자각한 것이다.

"지금도 마찬가지예요. 도저히 성차별의 문제를 피할 수 없는 상황이 아직도 계속되고 있죠."

장벽 앞에서 식어간 그녀의 열정

제아무리 그녀가 성역할에서 자유로워지고자 해도, 이미 남자들에 의해 장악된 직업 세계에서 그녀가 그들과 다른 성을 가졌다는 사실은 도저히 극복할 수 없는 엄청난 장벽으로 다가왔다. 매클린톡이 대단히 독립적인 인간인 건 사실이고, 또 그녀 자신은 얼마든지 자립적인 생활이 가능하다고 주장하지만, 그녀가 몸담고 있는 세계와 주변의 모든 환경이 남자들의 지배 아래 있다는 점은 어떻게 해도 바꿀 수 없는 현실이었다. 그리고 바로 이 점 때문에 그녀는 어려움을 겪었다. 아무것도 원하지 않은 매클린톡에게도, 최소한 생계를 꾸리고 일상을 뒷받침할 수 있는 일거리는 필요했으니까 말이다.

이와 같은 현실적인 문제는, 그녀뿐 아니라 그녀의 동료들까지도 참으로 난감하고 딱한 입장에 처하도록 만들었다. 멀쩡한 인간이라면 누구라도 그녀의 탁월한 재능을 인정하지 않을 수 없고, 또 그녀의 작업이 유전학이라는 학문의 발전에 얼마나 크게 기여했는지 부정하기가 불가능했기 때문이다. 그러니 매클린톡 주변 사람들로서는, 당장이라도 그녀에게 쓸 만한 일자리를 찾아주지 않으면 스스로 견디기 어려운 상황일 수밖에 없었다.

그녀의 활동만을 놓고 본다면, 그녀가 여자이기 때문에 겪어야 하는 불편은 따로 없었다. 그러나 여자들 몫으로 배당된 일자리라는 게 워낙 드물고, 더욱이 매클린톡은 흔히 말하는 '여자 노릇'은 하지도 못할뿐더러 그녀 스스로 거부하는 실정이었다. 그녀는 일반적인 의미에서 '숙녀'가 되는 것을 싫어했을 뿐 아니라, 과학자들 사이에서 '숙녀'에게 돌아가는 몫을 기대하지도 않았다. 오히려 그녀는 남성 동료들에게 적용되는 기준으로 자기를 똑같이 평가해 달라는, 참으로 난감하고도 비현실적인 요구를 하고 있었다.

이와 같은 매클린톡의 태도는, 그녀에게 적합한 자리를 하나 찾아주려고 노력하는 이들이 보기엔 마땅찮은 것이었다. 도움을 주고자 하는데 고마워하기는커녕 반대로 역정을 내는 꼴이니 말이다. 실력만큼은 남자들에게 뒤질 게 하나도 없으니 자기에게도 똑같은 기회를 달라고 떼를 쓰거나, 자신의 업적에 걸맞은 권한을 달라고 고집을 피우는 듯이 보이기도 했으리라. 매클린톡의 이런 모습은 정도를 벗어나는 것으로 비쳐졌고, 이에 동료들은 차츰 그녀를 '주제 파악도 못하고 언제 어디서 무슨 일을 저지를지 모르는 속수무책의 골칫덩어리'로 여기기 시작했다.

일례로 그녀에게 일자리를 구해주려 백방으로 노력했던 모건 교수만 해도 "남자였다면 과학을 하는 데 어려움이 덜했으리라는 황당한 믿음을 (그녀가) 가지고 있다"는 말을 함으로써, 그녀에게 어떤 성격적인 결함이 있음을 지적했다. 이를 통해 모건 교수는 어쩌면 '성격적으로 문제가 있는 사람과는 누구도 함께 일하고 싶어 하지 않기 때문에, 그녀를 적극적으로 도우려는 남자들에게도 그녀에게 일자리를 찾아주는 일은 너무나 어렵다'는 말을 하고 싶었던 건 아닐까.

어쨌거나 그런 남자들이라도 주변에 있던 덕분에, 그녀는 록펠러재단의 연구비를 받으며 에머슨 교수 실험실에서 2년간 자신의 연구 작업을 계속할 수 있었다. 그러나 이미 너무 지쳐 있던 탓인지, 그녀는 1935년에 단 두 편의 논문만을 발표하는 데 그쳤다. 그중 하나가 해리엇 크레이턴과 공동으로 작업했던 실험을 연속해서 진행한 결과물이라면, 다른 하나는 당시까지 이루어진 옥수수 유전학의 내용을 마르쿠스 로우즈와 공동으로 작성한 것이었다.

이와 같은 매클린톡의 논문에 대해, 『유전학 소사(*A Short History of Genetics*)』의 저자 던(L. C. Dunn)은 다음과 같이 쓰고 있다.

"이 논문은 당시까지 진행된 세포 연구와 유전학의 모든 방법을 통합하여 한눈에 쏙 들어오게 만들어준 완결판이었다."

그 논문은 또한 코넬에서 이루어진 옥수수 세포유전학의 황금기를 종결짓는 것이기도 했다. 숱한 애환과 감격으로 충만했던 시절, 영광의 그 시간을 매클린톡과 함께했던 동료들은 1935년 말이 되자 모두들 제 갈 길을 찾아 전국으로 흩어진 상태였다. 마르쿠스 로우즈는 미국 농림부 연구원으로 갔고, 1931년 이후 캘리포니아 공과대학에 재직 중이던 조지 비들은 하버드로 자리를 옮겼다. 그리고 해리엇 크레이턴은 코네티컷 여자대학에 자리를 잡았다.

오로지 매클린톡만이 다음 행보를 찾지 못한 채 코넬에 남아 있었다. 1935년에 단 두 편의 논문을 발표했던 그녀는, 다음해인 1936년에는 한 편의 논문도 내놓지 못했다. 그동안 엄청난 열정과 노력으로 줄기차게 논물을 발표해온 그녀에게, 이는 대단히 이례적인 사건이었다.

5장. 고립과 불안의 시절

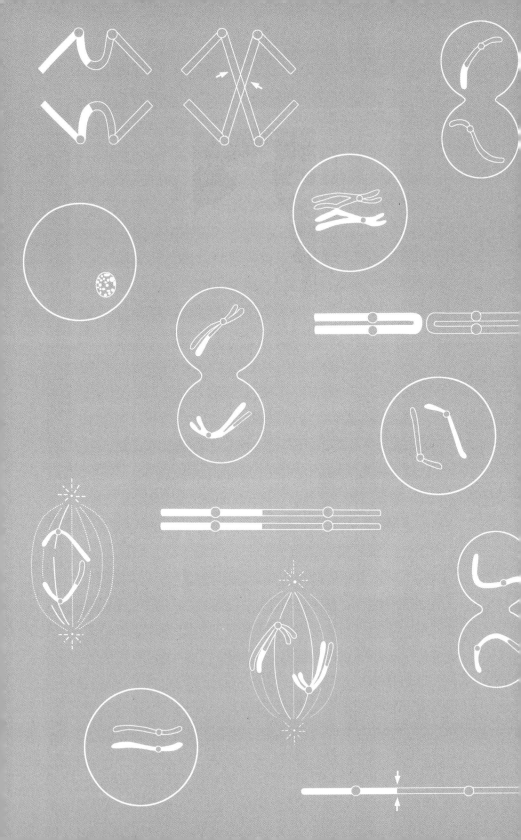

미주리 대학에서 보낸 한때

"그녀가 손만 대면 엄청난 일이 생겨"

어려움에 빠진 매클린톡을 도운 남자들 가운데 가장 적극적으로 나선 사람은 루이스 스태들러로, 그는 과학자로서 그녀가 지닌 역량에 걸맞은 자리를 찾아주려고 노력했다. 컬럼비아 미주리 출신의 스태들러는 학업을 마친 후 고향으로 돌아가 1919년부터 미주리 대학에서 재직했고, 1921년에 정식 교수로 임명되었다. 1930년대 중반 스태들러는 록펠러재단으로부터 8만 달러의 기금을 받아 미주리 대학에 유전학 연구센터를 건립하는 계획을 수립하면서부터, 반드시 매클린톡을 초빙해 데려오겠다는 마음을 굳히게 되었다. 처음엔 행정당국이 이를 받아들이지 않아서 숱한 마찰을 빚었고, 그 과정에서 우여곡절도 많았다. 하지만 결국은 그의 주장이 관철되었고, 매클린톡은 마침내 1936년 봄에 미주리 대학에 조교수로 왔다.

조건만 본다면 크게 대단한 자리는 아니었다. 급료는 에머슨 교수 연구실에서 조수로 일할 때보다 나을 게 없었고, 지위로 따져도 그녀의 학문적 성취나 명성에 걸맞다고는 할 수 없었다. 하지만 매클린톡으로서는 그나마 그것이 정식 교수로 임명된 첫 번째 자리였고, 무엇보다 자신의 실험실과 안전한 일터가 생겨서 하던 작업을 계속할 수 있다는 것만으로도 기쁘고 감사해 선뜻 제안을 받아들였다. 그러고는 곧바로 짐을 싸서 학교를 옮긴 후 바로 연구 활동을 재개할 준비를 했다. 생계 문제에서 한 발자국 벗어난 그녀에게는, 이제 연구 자체가 삶의 기반이 되어주고 하루하루 살아갈 수 있는 삶의 원동력이 되어줄 게 분명했다.

염색체의 다양한 모양새와 그 활동을 추적하는 일은 점점 더 그녀의 마음과 영혼을 사로잡았다. 그동안 매클린톡은 아무도 가본 적 없는 광활한 땅을 누비고 다니는 탐험가처럼 유전학의 세계에 길을 뚫었고, 그 분야를 공부하는 과학자들은 전부 그녀가 개척해놓은 길을 두리번거리며 따라왔다. 그 누구도 감히 그녀의 밝은 눈을 따라잡을 수는 없을 것만 같았다. 현미경을 가만히 들여다보기만 해도 그녀는 다른 사람이 보지 못하고 지나치는 세포 속의 비밀들을 기가 막히게 집어내기 때문이었다.

매클린톡이 세포유전학에 접근하는 방식은 두 가지였다. 돌연변이를 일으킨 옥수수가 다 자라면 그 조직의 섬유질 문양이나 빛깔들을 일일이 눈으로 관찰하는 게 하나였고, 다른 하나는 염색체 자체가 어떻게 변형되었는지를 현미경으로 조사하는 것이었다. 그녀는 이렇게 서로 다른 차원에서 일어나는 현상들을 관찰한 다음, 각각의 것을 연결할 수 있는 단서들을 종합하여 하나의 '온전한 생명 현상'으로 파악할 길을 찾아보곤 했다.

시간이 지남에 따라 그녀는 관찰의 요령을 터득했고, 그에 필요한 감각을 더욱 예민하게 다듬어갔다. 그 결과 어떤 것이 계속해서 추적할 가치가 있는 현상인지를 더 빨리, 그리고 정확하게 알아낼 수 있게 되었다. 이런 바바라 매클린톡을 가리켜 마르쿠스 로우즈는 종종 "진짜 족집게"라며 혀를 내둘렀고, "그녀가 손만 대면 곧 엄청난 일이 터졌다!"고 말했다.

아닌 게 아니라 미주리 대학에서도 그녀가 착수한 일은 대단한 결과로 수렴되었다. 동그란 염색체가 어떻게 생기는지를 완전히 규명한 그녀가, 곧바로 조각난 염색체들이 서로 어떤 방식으로 이어지는지에 의문을 갖고 그것을 탐구하기 시작한 것이다. 그 과정을 상세히 전달하면 다음과 같다.

엑스레이를 쪼이면 염색체가 쉽게 부서지는데, 이 부서진 조각들은 얼마 후 다시 이어지기도 한다. 그런데 다시 이어질 때 원래의 순서대로 붙기도 하지만 거꾸로 붙는 경우도 종종 생긴다. 이렇게 서로 자리가 바뀌다보면 상동염색체 사이에 교차가 일어나면서 한 쌍의 염색체 사이에 동원체 두 개가 생기는 현상이 발생한다. 한 쌍의 염색분체는 보통 하나의 동원체로 연결되는데, 여기서는 동원체가 두 개다 보니 두 군데가 붙어버린다. 이에 따라 세포분열의 축도 두 군데가 된다.

한 쌍씩 짝을 이룬 염색분체는 원래 세포분열의 후기에 따로따로 갈라지지만, 두 개의 동원체로 이어진 염색체는 가운데 부분이 떨어져 나가지 않고 그대로 유지되는 경우가 많다. 그러나 시간이 흐르면서 세포분열이 거듭되다 보면 결국 그 부분도 떨어져 나가고, 이들이 계속해서 복제를 하는 과정에서 분절된 염색체의 끝부분끼리 이어지는 일이 또 생겨난다. 이런 식의 사건이 반복되는 가운데 동원체가 두 개인 염색체가 자꾸 등장하곤 하는 것이다.

생명체 전체를 놓고 보면, 식물의 싹이 터서 성장하고 열매를 맺을 때까지 이런 일은 무수히 반복된다. 염색체의 일부가 잘라지고, 다시 이어지고, 두 개의 중심체 사이에 있는 연결 부분이 그대로 붙어서 유전되는 일이 심심찮게 생기는 것이다. 특히 돌연변이가 쉽게 일어나는 씨앗(혹은 어린 식물) 조직에서 이런 식의 '잘라지고, 그게 다시 이어지고, 동원체 사이가 붙어서 유전되는 현상'이 자주 발생한다. 예컨대 옥수수의 알갱이가 알록달록 재미난 문양으로 바뀌는 것도 바로 이런 현상으로 인해 생기는 결과다. 하지만 매클린톡이 옥수수에 엑스레이를 쏘여 돌연변이를 일으키는 작업을 하기 이전에는, 옥수수 알갱이가 돌연변이로 알록달록해지는 것이 관찰된 적이 없었다.

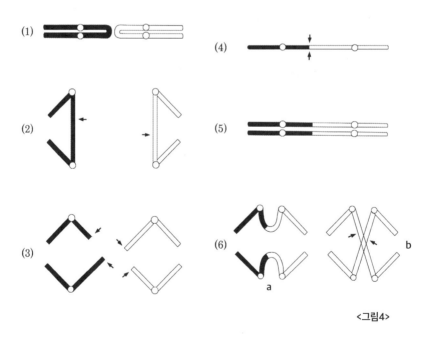

<그림4>

유기체와의 교감

한 쌍의 염색체에서 일어나는 분절-접속 과정

한 쌍의 염색체에서 일어나는 분절-접속 과정(breakage-fusion-bridge)

(1) 수정된 접합체(zygote)의 핵 안에 있는 염색체 한 쌍.

(2) 첫 번째 세포분열의 후기 : 양쪽의 동원체 방향으로 팽팽하게 당겨진 결과 교각 (bridge) 모양이 생겨난다.

(3) 말기 : 장력을 이기지 못한 염색체가 부러짐.

(4) 하나의 핵에 들어온 염색체의 분절된 부분끼리 접속하여 이어짐.

(5) 이어진 후 다시 세포분열이 시작되는 전기 : 염색체가 복제되어 염색분체 한 쌍 이 됨.

(6) 후기 : a 다른 방향으로 잡아당겨지다 다시 부러짐. b 같은 방향으로 잡아당겨짐.

위 과정은 다음 단계를 밟아간다.

(1) 생식세포(gamete)가 만들어지는 생식세포 분열의 후기 : 각각의 생식세포에 부 러진 염색체가 담겨 있다. 이렇게 분절된 염색체가 만나 이루어진 접합체에서, 분절된 그 자리는 첫 번째 세포분열의 전기를 거치며 형성된 두 개의 똑같은 염 색분체가 접속하여 이어진다.

(2) 세포분열의 후기 단계에서 각 염색분체의 동원체가 양쪽 극으로 움직여가는 동안, 두 개의 염색체는 아직 연결된 상태로 팽팽하게 당겨진 결과 교각 모양이 된다.

(3) 팽팽하게 당겨진 두 개의 동원체 사이 어느 자리에선가 염색체의 분절이 일어난 다. 말기의 핵 안에는 끄트머리가 부러진 염색체 두 개가 있다.

(4) 화살표는 두 염색체의 분절과 접속의 결과인 자리를 표시한다. 말기의 핵 안에서 염색체의 부러진 자리가 접속된 결과, 두 개의 동원체를 갖는 염색체가 형성된다.

(5) 이어서 세포분열의 전기가 다시 시작되면 같은 모양의 염색분체가 형성된다.

(6) 염색분체의 분리 과정에서 여러 양식이 생겨날 수 있다. a는 같은 방향으로 끌려 간 결과이고, b는 다른 방향으로 끌려갔다가 교각 모양이 되면 다시 팽팽하게 잡 아당겨져 새로운 분절이 일어난 것이다. 분절이 되는 경우는 모형(1)에서 모형(6) 사이에 일어나는 상황들을 되풀이한다.

『콜드 스프링 하버 심포지엄(1951년) 논문집』에 실린 바바라 매클린톡의 논문 「염색 체의 조직과 유전자의 발현」 중에서 발췌.

옥수수 염색체의 기존 질서를 엄청난 규모로 재편하는 데 성공한 매클린톡의 연구 작업은 1938년 이후 여러 편의 논문으로 발표되었다. 이들 논문에 수록된 내용은, 앞의 〈그림 4〉 도표에서 매클린톡이 설명한 것처럼, 염색체의 재접속 현상이 임의로 발생하는 게 아니라 염색체들 사이에 어떤 상호작용이 일어나도록 주도면밀한 압력이 행사된 결과임을 입증하는 것이었다. 이처럼 돌연변이가 생기는 원인이 밝혀지자, 이 분야에 대한 연구를 해오던 과학자들은 모두 반색했다. 이를 근거로 다음 단계의 실험에 박차를 가하는 과학자들도 많아졌다. 매클린톡 역시 여기서 한 걸음 더 나아가, 생명체 전반에 커다란 변화를 야기할 수 있는 돌연변이의 작동 방식을 찾아내기 위한 준비에 들어갔다.

왕따와 무시에 '사직서'로 맞서다

그런데 이처럼 크고 중요한 성과를 올렸음에도 직장에서 그녀가 차지하는 위상은 별로 나아진 게 없었다. 여전히 그녀는 어떤 '안정'도 보장받고 있지 못했던 것이다. 물론 미주리 대학은 그녀가 연구를 지속하고 그로부터 성과를 낼 수 있게 해준 든든한 보금자리 같은 곳이었지만, 문제는 그 안에 마련된 그녀의 자리가 언제 없어질지 모르는, 일시적인 것이라는 데 있었다.

결국 매클린톡은 미주리 대학과 맺은 5년의 계약기간이 만료됨과 동시에 다시 갈 곳 없는 신세가 되고 말았다. 당시를 회상하던 그녀는 "처음부터 그 자리는 스태들러가 나를 위해 '특별히 얻어낸' 것이었을 뿐"이라고 결론지었다.

"물론 고맙지요. 좋은 조건에서 일했고 다른 누구도 누릴 수 없는 특혜도 많이 받았으니까요. 하지만 몇 달이 채 지나지 않아 나는 여기서 결코 오래 머물 수 없다는 걸 금세 깨달았어요. 지독한 따돌림을 당했거든요. 그런 가시방석 위에서는 도저히 버틸 재간이 없더라고요. 그들은 처음부터 나를 교수회의에 끼워주지 않았어요. 승진할 가망 같은 건 전혀 없었고요. 그 대학의 누구도 나를 가족으로 생각하진 않았던 겁니다."

초기에 그녀가 느낀 불편함은 시간이 흐를수록 견딜 수 없는 스트레스가 되어갔다. 더 이상 버티지 못하고 스스로 자리에서 내려올 때까지 밑에서 계속 흔드는 꼴이었다. 사실 그 무렵(1939년) 매클린톡은 미국 유전학회 부회장으로 선출되는 등, 유전학 분야에서 점점 명성이 자자해지고 있었다. 하지만 이와 반대로 대학에서는 따돌림을 당하고 언제 자리가 없어질지 모르는 불안에 시달려야 했다. 나중에야 알게 된 사실이지만, 더욱 기가 막힌 것은 다른 연구소에서 그녀에게 일자리를 제공하겠다는 편지를 여러 차례 학교에 보냈음에도 학교 측은 단 한 통의 편지도 당사자인 매클린톡에게 전달하지 않았다는 점이다.

"이러이러한 프로젝트를 진행하려 하니 마땅한 사람을 물색해 달라는 편지가 학교에 여러 차례 왔던 모양이에요. 그런데 나는 그런 사실을 전혀 모르다가 나중에야 알게 됐어요. 더 믿기지 않는 건, 그런 문의를 한 사람들에게 미주리 대학 측이 거짓말을 했다는 거예요. 내가 학교에서 곧 승진할 거라고 했다지 뭐예요? 그래서 그들은 당연히 내가 자기네 제안을 거절한 줄 알았답니다. 정작 나는 그런 제안이 있었다는 것조차 전혀 모르고 있었는데 말이에요."

미주리 대학에 취직이 된 후 바바라 매클린톡은 한 번도 승진한 적이 없다. 이에 대해 그녀는 다음과 같이 이야기했다.

"당시 나를 따돌린 사람들은 내게 굴욕감을 주고 싶었던 것 같아요. 승진도 안 되는 상황에서 계속 일은 해야 하는 그런 굴욕감이요. 심지어 그들은 툭하면 내 앞에서 다른 사람의 이름을 거론하며 그를 곧 조교수에 임명할 거라는 등의 막말을 했어요. 참 기가 막혔죠. 그 사람들이 아무리 내 앞에서 거들먹거리고 잘난 척을 해도, 학문적으로 보면 다들 나보다 까마득히 아래였거든요. 나도 더 이상은 참을 수가 없었어요. 나를 왕따시키면서 완전히 바보 취급 하는 저들에게 더는 놀아날 수 없다고 생각한 거죠. 그래서 어느 날인가는 먼저 학장실로 쳐들어가서 따졌어요. 이 대학에서 내가 앞으로 어떤 일을 더 할 수 있느냐고 말예요. 그랬더니 내게 뭐라고 답했는지 아세요? 스태들러만 없으면 당신은 당장에 모가지라고 합디다."

매클린톡은 그길로 당장 사직서를 내고 퇴직금도 한 푼 받지 못한 채 미주리를 떠나게 된다. 그때가 1941년 6월이었다.

미주리 대학의 사람들이 왜 그토록 그녀에게 가혹하게 굴었는지, 탁월한 능력을 지닌 최고의 과학자를 왜 그런 최악의 방식으로 내보낼 수밖에 없었는지, 그 정확한 이유는 알기 어렵다. 다만 단순히 '성차별'로 몰아가기에는 석연치 않은 점이 분명 있다. 매클린톡이 그 대학에 재직하던 무렵에 그녀 말고 메어리 제인 거트리라는 여성도 동물학과 조교수로 발탁된 사례가 있으니 말이다. 그렇다면 매클린톡의 어떤 태도가 그들에게 못마땅했던 것은 아닐까? 이를테면 탁월한 업적을 쌓으며 대외적으로 승승장구하던 그녀가 그에 걸맞은 대우를 요구하면서 마찰이 생겼을 수도 있지 않을까?

튀는 '여자'는 봐주면 안 된다?

이런 식으로 해석하는 것도 무리는 아니라는 것이 내 생각이다. 사실 매클린톡은 5년에 걸쳐 조교수 직함을 갖고 있었음에도 전혀 교수사회에 어울리는 분위기를 연출하지 못했다. 아니, 어쩌면 그 정도가 아니라 다른 교수들이 보기엔 참으로 딱하고 골치 아픈 존재였는지도 모른다. 일찍이 새초롬한 분위기의 '숙녀 과학자' 노릇을 집어치운 그녀는, 그렇다고 중후하고 근엄한 '신사 과학자'의 흉내를 내지도 않았다. 그 어떤 쪽에도 속하지 않은 만큼 더 고립되었을 수 있다는 얘기다.

또한 그녀는 어려움이 닥치면 참거나 돌아가기보다 직접 부닥치고 엉뚱하게 행동하는 경향이 있지 않은가. 그러니 미주리 대학의 동료들로부터 끊임없이 왕따를 당하고 조롱거리가 되는 상황에서, 그녀는 통상적인 규범과 형식적인 예의범절을 따르기보다 어이없게 튀는 행동으로 대응했을 가능성이 더 크다. 그리고 아마 그런 행동들이 그녀를 더 코너에 몰리게 했을 것이다.

매클린톡은 본인에게 이런 점이 있음을 순순히 인정하며, 나중에서야 자신이 어떤 짓을 하고 다녔는지 깨닫게 되었다고 말했다.

> "누구도 할 수 없는 짓을 자꾸만 저지르곤 했던 거예요. 그게 남들 눈에 어떻게 비칠지에 대해서는 완전히 무관심했죠. 그런 건 전혀 생각해보지 못했어요."

매클린톡 본인은 자연스럽게 한 어떤 행동이 타인에게는 비정상으로 보이면서, 결국 그 행동으로 인해 그녀가 이상한 여자로 낙인찍히는 일이 종종 발생하곤 했다. 대표적인 예가 바로 이것이다.

> "일요일이었어요. 실험 때문에 학교에 갔는데 그만 열쇠를 깜박하고 집에
> 두고 온 거예요 그래서 건물 옆으로 돌아가서 내 방이 있는 쪽 벽을 타고
> 올라갔지요. 창문으로 들어가려고요."

당시 매클린톡의 머릿속엔 어떻게든 실험실에 들어가야 한다는 생각밖에 없었다. 그래서 그에 합당한 행동을 한 것뿐이었다. 그런데 누군가에 의해 그 모습이 사진으로 찍히면서, 얼마 후 그녀는 이상한 스캔들의 주인공이 되고 말았다. 더 황당한 것은 그처럼 학교가 온통 자기 때문에 술렁이는데도 정작 매클린톡은 그 사실을 몰랐다는 것이다. 많은 세월이 흘러 본인이 직접 그 사진을 보고 나서야 그런 일이 있었다는 걸 알았다니, 이것만으로도 그녀가 얼마나 세간의 시선과 소문에 무심한지가 드러난다.

이밖에도 다른 사람들에게는 달갑게 기억되지 않는 일들, 특히 학교 당국을 노엽게 만든 사건들이 몇몇 있었다. 예컨대 당시 미주리 대학에는 대학원 학생도 밤 11시면 무조건 실험실 문을 잠그고 학교를 떠나야 하는 규정이 있었다. 그런데 매클린톡은 이 규정을 무시하고 대학원 논문을 쓰는 조교에게 밤이 늦어도 개의치 말고 공부하라고 얘기했다. 또 다른 학생들에게는 '그 분야를 공부하려면 서슴지 말고 미주리 대학을 떠나 다른 학교로 가라'고 조언하며, 어느 학교로 가야 좋을지 상세한 정보까지 제공하기도 했다. 그녀로서는 가장 적절한 방식으로 사심 없이 학생들을 지도한 것이었으나, 다른 사람들 눈에는 이런 일들이 모두 미주리 대학을 최우선으로 생각하지 않는 몰지각한 태

도로 비춰졌다.

미주리 대학에서의 일을 회상하던 매클린톡은, 자신이 골칫덩어리 취급을 받게 된 중요한 이유가 있다면서 다음과 같은 얘기를 시작하였다.

"미주리 대학으로 갔지만 코넬은 여전히 나의 친정과도 같은 곳이었어요. 그래서 해마다 여름이면 코넬에 가서 열심히 옥수수를 키웠죠. 그러다 가을학기가 되면 수확한 옥수수 열매를 갖고 미주리로 돌아갔고요. 그런데 가끔다 날씨가 안 맞으면 옥수수 수확이 늦어지는 거예요. 그럴 땐 어떡해요, 나도 며칠 더 기다려야지. 서둘러서 돌아간다고 능사는 아니잖아요?. 물론 내 딴은 학생들에게 피해 안 가게 하려고 했지요. 수업에는 차질이 나지 않도록 다 헤아리고 있었다고요."

학교 당국에서 제시하는 공식적인 학사 일정이 그녀에게는 다만 번거로운 규범에 지나지 않았다. 지금도 이런 생각엔 변함이 없는지, 위의 에피소드를 전하는 그녀의 목소리는 떳떳하고 당당하다. 멍청하고 번잡스런 규범일랑 개의치 않는다는 식의 말투라 할까. 그런데 그녀의 이런 태도는, 옳고 그름을 떠나서 어떤 부류의 사람들을 몹시 혼란스럽고 불안하게 만든다. 특히 관리직에 있는 소심한 사람들은 매클린톡과 정반대로 이런 식의 규범에 목을 매는 경향이 강하다. 그러니 그 당시 미주리 대학에도 매클린톡만 보면 스트레스를 받는 이들이 있었을 거라고 짐작하기란 어렵지 않다.

세상 물정 모르는 백치 같다가 때로는 넋 빠진 사람 모양 엉뚱한 짓을 해대는 성향은 대개 '천재 과학자'의 상징처럼 여겨지며, 때로 그들은 그 덕분에 많은 걸 보호받기도 한다. 비단 과학자뿐만이 아니다. 예를 들어 대학에는 어디나 이상한 옷차림을 하고 희한한 행동을 하는 괴짜들이 있기 마련이고, 그런 게 흔히 천재성의 증거처럼 여겨지면서 그들은 꽤 많은 인기를 누리곤 한다. 문제는 여자들에게는 그런 관용이 통하지 않는다는 것이다. 매클린톡이 그 산 증거라 할 수 있다. 정상(이라 여겨지는) 궤도를 벗어난 그녀의 태도에 학교 당국은 엄청나게 분노했고, 그 결과 그녀는 마땅한 심판을 받아야 했다.

만약에 자기가 남자였다면 그런 정도의 일탈은 문제가 되지 않았을 거라고 매클린톡은 이야기한다. 헬렐레 하고 다니는 남자는 사랑스럽게 봐줄 수 있지만, 그와 똑같은 꼴을 하고 다니는 여자는 용납할 수 없는 게 이 세상의 질서라는 것. 심지어 한 번 찍힌 사람(여자)은 영원히 그 굴레를 벗어날 수 없는 악순환에 갇히게 된다고, 그녀는 믿고 있었다.

"지난번 일을 눈감아준 게 잘못이었다고, 더 이상 용서해주면 안 된다고 굳세게 다짐들을 하는 거지요."

매클린톡의 말은 일리가 있다. 남자라면, 그 정도의 과실을 저질렀다고 해서 그렇게까지 혹독한 비난을 받지는 않을 테니 말이다. 하지만 여기서 문제의 핵심은 단지 그녀가 여자라서가 아니라, 그녀가 여자면서 그런 행동을 한 것이라 볼 수 있다. 이는 곧 여자들이 사회생활을 하는 데 운신의 폭이 얼마나 좁은지를 보여준다. '숙녀'가 아니면 모두 '괴물'이 될 수밖에 없는 구조라고 봐도 좋을 듯하다.

매클린톡만의
고유한 색채

늘 인간관계가 어려웠던 사람

언젠가 매클린톡이 말했던 것처럼, 그녀는 과학을 하는 것이 자기가 지닌 능력과 덕목을 온전히 드러낼 수 있는 일이라 여겼기에 기꺼이 그것을 선택했다. 그때 이미 그녀는 알고 있었다. 이 일은 다른 선택의 여지가 없는 유일한 길인 동시에 엄청난 대가를 치러야 하는 계약이기도 하다는 것을. 그러하기에 그녀는 나름대로 생존전략을 짜는 한편, 무엇보다 스스로 원칙을 정하고 그것을 지키면서 살아왔다. 그 과정에서 보람을 얻고 자긍심도 느낀 그녀는, 자신이 정한 원칙을 더 소중히 여기게 되었다. 남들의 시선과 상관없이 지켜야 하는 원칙, 품고 가야 할 가치가 그녀에게는 확고했고, 심지어 그것은 자기 정체성을 규정하는 바로미터이자 삶을 지탱시키는 믿음이기도 했다.

　이런 성향이 지나치게 강하면 타인과 화합하기가 어려울 수 있다. 여기에 추가된 또 하나의 난제는, 그녀의 말투가 너무나도 직설적인 데다 상대방의 정곡을 찌른다는 점이다. 촌철살인이라 할 정도로 투명하고 날카로운 그녀의 말솜씨는 종종 주변 사람들을 당혹감에 빠지게 했고, 심한 경우 괜한 적개심을 일으켰다. 그녀는 일단 입을 떼면 한달음에 모든 걸 꿰뚫어서 설명했고, 상대가 이를 제대로 알아듣지 못하면 얼굴 가득 드러나는 짜증을 감추지 못했다.

이 때문에 매클린톡은 코넬에 있을 때부터 인간관계에 어려움을 겪어왔다. 사람들은 그녀가 주변 사람들의 기분을 쉽게 상하게 한다고 생각했고, 그래서 곧 그녀에게 거리를 두며 멀어졌다. 10년의 세월이 흘러 미주리에 와서도 그녀의 어법은 여전했다. 아니, 오히려 더 유창하고 자신 있게 자신의 의견을 주장하곤 했다.

명석하기로 유명한 루이스 스태들러도 예외는 아니어서, 그녀 앞에서는 종종 따가운 지적을 받거나 혼이 나기도 했다. 그러나 그건 매클린톡이 그를 무시해서가 아니었다. 오히려 그녀는 스태들러를 훌륭한 이론가로 평가하고 있었다. 다만 실험을 통해 결론을 유추하는 과정에서 그가 몇 차례, 매클린톡의 기준으로 볼 때는 지나치게 허술한 설명을 했기에 그 점을 지적한 것뿐이었다. 화통한 스태들러는 그녀의 날카로운 지적을 진심으로 고마워했다. 그러나 대부분의 사람들은 그렇게 생각하지 않는다는 게 문제였다.

1940년 여름, 미주리 대학의 인문자연대학 학장인 커티스(W. C. Curtis)는 결국 바바라 매클린톡의 경질을 확정해버렸다. 록펠러재단의 핸슨이 남긴 기록에는, 그해 여름 우즈홀에서 커티스 학장이 그녀를 어떤 식으로 평가했는지에 관한 내용이 다음과 같이 실려 있다.

"미주리 대학에서 바바라 매클린톡은 골칫덩어리입니다. 제발 그녀에게 다른 대학의 적당한 자리를 찾아주기 바랍니다."

그러나 1년도 채 못 되어 상황은 바뀌게 된다. 그녀가 학교를 그만 둔 지 두 달이 되었을 무렵, 이제 곧 매클린톡이 미국 과학아카데미의 정식 회원으로 임명된다는 소문이 커티스 학장의 귀에 들어간 것이다. 자신이 중대한 실수를 저질렀다 싶어 당황한 학장은 무슨 수를 써서라 도 이 '골칫덩어리'를 다시 '모셔'오고야 말겠다는 생각을 굳힌 후, 봉급 은 물론 직위도 올려주겠다는 파격적인 제안을 던졌다.

"기차는 이미 떠나갔지요. 난 벌써 마음을 접은 상태였으니까요."

일단 마음을 접은 일은 다시 돌아다보지 않는 게 매클린톡의 방식 이었다. 미주리에서 5년 동안 가슴앓이를 하면서 마음에 큰 멍이 든 그 녀는, 그 대학에 대한 환멸 말고는 아무것도 남은 게 없다고 했다.

"더 이상 아무런 미련도 희망도 없었어요. 소갈머리 좁은 인간들의 소굴인 대학사회에서 나 같은 외톨이는 골칫덩어리 취급밖에 받지 못한다는 걸 확실히 알았죠. 그 이후 나는 혼자 먹을 밥값만 벌면 된다고 생각했어요."

시련에 대응하는 그녀만의 방법

대학에서 희망을 찾지 못했다면 그녀는 과연 어디로 갈 생각이었을까? 한창 백수 생활을 하던 1930년대 중반에 매클린톡은 대학에서 가르 치는 일 대신 유전학 쪽에서 일을 찾아볼 궁리를 했었다. 미주리 대학 을 그만둔 뒤에도 그녀는 역시 그쪽으로 눈을 돌려 자신이 할 만한 일 이 없을지 찾아보기 시작했다. 단지 그녀가 막다른 골목에 몰린 끝에 궁여지책으로 이런 대안을 생각하게 된 건 아니었다. 어려운 일이 닥칠 때마다 매클린톡은 늘 새로운 방향을 모색하며 제 나름의 해결책을 구하곤 했다.

> "어려울 때면 완전히 새로운 길, 전혀 다른 활동을 찾아보곤 했지요. 그리고 곧장 그에 관한 공부를 시작했어요. … 그렇게 하지 않으면 나 자신이 너무도 위축되고 자신감이 없어지거든요."

일례로 그녀는 미주리 대학을 나오기로 결심한 즈음, 날씨를 연구하는 기상학 공부를 시작하는 것에 대해 진지하게 생각했었다. 그럼에도 그 길로 나서지 않은 것은, 새로운 학문에 대한 열망이 유전학에 대한 그녀의 오랜 관심과 열정을 이기지 못했기 때문이다. 1930년대 전반을 안정된 직장도 마땅한 지원도 없이 전전긍긍하며 보냈지만, 그녀는 끝내 유전학 연구에 대한 마음을 접을 수는 없었다. 그녀에게 유전학 연구는 이미 삶의 일부가 되어 있었기에, 거기에 쏟은 애정과 지적 헌신이 비록 현실을 통해 보상받지 못하더라도 어쩔 수 없는 일이었다.

하지만 매클린톡은 어렵고 힘들었던 그 시절에도 하루하루 충만한 삶을 사는 독특한 생활양식을 스스로 개발해내었다. 아인슈타인이 말하는 "안온하고 편안한 일상적 삶의 굴레 안에서는 결코 맛볼 수 없는 고요와 평온함"이 바로 그것이다. 그녀는 번잡한 인간관계를 피해 오직 자연과 내밀하게 소통하면서, 그것이 주는 고요와 평온함을 은밀하게 즐겼다. 그리고 거기서 느끼는 희열에 기대어 고달픈 세월을 통과해나갔다.

심지어 그녀는 이러한 체험을 통해 독특한 자기긍정, 자기 확신의 정서를 획득했다고 말할 수 있다. 학교와 연구소에서 겪어야 했던 곤혹스러운 상황과 인간관계에서 촉발된 갈등은 물론 견디기 힘든 것이었지만, 그런 가운데서도 매클린톡은 자기가 연구하는 분야의 최고 권위자들로부터 꾸준한 지지와 찬탄을 받으면서 자부심을 지킬 수가 있었다. 현실적으로는 아무런 직함도, 권한도 없었지만 최소한 학문 세계와 연결되는 끈만은 놓치지 않았던 것이다.

또한 그녀는 제도권에서 소외된 채 자신의 자리를 지켜야 했던 까닭에, 학문적으로나 인간적으로 남보다 몇 배 더 스스로를 단련하고 열심히 매달려야 했다. 세월이 흐를수록 매클린톡의 작업이 더욱 더 독특해져간 이유는 이 때문이다. 그녀는 어떤 현상을 바라보고 거기에 질문을 제기하는 방식도, 자신이 진행하는 연구 과정을 설명하고 이해하는 방식도 다른 과학자들과는 확연히 달랐고, 그와 같은 독자적인 색채는 날이 갈수록 더욱 짙어져갔다.

매클린톡의 성격상, 그녀가 혹여 안정된 직위를 누렸다고 해도 기득권 과학자들이 보이는 분위기나 작업 과정이나 태도 등과는 전혀 달랐을 것이다. 그와는 반대로 오히려 관행을 깨는 식으로 행동했을 게 틀림없다. 다만 현실적으로 제도권 바깥에 머무르다 보니, 그런 경향이 더욱 강해진 면이 있다고 할까. 또 한편으로는 학교나 연구소에서 아무 권한도 의무도 없었기에 그녀가 누구보다 자유롭게 자신의 경향성과 개성을 발휘할 수 있었던 게 아닌가 싶다.

이 모든 결과로 인해 매클린톡의 연구는 점점 더 그녀만의 독특한 세계와 양식을 강화하는 방향에서 이루어졌고, 그럴수록 세간의 유행과는 점점 더 거리가 멀어졌다. 1930년대까지만 해도 그녀와 다른 과학자들은 충분히 서로 소통할 수 있었고 어떤 식으로든 연결이 가능했다. 그러나 세월이 흐르면서 이 둘 사이의 격차는 엄청나게 벌어졌고,

급기야는 높다란 장벽이 그 가운데 세워지면서 결국 소통과 교류는 완전히 단절되기에 이른다.

그렇다면 매클린톡과 나머지 과학자들의 가장 큰 차이는 무엇이었을까? 학문적으로 그들은 각각 무엇에 관심을 두고 어떻게 작업을 해나갔을까? 이제부터는 이런 질문들에 대한 답을 찾아가는 흥미로운 시간이 될 것이다.

바바라 매클린톡은 무엇보다 세포를 연구하는 세포학자인 동시에 세포 속 유전자를 연구하는 유전학자였다. 더 나아가 그녀는 전통적인 생물학의 연구 방식을 그대로 이어받은 자연학자이기도 했다. 이런 점들이 그녀가 하는 학문과 어떻게 연결되고 다른 과학자들과 어떤 차이를 낳는지 알아보기 위해, 다음 장에서는 가장 먼저 유전학과 세포학의 관계에 대해, 그리고 두 학문의 상호작용이 생물학의 주요한 분과들과 서로 어떤 영향을 주고받았는지에 대해 살펴보려 한다.

6장. 유전학의 역사

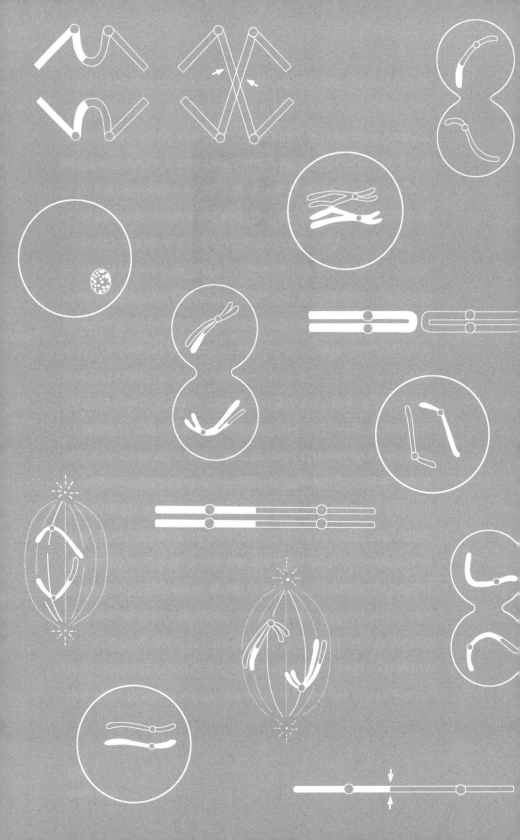

고전유전학의
전성기

불붙은 염색체 연구

1930년대 중반부터 제2차 세계대전이 터지기 전까지의 10년을 가리켜, 『유전학 소사』의 저자 던은 '고전유전학의 전성기'였다고 표현한다. 1930년대 초반에만 해도 염색체가 유전 현상을 드러내는 기반이라는 점은 이미 확인되었으나, 그 현상의 배후에서 과연 어떤 일이 벌어지고 있는지에 대해서는 밝혀진 바가 없다. 말하자면 아래에 나열된 유전학의 핵심적인 질문들에 대한 답은 전혀 찾고 있지 못하는 상황이었다.

> "유전자는 어떤 식으로 구성되어 있는가? 유전자는 어떤 작용을 통해 형질을 전달하는가? 어떤 경로를 거쳐 그렇게 다양한 생물의 종이 출현하는가? 돌연변이가 일어나는 원인은 무엇인가?"

1930년대에 성립한 세포유전학은 무엇보다 이런 질문들에 답할 수 있는 가능성을 보여주었다. 1933년 초파리의 침샘에서 커다란 염색체가 발견되면서 세포 연구는 순풍에 돛을 단 듯 순조롭게 진행되었다. 아울러 옥수수를 재료로 한 연구 결과도 상당히 축적되어, 염색체 연구는 이제 본격적인 궤도에 진입한 듯했다.

유전학 연구에서 유전 현상의 물질적 기반인 염색체를 집중적으로 다루기 시작한 것도 이 무렵부터다. 여러 모양의 염색체 속에서 일어나는 규칙적인 변화들에 초점을 맞추자, 생물의 모양새를 놓고 따지던 멘델 식의 고전유전학에서 벗어나 현대적인 분자유전학으로 옮겨가면서 연구하는 동향 자체가 변화해갔다.

여기서 유전자는 물론 세포학자들의 중요한 관심거리였다. 그러나 유전자만이 유일무이한 관심사는 아니었다. 실험실에서 관찰할 수 있는, 다시 말해 우리 눈에 보이는 일차 대상은 유전자가 아니라 염색체와 이를 이루는 세부 구조이기 때문이었다. 유전자는, 지금도 마찬가지이지만 당시에는 더더욱 몹시 추상적인 구조물로 여겨졌다. 따라서 세포학을 공부하는 사람들의 핵심적인 관심은 자신이 직접 관찰하는 대상인 염색체이지 유전자가 아니었다.

1937년에 편찬된 『최신 세포학(*Recent Advances in Cytology*)』 서문에서 영국의 세포학자 달링턴(C. D. Darlington)은 "염색체에는 우리가 유전형질이라 부르는 어떤 것이 담겨 있지만, 그렇다고 이들이 딱 일치한다고 볼 수는 없다"고 적고 있다. 그로부터 27년의 세월이 흐른 후 DNA가 바로 그 '어떤 것'에 해당하는 유전물질임이 밝혀졌고 이것이 염색체의 구성인자임이 드러났음에도, 달링턴은 여전히 분자생물학의 기본 전제와 어긋나는 입장을 표명하였다.

1964년 영국 옥스퍼드에서 열린 '제1차 염색체 심포지엄' 개막식에서 그는 다음과 같은 내용의 연설을 했다.

"제 입장은 이렇습니다. '분자에서 유전자, 유전자에서 염색체, 염색체에서 생명체, 생명체에서 생태계'로 오르는 순서는, 생명의 양식으로 적응

할 수 있는 물질적 단계를 뜻합니다. 적응 단계가 이런 식으로 진화한다고 보면, 생식의 과정과 마찬가지로 언제나 염색체가 먼저이고 생명체는 그 다음입니다.

염색체에 대해서는 여러 과학의 분과별로 모두 나름대로의 입장이 있으며, 서로가 전혀 다른 맥락에서 접근할 수 있습니다. 해부학자의 입장에서 염색체란 모든 세포 속에 들어 있는 작은 막대기 모양으로 세포분열의 과정에서 잠깐 관찰할 수 있으며, 거기에 유전인자가 담겨 있으리라 추정되는 물질입니다.

화학자의 입장은 이보다 한결 명확합니다. 그들은 염색체는 유전정보의 전달이 이루어지는 화학적 구조라는 점에 주목합니다. 이런 사실을 밝혀낸 그들은 자연 현상의 전체적인 짜임새 속에서 유전자가 어떤 노릇을 하는지, 나머지 부분과는 어떻게 구별되는지 파악할 수도 있습니다.

그에 비해 교배 연구를 하는 사람들은 또 유전자를 전혀 다른 식으로 이해합니다. 전체 생물을 대상으로 관찰하면서 유전자에 대한 설명을 하는 식입니다. 농장에서 교배를 시키는 사람들에게, 염색체란 실험을 통해 확인된 유전자의 집합입니다. 그들은 실험을 반복하며 거기서 얻어진 결과를 토대로 동물이나 식물 전체에 어떤 일이 생기는지를 예측해내는 일을 합니다. 또한 이 결과를 수학적으로 처리하는 이론유전학자들에게, 유전자는 조합과 돌연변이, 상호작용과 선택 등의 기계적인 규칙에 들어맞는 단위입니다. 이런 변화 현상을 수량의 개념으로 표시하여 진화의 법칙까지 유추하고 생명체 전반의 현상에 다시 응용하는 게 이 분야의 작업입니다.

마지막으로 전통적인 자연학자들(naturalists)은 다시 해부학자의 작업과 비슷한 입장을 취합니다. 염색체 역시 어느 생명체의 전체 조직을 이루는 일부로 본다는 말입니다.

이렇듯 각 분야의 종사자들은, 분자구조를 파헤쳐서 유전자의 화학 이론을 구축하든 생명체 전반의 현상을 살펴서 유전에 관여하는 염색체 이론을 세우든, 각각의 이론에 따라 그에 적합한 활동을 하는 개념으로 유전자를 파악합니다. 유전자는 각각의 이론에 맞는 역할들을 모두 적절하고 원활하게, 정말이지 너무나 적절하고 원활하게 이행하기에, 각 분야의 연구자들은 저마다 자신의 입장을 소신껏 견지할 수 있습니다. 어느 분야든 더 이상 유전자를 꼼꼼하게 관찰할 필요를 느끼지 않는 것은 바로 이런 이유 때문이기도 합니다.

저는 현재까지 이룩해온 각 분야의 성과에 대해 심심한 경의를 표합니다만, 아울러 이것은 모두가 각자의 방식대로 유전자의 개념을 정리했을 뿐이라고 생각합니다. 그런데 이제 드디어 현미경으로 염색체를 볼 수 있게 되지 않았습니까? 그렇다면 이 시점에서 우리가 해야 할 일이란, 실제로 관찰한 결과를 토대로 여태까지 각 분야에서 이루어진 작업들의 진실성 여부를 따져보는 것이 아닐까요? 염색체의 화학적 구조나 배열 지도를 파악하고 그 속에 유전자가 자리해 있다는 것 정도만으로는, 우리의 연구가 충분하다고 말할 수 없으니 말입니다."

통합적 연구의 선구자, 매클린톡

달링턴의 연설은 다소 장황하기는 하지만, 1930년대와 1940년대에 걸쳐 진행된 바바라 매클린톡의 작업을 상기시킬 뿐 아니라 그녀의 기본적인 입장을 잘 드러내고 있다. 1930년대의 유전학은, 생물학의 다른 분야를 제압해버린 최근의 경향과는 상당히 다른 양상을 보였다. 당시만 해도 세포학, 발생학, 자연관찰학 등의 분야는 나름대로 독자적인 입장을 견지하면서 서로 대립하는 점이 없지 않았다. 유전학 분야에 진화라는 개념이 처음 도입된 것도 바로 이 무렵이었다.

그렇다고 매클린톡의 작업을 달링턴이나 어떤 다른 사람의 개념 속에 구겨 넣는 것은 맞지 않다. 그녀의 사고방식은 대단히 독특해서 여러 분야에 두루 통하는 장점이 있는 반면, 결코 어느 학파에도 속할 수 없다는 점이 문제라면 문제였다.

앞에서도 언급했듯이 매클린톡은 1920년대 후반에 유전학과 세포학의 두 가지 관점에서 동시에 옥수수에 접근해 통합적으로 연구를 진행함으로써, 무척 중요한 결과를 얻을 수 있었다. 한 걸음 더 나아가 1930년대 초반에는 '인의 조직소', 즉 인을 만들어내는 자리라는 개념을 제시하고 이를 앞선 연구들과 통합시켰는데, 이때 매클린톡이 '만들어진다'는 개념을 유독 강조하면서 '조직'이라는 용어를 사용한 걸 보면, 그녀가 무엇보다 발생학의 영향을 크게 받았다는 것을 알 수 있다. 실제로 그 뒤 몇 년 동안 매클린톡은 발생학 쪽의 개념과 성과들을 핵심적인 원천으로 하여 자신의 작업을 진행하였다. 그에 비해 미주리에서 행해진 작업에는 전통적인 자연관찰학의 분위기가 진하게 배어 있다.

다양한 분야에 관심을 갖고 이들을 통합시키는 그녀의 작업은 1930년대만 해도 흔한 일이 아니었다. 더욱이 1940~50년대를 거치면서 이런 식의 전통은 생물학계에서 자취를 감추고 말았다. 세포유전학에서 입증된 여러 증거들 덕분에 멘델이 창시한 전통유전학이 승승장구하며 확고한 입지를 구축하자, 생물학의 분위기에 큰 변화가 생긴 것이다. 생물체 전반을 한꺼번에 살피던 방식에서 개별 유전자의 특성과 행동양태에 관심을 기울이는 쪽으로 옮겨갔다고 보면 정확하다.

이에 따라 생명체의 모양새 전체에 대한 관심, 예를 들어 발생학 분야에 대한 관심은 미약해진 반면, 유전자 활동에 대한 연구는 점점 더 활발해졌다. 그리고 유전학이 생명 현상에 대해 나름의 설명과 예측을 할 수 있는 근거들을 갖춰가면서, 이 분야에서 도출되었거나 통용되는 자료와 학문적 방법 등이 생명과학의 기본 골격으로 자리를 굳혀가기 시작했다. 아직은 유전학에서 얻은 성과가 생물학의 전반적인 방향이나 관심을 결정하는 단계에 이르지 않았지만, 이미 그러한 조짐은 드러나고 있었다.

유전학과 발생학, 서로 다른 길 위에서

20세기 생물학의 주요 개념을 세 가지로 압축하면 유전과 발생, 그리고 진화를 꼽을 수 있는데, 이 셋의 관계는 그동안 대단히 극적인 변화를 거쳐왔다. 19세기 후반부터 20세기 초반까지는 유전 현상과 발생 현상이 별개가 아닌 사실상 한 분야로 취급되었다. 유전학 이론이라 해서 유전물질의 전달에만 초점을 맞추고 발생과 관련한 설명을 제외시키는 것은 생각할 수 없었다. 이런 식의 분리는, 유전학에 관심 있는 사람이나 발생학을 전공으로 하는 사람 모두에게 적당한 방법이 아닌 것으로 여겨졌다.

그런데 염색체의 존재가 밝혀지고 그 특징이 드러나면서, 유전학과 발생학은 완전히 별개의 길을 가기 시작했다. 그리고 이로 인해 유전학의 관심은 유전자의 특성과 그것이 세대와 세대 사이에 어떻게 전달되는지에 집중된 반면, 발생학의 관심은 수정된 알에서 성체로 자라는 성장 과정에서 어떤 요소가 중요한지를 살피는 쪽으로 좁혀졌다. 발생학의 관점에서는 이제 더 이상 성장의 모든 과정에 유전자가 개입한다는 생각을 할 필요가 없어졌기 때문이고, 마찬가지로 세포유전학에서도 생물체의 성장 과정에 유전자가 작동하는 단계별 특성에 대한 관심은 너무도 '소소하고 부차적인' 것으로 전락했기 때문이다.

게다가 유전학이 새로운 국면에 접어들면서 유전학과 발생학이 분리되는 근본적인 모순이 야기되었다. 이에 대해 모건은 참으로 주목할 일이라고 통탄한 적이 있다. 훗날 그도 결국은 유전학 쪽으로 방향을 바꾸게 되지만, 그런 일이 있기 바로 직전인 1910년경만 해도 그는 다음과 같은 입장을 표명했었다.

"서튼(Walter Sutton)의 가설에서 주장하는 대로 멘델법의 원인이 특정 염색체의 유무 때문이라면, 동일한 염색체 집합을 갖는 동물이나 식물인데도 그렇게 다른 무늬의 피부가 생기는 현상을 어떻게 설명할 수 있을 것인가?"

모건은 원래 발생학에서 출발한 사람으로, 이 무렵까지만 해도 그는 염색체론을 강력히 반대할 수밖에 없었다. 그러나 일단 위의 질문에 대한 답이 도출되자 이전에 몰두했던 발생학의 주제들은 더 이상 그의 관심이 아니었다. 그로부터 24년이 흐른 후 그는 다시 이 문제에 주목하면서 두 분야를 종합하는 시도로 1934년 『발생학과 유전학』이라는 책을 출간하지만, 이는 아직 섣부른 시도였다. 형편없는 수준을 탓하는 어느 독자의 편지에 대해 그는 다음과 같은 답을 한 적이 있다.

"나는 『발생학과 유전학』이라는 책의 제목 그대로, 발생학을 다루고 그에 이어서 유전학을 다루었을 뿐이오."

1930년대 중반에 이르자 유전학과 발생학 사이에는 공통의 소재조차 없어져버리고 만다. 양쪽 분야에 종사하는 사람들은 각각 상대의 분야에 대해 더 이상 알 필요도 없고 관심도 없다는 식이었고, 심지어 상대편에서 하고 있는 작업에 대해 서로 조롱하는 분위기조차 감돌았다.

사실 이들 두 분야는 접근 방법과 철학적 전제부터가 워낙 달랐다. 유전자에 대한 개념은 지독히 기계적인 데다 유전학의 방법 또한 양적으로 처리될 수밖에 없으므로, 이 분야의 종사자는 모든 것을 숫자로 표현하는 데 자연스럽게 길이 들었다. 그에 비해 발생학은 아무래도 내용과 질을 중시하는 분야의 과학이었다. 생명체의 전체적인 모습과 형식에 관심을 갖는 까닭에, 유전학보다는 한결 생물체 개개의 특성을 살피는 방법을 중시했다.

이렇게 판이한 두 분야를 어떻게든 서로 연결시켜야 한다는 점에 공감하는 사람이 많았지만, 발생학 쪽에는 유전학의 여파가 자신들의 분야에까지 밀려올까 경계하는 분위기도 없지 않았다. 일례로 예일대학의 로스 해리슨(Ross Harrison)은, 1937년 미국 과학발전연맹의 부회장 자리를 내놓으며 다음과 같이 선포하였다.

"유전자 이론의 발전은 이 시대 생물학이 이룩한 성과 중에서 가장 탁월하고 놀라운 것입니다. 그렇지만 발생학은 유전자의 활동과 관련하여 덜 본질적인 내용보다는 … 생명체 전체에서 이루어지는 더욱 전반적인 변화에 주목합니다.

유전학에서 나온 자료를 발생학 분야에 접목시켜야 한다는 당위성이 보편적으로 받아들여지고, 여기서 더 나아가 유전학의 '치기 어린 방랑정신'이 우리 발생학의 분야까지 침투하고 있는 시점에서, 나는 유전학에 도취한 사람들이 마구 행하는 무차별적 침략의 위험성에 대해 경고하지 않을 수가 없습니다.

유전자 이론에서 얻어진 성과에 들뜬 나머지 너도나도 유전자 연구에만 달려든다면 그 결과는 대단히 유감스러울 것입니다. 세포의 운동이나 분화, 그리고 발생의 모든 과정은 사실상 유전자가 아니라 세포질의 작용으로 결정되는 것인즉, … 유전자와 관련한 이론은 너무 일방적으로 나가고 있습니다."

논쟁 끝에 포용한 유전학과 진화론

발생학과 유전학 사이에 모순되는 내용이 많듯, 당시에는 유전학과 진화론의 개념들 중에도 서로 어긋나는 요소가 아주 많았다. 유전학이 성립되던 시절에 진화를 이해하는 방식은 참으로 어설프기 짝이 없었다. 진화의 개념과 발생학의 내용이 마찰을 일으키는 상황도 비슷하였다.

이제 막 멘델의 법칙에 익숙해진 사람들에게 자연도태(natural selection)의 개념은 너무나 생소했고, 자연도태의 과정을 거쳐 이루어지는 진화의 개념은 납득하기 어려웠다. 진화의 개념을 이해하기 위해서는 개체의 차원이 아닌 집단 차원에서 진화가 이루어진다는 점, 즉 집단 안에 분포된 유전형질의 비율에 초점을 맞추어야 하는데, 그 사실을 받아들이기가 쉽지 않았던 것이다. 진화가 유전 법칙이라는 현상과 밀접한 관계를 맺고 있다는 점은 1930년대 이후에야 분명해졌다.

이런 내용이 어느 정도 정리되자 홀데인(J. B. S. Holdane), 피셔(Ronald A. Fisher), 라이트(Sewall Wright) 등은 이를 수학적으로 요약할 수 있는 공식을 작성하기 시작했다. 유전형질이 한 집단 안에 전체적으로 분포되는 양상을 통해 진화가 이루어지는 과정을 수학 공식으로 표현해 내고자 한 것이다. 이렇게 수량의 형식으로 유전의 양상을 표현하는 방식이 자리를 잡아가자, 유전학을 비롯한 고생물학이며 수리생물학 등 그동안 서로 관계 정립이 어려웠던 여러 분야가 서로 소통하고 통합할 수 있는 기반이 마련되었다.

다윈의 진화론과 관련해 유전학자들 사이에서 일어난 가장 큰 논란은 원래 두 가지였다. 하나는 아주 소규모의 단위에서 이루어지는 진화를 확인하는 문제이고, 다른 하나는 새로운 종의 출현과 자연도태는 서로 어떤 관계인지의 문제였다.

작은 규모에서 이루어지는 진화의 문제는 밭에서 작업하는 연구자들 덕분에 바로 해결되었다. 현장에서 확인되는 돌연변이 현상을 연구한 결과, 환경 탓으로 생긴 변화, 이른바 획득형질이 곧바로 유전된다는 믿음은 옳지 않다는 점이 확실해졌다. 이에 따라 진화는 유전자가 변형된 결과이며 이는 우연의 산물이라고 주장하는 다윈 식 해석이 한결 타당해졌다. 돌연변이로 인해 여러 가지 변이가 생겨나고 이들 사이에서 자연도태가 일어난 결과로 진화가 이루어진다는 이론이 설득력을 얻은 것이다.

그러나 이러한 주장은 상당 기간 논란이 분분하였다. 예컨대 진화를 결정짓는 요인은 오로지 자연도태이며 모두가 우연의 산물이라는 다윈 식 입장과, 획득형질도 곧바로 유전될 수 있다는 입장이 팽팽하게 대립하였다. 멘델의 유전법을 쉽게 적용할 수 없는 분야일수록 이런 식의 대립은 두드러졌다.

새로운 종의 출현에 자연도태가 얼마나 중요한 역할을 하는지는 더욱더 밝히기 까다로운 문제였다. 다윈의 추종자들은 자연도태가 진화의 원동력이라는 주장에서 한 걸음 더 나아가 개별 생물체 안에서 이루어지는 작은 변화도 자연도태를 통해 이루어진다고 주장하였다. 새로운 종이 출현하기 위해서는 엄청난 규모의 돌연변이가 동시다발적으로 일어나야 할 것 같은 분위기였고, 1930년대까지는 이와 같은 다윈식 해석에 반대하는 목소리가 훨씬 우세했다.

그런데 이 무렵 집단 전체의 유전적 변화를 살피는 집단유전학(population genetics)이 성립되면서, 그동안 애매했던 문제들이 대부분 해결되는 듯했다. 집단 전체의 관점에서 살펴보면, 새로운 종의 출현은 오랜 기간 지리적으로 고립된 지역에서 일어난 돌연변이가 꾸준히 누적된 결과라고 설명할 수 있다. 최근 들어서는 이런 견해를 반박할 수 있는 몇 가지 단서가 생겨 논란이 일고 있지만, 당시로서는 생물학의 오랜 난제들을 동시에 해결하는 기가 막힌 묘안으로 수용되었다. 다윈의 이론을 받아들일 수밖에 없게 된 당시의 상황을 에른스트 마이어(Ernst Mayr)는 이렇게 설명하고 있다.

"다윈의 진화론에 부분적인 수정이 가해지면서, 진화라는 현상은 곧 집단 전체의 점진적인 변화로 이해되었다. 아울러 유전 현상이 일어나는 과정 중에 자연도태의 결정적인 역할이 강조되는 새로운 종합안이 등장하면서, 이제 획득형질이 유전된다는 가설은 완전히 폐기되었다."

이처럼 유전학과 진화론이 서로를 포용하는 식으로 전개되자 생물학은 한결 전망이 확실해지고 두 분야의 이론 모두는 깊이를 더하게 되었다.

유전학 내
다른 목소리

그녀는 생명체 전체를 보았다

유전학과 진화론이 통합된 종합안이 성립되자 그 효력은 즉각적이었다. 유전학의 범위가 넓어지고 그 영향력도 대폭 확장되었다. 다른 분야가 그러하듯이 과학도 성공은 과오를 무마시키고 진리의 대변자 노릇을 한다. 성공에 성공을 거듭함에 따라 유전학은 '훌륭한 진리'의 상징으로서 위용을 갖추게 되었다. 또한 유전학 내용에 기틀이 잡히고 수준이 향상됨에 따라 유전학의 핵심 과제는 무엇인지, 어떤 질문을 어떤 방식으로 던지는 게 필요하고 그에 대한 답을 구하는 방법은 어떠해야 하는지 등등의, 이 분야를 특징짓는 세부적인 방법론들 역시 가닥을 잡아가기 시작하였다. 결과적으로 유전학과 진화론의 상호작용은 유전학이 학문적으로 더욱 내실을 다져가는 데 크게 기여한 셈이다.

    이와 같은 상호작용의 안팎을 두루 살피고 따져보는 일은 오늘날 과학사를 연구하는 사람들에게 가장 어려운 과제라 할 수 있다. 특정한 분야의 과학자들이 과연 어떤 준거에 의해서 방법론을 세우고 적절한 논리를 구성하는지, 그들이 당대의 주도적인 경향에 편승하는지 혹은 저항하는지 등을, 과학의 역사를 연구하는 사람들은 치우침 없이 살펴보고 그 배경까지도 빠짐없이 헤아려야 하기 때문이다.

그런데 이 일은 그리 간단하지가 않다. 개개인의 과학자들이 선택하는 가치의 기준이 무엇이고 어떤 준거에 따라 자신의 노선을 선택하느냐는, 단지 순수과학의 내적인 요소뿐만 아니라 사회적 요소 그리고 심리적인 요소에 이르기까지 대단히 많은 변수가 함께 작용하여 결정되는 탓이다. 예를 들어 바바라 매클린톡은 옥수수밭에서 열심히 작업하면서 자기 혼자 깨우친 방식을 고집하였다. 과학을 하는 방법도 거의 독자적으로 개발했고, 이와 관련한 논리 전개도 늘 혼자서 해나갔다. 이러한 고립된 방식의 작업은 그녀의 '유별나고도 독특한 성격'과 무관하지 않음이 분명하다.

매클린톡은 대부분의 동료들이 기우는 쪽으로는 가지 않았다. 오히려 남들이 대수롭지 않게 여기는 점들을 유심히 살펴보는 데 더 큰 관심을 가졌다. 유전학이 승승장구하던 시절, 당장이라도 '유전자의 비밀을 밝힐 듯'이 달려드는 사람들의 입장을 그녀는 수긍할 수가 없었다고 한다. 더구나 매클린톡에게는 '밝혀낼' 대상이 결코 유전자가 아니었다. 유전자는 그저 '상징'일 뿐이기 때문이었다.

"물리학자들도 여러 가지 상징을 사용하잖아요. 생물학에서도 마찬가지로 한 꾸러미의 상징을 쓰는 거지요."

이런 입장이다 보니 그녀는 유전학과 진화론과 분포유전학 사이에 새로운 종합안이 성립되는 흐름을 심각하게 우려하지 않을 수 없었다. 매클린톡이 볼 때 이런 방식의 분석들은 대개 '부적절한 개념'에 근거를 두고 있기가 예사였다. 분포유전학은 "특정 내용을 요약한 상징들을 가지고 작업하게 마련인데, 이러한 상징을 살펴보면 사실상 그 내용을 온전히 담고 있지 못하다"는 것.

　더 나아가 매클린톡은 옥수수 유전학과 관련해 양의 개념으로 형질의 분포를 처리하는 방식도 탐탁지 않게 여겼다. 그들은 "매사를 숫자로 표현하는 데 급급해서" 정말로 살펴야 할 중요한 것들을 빼먹는 일이 많다는 게 그녀의 지적이었다. 그렇다면 매클린톡의 대안은 무엇이었을까? "뭐라도 다른 구석이 있으면 옥수수 알갱이 하나라도 열심히 관찰을 해서 문제를 이해한다"는 것이 바로 그녀가 취한 기본적인 입장이었다. 이것이 바로 "숫자놀이에만 빠져서 뭔가 좀 다른 옥수수 알갱이가 있어도 전혀 관심을 두지 않는" 그들과 매클린톡의 근본적인 차이였다.

　이런 차이가 나타나는 이유는 아마도 발생학에 대한 그녀의 관심과 무관하지 않을 것이다. 과학을 시작한 이후로 그녀는 줄곧 생명이 시작되는 순간부터 성장하는 과정까지 연구하는 분야인 발생학에 각별한 관심을 갖고 있었다. 세포유전학 분야에서 일하는 대부분의 생물학자들이 세대 간에 유전물질이 옮겨가고 변이가 생기는 과정을 물리화학적인 차원의 변화로 이해한 데 반해, 매클린톡이 결코 그 흐름에 편승하지 않은 것도 이 때문이었다. 물리화학적인 차원에 몰두하다 보면 분자생물학 쪽의 방향으로 갈 수밖에 없고 그러면 자연스레 생명의 발생이라는 주제로부터 멀어지게 되는데, 그녀는 늘 이 점을 경계했다.

　물론 매클린톡도 세포에서 이루어지는 유전 현상의 구체적 과정을 이해하고자 일찍이 물리적 변화들에 관심을 갖고 이 문제에 몰두했다. 하지만 그럴 때조차 그녀는 생명체 전체를 한꺼번에 보아야 한다는 신념을 잊지 않았고, 한순간도 생명이 발생하는 과정과 관련한 질문들을 거두어본 적이 없었다. 이러한 매클린톡의 입장과 작업 방식은 그녀가 발간한 논문들을 통해 드러났는데, 1930년대에는 앞서 언급했던 '인의 조직소'와 관련한 논문 말고는 따로 없었으나, 1940년대에 들어서면서는 여러 논문에서 무척 강경한 입장을 표현한 점이 눈에 띈다.

독일학자 골드슈미트 vs 미국 유전학파

유전학 내부에서 이러한 성향을 가진 사람이 비단 매클린톡 하나만은 아니었다. 유전학과 발생학의 작업을 직접 연결시키지는 않더라도 둘 사이의 연관성을 염두에 두고 있는 생물학자는 제법 많았다. 이런 성향의 사람들은 대개 현대 유전학의 분석적이고 환원적인 흐름을 혹독하게 비판하였다. 그에 비하면 정작 매클린톡은 특별히 큰 목소리를 내는 편은 아니었다.

대표적인 강경론자는 골드슈미트로, 그는 새로운 유전학의 흐름을 차단하는 데 자신의 명예를 건 듯했다. 전체적인 시각에서 생명에 접근하는 발생학의 전통을 옹호하는 한편, 생명을 부분적이고 분석적으로 나누어보는 유전학의 새로운 교리를 거부한다는 점에서, 골드슈미트의 주장은 매클린톡의 입장과 내용 면에서 상당히 비슷했지만 두 사람의 표현 방식은 몹시 달랐다.

베를린의 빌헬름황제 연구소 소장을 맡고 있던 골드슈미트는 히틀러가 권좌에 오르자 1936년에 미국으로 건너왔다. 매클린톡이 미주리 대학에 취직을 한 그해의 일이다. 다행스럽게도 그는 버클리에 위치한 캘리포니아 대학에 곧 자리를 얻어 정착하였다. 미국에 자리를 잡은 후에도 그는 여러 해 동안 염색체 차원에서 유전 현상을 연구하는 멘델식 전통에 단호한 비판을 가했다. 발달생리학이나 진화론 분야에서 몸소 연구하고 밝혀낸 사실들을 고려할 때, 유전자의 개념을 '실에 꿴 구슬' 식으로 설명할 수는 없다는 것이 그 이유였다. 논리적으로 따져 봐도 그렇고 실험을 통해 나온 결과를 보더라도, 유전자를 그렇게 단일한 개념으로 규정해서는 안 된다는 주장이었다.

골드슈미트가 강하게 이런 주장을 펼 수 있었던 배경이 있다. 그가 미국으로 이주할 무렵인 1930년대 중반, 초파리를 연구하던 알프레드 스튜어트반이 염색체에서 이른바 '자리 효과(position effect)'라는 희한한 현상을 발견해, 초파리의 '기다란 눈매'를 산출하는 것은 특별한 유전자 종류가 아닌 해당 유전자가 염색체의 어느 자리에 있느냐에 따라 결정됨을 학계에 보고한 것이다. 이 사실이 알려지자 "모건 학파는 기존의 생각을 전부 포기하고 처음부터 다시 해야 한다"고 굳게 믿게 된 골드슈미트는, 미국에 도착하고 나서 '유전자 이론은 이제 끝장이 났다'고 선언하였다.

골드슈미트는 여태까지 답습되어온 유전학의 형식에서 벗어나, 개별 유전자들을 독립된 단위로 취급하지 말 것을 제안하였다. 그래야만 한결 역동적이고 복합적인 개념으로 유전자를 이해할 수 있다고 생각한 그는, 유전형질은 개별 유전자의 특성이 아니라 염색체 전체의 활동으로 조절된다는 방향에서 새로운 이론을 정립하였다. 유전적인 변화는 염색체 안에서의 자리 배열과 관련이 있으며, 염색체의 부분들이 자리를 바꿈에 따라 염색체의 전체 성격이 달라진다는 게 그 이론의 핵심 내용이었다.

골드슈미트는 이를 '대규모 돌연변이'라고 이름 지었는데, 그의 가설대로라면 이제 곧 염색체의 수준에서 일어나는 대규모의 재배열 현상이 확인되고, 그에 따라 새로운 종(種)의 출현과 관련한 그동안의 의문이 모두 해소될 가능성이 높았다. 골드슈미트는 또한 생명의 발생 과정도 이와 똑같은 양식으로, 즉 염색체의 여러 부분에서 각기 다른 시간대에 특정 형질이 표현되는 식으로 조절이 되리라고 믿었다.

　이와 같은 골드슈미트의 파격적인 제안을 미국의 유전학자들은 전혀 달가워하지 않았다. 오히려 '천방지축 못 말리는 사람' 정도로 취급했다. 부분적으로는 고려해볼 만도 했을 텐데, 아무도 그런 시도조차 하지 않았다. 그의 생각은 못 말리는 정도가 아니라 잘못된 것이기 때문이었다. 그의 이론은 전통적인 유전자 개념에 정면으로 도전하는 것이기도 했거니와, 무엇보다 그는 자기의 이론을 증명해 보일 수 있는 실험적 기반을 전혀 갖추지 못한 상태였다. 게다가 시간이 지날수록 단위별로 활동하는 유전자와 단위별로 발생하는 돌연변이 현상들이 더 많이 관찰되면서 그와 연관된 개념들은 더 선명해졌다. 이렇게 기초 개념들이 정립되고 강화되어감에 따라, 골드슈미트의 입지는 점점 더 약화될 수밖에 없었다.

　그런데 정말로 흥미로운 것은, 이와 관련하여 오늘날은 분위기가 또 달라지고 있다는 점이다. 1980년대 이후에 접어들면서부터 과거에 골드슈미트가 주장했던 내용 -염색체 수준에서 자리들이 재배열된다는- 이 다시 힘을 받고 있다 할까? 새로운 종의 출현과 관련해서도 마찬가지다. 이렇게 염색체 수준에서 대규모의 자리 변동이 일어나는 과정이 새로운 종의 발생에 선행할 수밖에 없다는, 과거 골드슈미트의 주장이 새롭게 부상하기 시작한 것이다. 그러고 보면 그 당시 골드슈미트가 주장한 내용들이 너무 빠르게 사장당한 게 아닌가 싶기도 하다. 스티븐 제이 굴드(Stephen Jay Gould)가 그의 책에 쓴 다음과 같은 내용을 보면 그런 생각이 더욱 확실해진다.

" … 당시 다윈의 추종자들은 골드슈미트를 거의 실성한 늙은이로 취급하며 집단적으로 매도하였다."

골드슈미트는 현대적인 유전자 이론에 대항해, 말 그대로 목숨을 바쳐서 싸우다가 1958년 세상을 하직하였다. 상당히 오랜 세월 동안 그는 전통적인 생물학의 이상을 추구하느라 새로운 문물을 받아들이지 못해 길길이 날뛰는 구시대의 유물로 묘사되곤 했다. 현대 유전학의 분위기 속에서 철저히 왕따를 당한 셈이다.

이단으로 몰기엔 너무 출중한 능력

골드슈미트와 달리 바바라 매클린톡은 막무가내로 날뛰는 기질의 사람이 아닌 데다, 또한 쉽게 이단으로 처리할 수 없는 면을 지니고 있었다. 무엇보다 매클린톡이 하던 작업은 당시 생물학의 중심에 선 세포유전학 연구에 속하는 것이었다. 그녀는 온전히 멘델 전통에 뿌리를 내린 유전학자였을 뿐만 아니라, 멘델 식의 유전학을 염색체의 수준에서 해석하는 학문적 기초를 정립한 핵심 인물이기도 했다.

그럼에도 그녀는 골드슈미트와 공유하는 점이 아주 많았다. 학문적 관심이 비슷했고, 그와 관련한 믿음은 거의 일치할 정도였다. 골드슈미트가 제안하는 유전자 이론에 대해서는 그녀 역시 '아무 것도 모르고 하는 소리'라고 일축했지만, 대부분의 생물학자들을 휩쓸어간 새로운 방식, 특히 진화와 관련한 문제에 대한 골드슈미트의 비판에는 동조하는 입장이었다. 무엇보다 매클린톡은 대부분의 사람들이 간과하거나 무시하고 지나가는 문제를 지적할 줄 아는 골드슈미트의 능력과 용기를 높이 사며, 이에 진심으로 존경을 표시하였다.

그러나 두 사람의 기질은 천양지차여서, 같은 상황에서 같은 생각을 하더라도 골드슈미트는 노발대발하는 반면 매클린톡은 오히려 입을 다물어버렸다. 골드슈미트가 사태를 부풀리는 데 일조했다면, 매클린톡은 더욱 긴장을 하고 사태를 주시하는 편이었던 것. 더구나 골드슈미트는 반론을 내세우면서도 그를 뒷받침할 만한 증거들을 제출하지 못하거나 부적절한 증거를 내세운 데 비해, 매클린톡이 실험을 통해 도출해낸 증거는 늘 한 치의 오차도 없이 정확했다.

매클린톡의 논문들은 그 내용이 주의 깊고 꼼꼼하기로 유명했다. 적절한 증거와 확실한 관찰, 빈틈없는 해석 덕분에 그녀의 논문은 생물학의 새로운 분야를 개척하는 완벽한 표준으로 인정받곤 했다. 실제로 마르쿠스 로우즈는, 과학에서 요구하는 엄격함과 명료함을 학생들에게 훈련시킬 때 매클린톡의 논문을 교재로 사용했다고 밝혔다.

유난히 까다롭고 권위와 타협할 줄 모르는 성미였지만, 그래도 매클린톡은 당시 생물학자들이 중요시하는 분야의 작업에 적잖게 동참하곤 했다. 덕분에 그녀는 골드슈미트가 겪어야 했던 따돌림이나 질시는 면할 수가 있었다. 탐탁지 않은 점이 있더라도 혼자 속으로 삭이거나 가까운 친구들하고만 속내를 나누는 정도였지, 이론적으로 누구와 직접 부딪히고 논란을 일으킨 적도 없었다. 그래서였을까. 학계에서 그녀는 '능력은 뛰어나지만 일하는 방식이나 관심 분야가 상당히 독특한 사람'으로 여겨지는 정도에 그쳤지, 이단으로 몰리거나 하지는 않았다.

매클린톡은 30대 중반에 이미 학문적으로 자신만의 고유한 스타일을 개발한 상태였고, 세월과 함께 그 독특한 면모는 더욱 강화되었다. 그녀 안에는 상반된 요소가 함께 존재했고, 도저히 합치될 수 없을 것 같은 그 두 가지 극단적인 특성 사이에서 절묘한 변증이 이루어질 때 그녀의 탁월함은 꽃처럼 피어나곤 했다.

　나는 앞서, 매클린톡이 경제적인 궁지에 몰렸을 때 많은 사람들이 록펠러재단의 지원금을 얻어주기 위해 그녀를 도운 일을 기록했다. 당시 모건 교수는 그녀를 가리켜 옥수수 세포유전학 분야의 '최고 전문가'라고 극찬했다. 그녀가 초파리 연구에 비해 상대적으로 협소한 옥수수 연구에 매달려 있다는 말을 단정적으로 덧붙이긴 했지만, 어쨌든 매클린톡의 어떤 면에 대해서는 최고의 평가를 아끼지 않은 것이다. 모건 교수가 그렇게 평가할 수 있었던 이유는 어떤 것도 그냥 보아 넘기지 않는, 과학자로서 그녀가 지닌 탁월한 자질 때문이었다. 염색체에서 일어나는 모든 변화를 빼놓지 않고 관찰하는 지독한 끈기와 철두철미함!

　이런 면모를 두고 '훌륭한 남자들'은 때때로 그녀가 사소하고 편중된 분야에 빠져 있다고 지적했다. 그러나 그녀는 협소한 분야에 몰입하는 그 자체를 추구한 적이 결코 없었다. 사소하고 협소한 것에 몰두한 유일한 이유는 오직 생명 전체를 이해하기 위해서였다. 생명에 대한 온전한 '이해(understanding)', 바로 이것이 바바라 매클린톡이 수행하는 과학의 핵심이었다고 해도 과언이 아니다.

"나는 옥수수의 모든 것을 이해했어요"

매클린톡에게는 아주 조그만 흔적 하나하나가 모두 그 생명 전체를 이해하는 단서였다. 그녀는 무엇이든 깊이 파고 들어가면 결국 전체의 모습이 드러나게 되어 있다는 믿음을 지니고 있었다. 옥수수 씨앗 하나, 아니 염색체 하나라도 상세한 부분까지 초점을 맞춰 열심히 들여다보면, 결국 그것이 품고 있는 일반적인 생명의 원리, 즉 '유기체와의 교감'에 더 가까이 가닿고 그에 대해 더 잘 배울 수 있다고 그녀는 생각했다.

생명을 이해하는 방식, 나아가 유기체와의 교감에 대한 이야기를 할 때마다 매클린톡에게서는 전통적인 자연학(natural history)의 분위기가 물씬 풍긴다. 전통적인 자연학이 실험을 위주로 하는 실증과학에게 자리를 다 내어주고 더 이상 생물학의 이름으로 계승되고 있지 않은 지 오래이나, 1930년대 중반까지만 해도 그 흔적은 여기저기에 남아 있었다. 그 당시 실험을 하고 이를 통해 결과를 검증하는 실증과학이 점점 더 세력을 확장하는 가운데서도, 매클린톡은 전통적인 자연학의 정서를 적절히 융합시키며 새로운 분야를 개척할 줄 아는 참으로 드문 과학자였다.

완전히 독자적으로, 다시 말해 아무런 외부적 영향 없이 자신의 세계를 열어가는 일은 있을 수 없다. 매클린톡도 마찬가지이겠지만, 그녀의 그 독특한 지적 소양이 어디서부터 유래하는지 명확하게 정의하기란 참으로 힘들다. 나는 여러 차례 대화를 통해 그녀가 어떻게 해서 이처럼 복합적인 요소를 동시에 지니게 되었는지를 주의 깊게 살피고 곰곰이 따져도 보았지만, 외부의 영향을 찾아내기는 쉽지 않았다. 오히려 나는 그녀와 대화할수록, 외적인 영향보다는 그녀 내부에서 일어나는 힘에 의해 자기 세계를 구축한 것이라는 인상을 더 강하게 받았다.

그녀의 이야기를 듣고 있노라면 누구라도 나와 같은 결론에 이를 수밖에 없지 않을까 싶다. 일례로 옛날 옛적 미주리 대학에 재직하던 시절, 동그라미 염색체가 생기는 원인을 밝히기 위해 이런저런 궁리를 하던 상황에 대해 그녀는 이렇게 말하고 있다.

"동그라미 염색체는 대개 복제가 되지 않고 그대로 전달되거든요. 그런데 아주 가끔 유사한 염색체와 교환 작용이 일어나면서 중심체가 두 개가 되고, 동그라미 크기도 두 배로 늘어나는 경우가 생기기도 해요."

그녀는 설명을 계속하였다.

"염색체 분열이 후기에 접어들면 두 개의 중심체가 양극으로 끌려가기 시작해요. 이때 동그라미는 이미 크기가 두 배로 늘어난 상태라서 간혹 염색체가 쪼개지기도 합니다. 쪼개지는 자리는 모두 제각각인데 이 쪼개진 자리가 다시 이어져서 새로운 동그라미가 생기면 원래 모양하고는 완전히 다른 동그라미가 되곤 하지요. 크기가 작은 동그라미들은 아예 누락이 되는 경우도 꽤 있어요. 이런 것들은 말기로 넘어가지를 않죠. 내가 기르는 식물 중에는 이런 동그라미가 하나 혹은 두세 개씩 되는 경우가 종종 있었어요. 그런데 세 개의 동그라미 염색체가 있는 경우, 하나는 작고 나머지 두 개는 좀 클 수가 있어요. 이때 우성 유전자가 들어 있는 작은 염색체가 누락되면 열성 유전자의 유전형질이 표현되는 겁니다."

동그라미 염색체에 집중적으로 몰두하다 보니 매클린톡은 어느덧 염색체의 구성에서 드러나는 변화의 표식을 바로 알아볼 수 있을 만큼 능숙해졌다. 그리고 나중에는 옥수수의 외관만을 살펴보고도, 이를 현미경으로 들여다보면 세포 핵 속에 어떤 모습이 보일지를 짐작할 수 있게 되었다.

유기체와의 교감

"현미경으로 염색체를 들여다보기 전에, 나는 먼저 옥수수밭 사이를 걸으면서 옥수수마다 각각 어떤 식의 동그라미 염색체를 갖고 있을지, 또 몇 개씩 갖고 있을지를 가늠하곤 했지요. 신기하게도 내 예상은 틀림없이 적중했어요. 그러다 한 번은 그만 빗나가고 말았는데, 그게 너무 속이 상해서 밭으로 곧장 쫓아갔어요. 밭에 가서 옥수수들을 살펴보니 뭔가 좀 이상한 겁니다. 그래 내 공책에 기록해둔 내용과 비교를 하며 차근차근 따져 봤지요. 그랬더니 세상에나! 번호가 틀리지 뭡니까? 내가 원래 이 옥수수일 것이라고 점찍어둔 바로 옆에 있는 그루에서 옥수수를 채집한 거였어요. 그렇게 해서 내 예상이 틀리지 않았다는 게 또 한 번 증명됐죠."

자신의 실수가 마음의 착오에서 비롯된 게 아닌, 단지 자료를 기입하는 과정에서 생긴 오류였음을 확인함으로써, 그녀는 자신에 대해 더 확고한 믿음을 가질 수 있었다. 자기 자신에 대한 신뢰를 회복한 데서 일종의 안도감을 느꼈다는 것이다. 이 사례는 매클린톡이 '마음'의 능력을 얼마나 크게 보고 그것을 신뢰하고 있는지 보여준다.

"사람의 마음은 우리가 실제 의식하는 것보다 훨씬 더 큰일을 할 수 있지요. 엄청나게 복잡한 자료들을 '컴퓨터처럼 정확하게' 파악하고 작동시킬 수 있다고요."

그러니까 그녀에게 마음은 곧 컴퓨터와 같은 것이었다. 그것도 성능이 매우 뛰어나 절대로 틀릴 리 없는 그런 컴퓨터 말이다.

"내가 하는 일이 '옥수수 조직에서 보이는 가는 줄무늬, 열성형질이 발현된 결과를 꼼꼼히 관찰하는 것'이라면, 나머지는 모두 내 컴퓨터의 일이에 요. 그 컴퓨터에게 맡기면 절대로 틀리지 않았어요."

여기서 핵심은 매클린톡이 자신의 능력을 높게 본다는 그 점이 아 니다. 오히려 그녀에게 중요한 것은 스스로에 대해 그렇게 판단하는 본 인의 마음 상태에 흔들림이나 동요가 없는 것, 즉 자기 자신에 대한 깊 은 신뢰였다.

"나는 옥수수라는 식물의 모든 것을 완벽하게 이해했어요. 구체적으로 그 게 무언지 일일이 설명할 수는 없지만, 나는 드러난 모습 그대로를 온전히 이해했어요. 이건 자기 자신에 대한 완벽한 믿음과 확신이 있을 때만 가 능한 일이지요."

그녀가 여기서 말하는 '이해'는 대체 무슨 뜻일까?

"그건 내가 컴퓨터를 돌린다는 뜻이에요. 무지무지 빠르고 절대로 틀리 지 않는 컴퓨터지요. 하지만 다른 사람한테 그 방법을 일러주지는 못하 겠어요."

생명과의 소통, 그에 대한 깊은 신뢰

매클린톡은 대학원 시절부터 실험실에서 제일 힘들고 까다로운 작업을 도맡았다. 제아무리 난처하고 까다로운 일이 생겨도 앞장서서 몸소 해치우는 식이었다. 연륜이 쌓이다 보면 대부분 판에 박힌 일이나 궂은일은 조교들한테 시키게 마련인데, 그녀는 결코 그러지 않았다. 늘 초보자처럼 모든 일을 끙끙거리며 혼자 다 했다. 과학자들이 흔히 학생을 훈련시킨다는 명분으로 귀찮고 사소한 작업들로부터 손을 떼는 것과 비교하면, 이는 정말로 예외적인 경우에 속했다.

이에 대해 해리엇 크레이턴은 에머슨 교수를 거론하며 "그 역시 '실험 중의 어떤 과정도 사소한 것은 없다'는 믿음을 갖고 있었다"고 말했다. 에머슨 교수도 매클린톡처럼 자신의 일은 스스로 감당했고, 학생들에게도 그리 하도록 가르쳤다는 것이다.

그런데 내가 볼 때 매클린톡은 혼자서 감당하는 것 이상으로 일을 했다. 그 이유는 어떤 현상을 관찰하고 그 내용을 해석하는 그녀의 능력 자체가 독특하고 탁월했기 때문이다. 쉽게 말하면 그녀의 그런 능력에 보조를 맞출 수 있는 사람이 없었기에 누구에게도 일을 떼어줄 형편이 아니었다고 할까. 더욱이 그녀가 지닌 특별한 기술과 능력은 스스로도 뭐라고 설명하기 어렵고 누구에게 전수를 하기란 더더욱 불가능한 것이었다.

다른 분야도 마찬가지겠지만, 과학에서도 역시 한달음에 결론에 도달해버리는 '통찰력(insight)'이란 쉽게 전수하거나 전수 받을 수 없는 능력이다. 위대한 과학자들은 대부분 이러한 통찰력을 갖고 있지만, 그들 스스로도 자신이 지닌 통찰력의 신비스런 작용에 대해서는 정확하게 설명하지 못한다. 과학을 통해 습득한 합리적인 논리로 그것을 설명하기에는 한계가 너무나 명확하기 때문이다. 따라서 누구라도 그 창조적인 능력에 대해서는 '어떤 사실을 곧바로 알게 되고, 진심으로 믿고, 그 의미를 받아들이는 체험'이라고밖에 얘기할 수가 없는 것이다.

"어떤 문제에 직면해요. 그리고 어느 순간 문득 그 답을 알게 돼요. 말로는 뭐라고 설명할 수 없는, 무의식의 차원에서 이루어지는 거예요. 나에게는 이런 일이 무척 자주 일어났기 때문에 이를 진지하게 받아들이지는 않을 수가 없었어요. 문득 떠오른 그게 절대적인 답이라는 것, 틀림없다는 걸 내가 아니까요. 그에 대해 누굴 붙들고 이러니저러니 얘기할 필요도 없어요. 이미 답이 주어졌다는 걸 너무나 확실하게 알고 있으니까요."

이러한 확신은 벌써 오래 전부터 그녀 안에 움트기 시작하였다. 사물의 본질을 꿰뚫는 완벽한 '이해'가 의식의 차원에서 이루어지는 게 아님을 보여주는 예로, 그녀는 아주 옛날 코넬 대학에서 있었던 일을 하나 얘기해주었다.

"어떤 옥수수의 염색체가 이상했어요. 짝지은 염색체 중 하나는 정상인데, 다른 하나에 위치 전환 돌연변이가 일어난 거예요. 그런 경우 보통은 감수분열이 일어난 후 꽃가루 세포의 절반은 정상이지만 나머지 절반은 수정 능력이 상실된 상태가 되는 게 맞거든요. 그 당시 우리 팀에 신참내기 박사 하나가 들어왔는데 마침 이 주제를 연구하는 사람이었어요. 이 사람이 말하기를, 만약 돌연변이가 일어났다면 절반은 수정 능력이 없는 옥수수여야 하는데 예상과 다른 결과가 나왔다는 거예요. 애매하게도 25에서 30퍼센트 정도가 수정 능력 상실로 나왔다는 거죠. 내가 있는 옥수수밭으로 달려와 그 애기를 전하던 그의 모습이 지금도 내 눈에 선해요. 황당해서 어쩔 줄 모르더라고요."

황당하기는 매클린톡 또한 마찬가지였다. 그녀는 옥수수밭에서 빠져나와 구릉 아래로 터벅터벅 걷기 시작하였다. 그리고 실험실이 있는 언덕을 향해 걸어 올라가 한 30분가량을 멍하니 앉아 있었다.

"이게 대체 무슨 일인가 싶어 한참을 그 문제에 골똘히 빠져 있었죠. 그런데 갑자기 '아, 이거구나' 싶어서 벌떡 일어나 그대로 밭을 향해 달려갔어요. 그러고는 사람들이 모두 저 아래 밭에 있는데, 나는 그 꼭대기에 서서 있는 대로 소리를 질렀어요. '아-알-았-어!' 내가 답을 알아냈다고 미친 듯이 고함을 지른 거예요. 왜 절반이 아니라 30퍼센트만 수정 능력을 상실했는지 내가 알아냈다는 것을 알리려고요."

그녀가 구릉 아래로 달음질쳐 내려오자 옥수수밭에서 일하던 동료들이 그녀 주위로 모여들었다. 모두들 그녀를 빙 둘러싼 채, 그녀가 무슨 이야기를 할까 궁금해하며 귀를 기울였다. 그런데 정작 그녀는 머릿속에 문득 떠오른 답안을 어떤 식으로 풀어서 설명해야 좋을지 알수가 없었다.

"설명을 좀 해봐!"

그녀는 뭐라고 말을 해야 할지 막막하여, 일단 옆에 있는 종이와 연필을 들고 그 자리에 앉았다. 그리고 뭐라고 끼적거리기 시작했다.

"실험실에서 내가 답을 알아낸 순간에는 사실 그런 짓은 하나도 안 했거든요. 그런데도 남들에게 설명하려니 그럭저럭 이야기가 꾸며지긴 하더라고요. 나는 좀 복잡하지만 그 답이 추론되는 과정을 단계별로 하나하나 그

려내며 설명을 했죠. 그 이후 신참 박사가 다시 같은 실험을 하더니, 내가 설명한 게 그대로 들어맞았다고 하더라고요. 내가 단계별로 그려준 그림과 똑같이 일이 진행되더래요. 하지만 나는 원래 종이에다 그런 도식을 쓰면서 답을 끌어낸 게 아니거든요. 그럼 도대체 나는 어떻게 그 답을 알아낸 거죠? 심지어 사람들에게 '알았어!'라고 외칠 만큼 그 답이 틀림없다는 믿음은 대체 어디서 생긴 걸까요?"

앞서 얘기했지만, 매클린톡의 그런 통찰력과 믿음은 아마도 옥수수에 대한 그녀의 내밀하고 온전한 지식에서 유래했을 것이 틀림없다. 그녀는 자기가 가꾸는 옥수수밭의 모든 그루를 빠짐없이 알고 있었다. 오죽하면 그녀의 동료 하나가 "매클린톡은 자기가 연구하는 옥수수 그루들의 '생활기록부'를 쓸 수 있을 것"이라는 말까지 했을까.

그렇게 되기까지 그녀는 단지 육신의 눈이 아닌 마음으로 옥수수를 들여다보고 또 들여다보았다. 그리고 옥수수라는 생명이 벌이는 복잡하고 오묘한 활동을 볼 수 있는 자신의 마음을 온전히 신뢰하였다. 더 나아가 자신의 믿음이 혹시라도 균형을 잃을까 주의깊게 살피면서, 옥수수라는 생명과 소통하는 자신의 감각을 그녀는 굳게 믿었다. 이와 같이 옥수수와 소통하는 그녀의 능력, 또 그에 대한 신뢰는 이후로도 계속해서 매클린톡의 연구 활동을 지탱하는 든든한 원천이 되어주었다.

7장. 또 하나의 고향, 콜드 스프링 하버

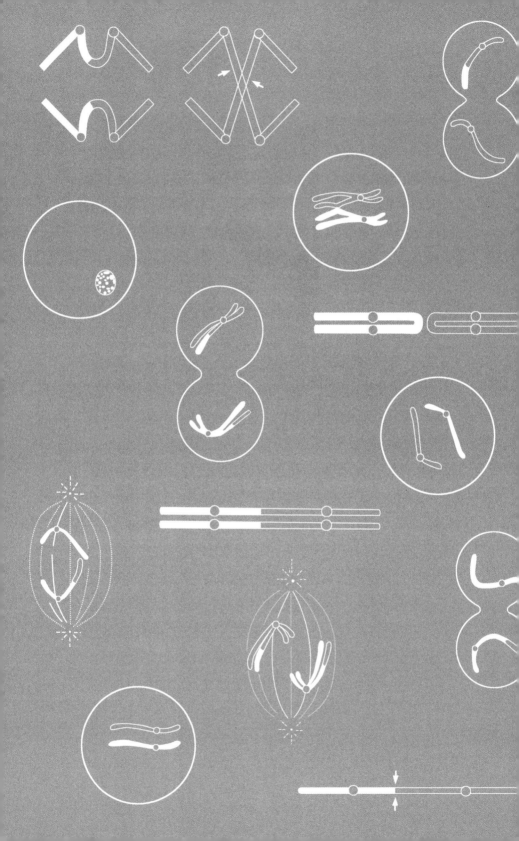

코넬을 떠나
미지의 땅으로

옥수수 심을 곳을 찾아서

제2차 세계대전의 발발과 함께 유럽 전역이 전쟁의 고통을 겪고 있던 시절, 얼마 후 대서양 건너 미합중국도 유사한 상황에 휘말리기는 했지만, 전쟁 초기에만 해도 미국 시민들의 생활에는 별다른 변화가 없었다. 전쟁이 터진 지 여러 달이 지나고 나서야 비로소 그 여파가 조금씩 느껴질 따름이었다.

과학자들은 개개인이 속한 분야에 따라 차이가 있었는데, 예를 들어 물리학에 종사하는 이들이 핵무기 개발과 관련해 불안하고 초조한 전쟁 상황을 피부로 느꼈다면, 그에 반해 생물학자들은 전쟁이 다 끝나도록 태평하게 일상생활을 영위할 수 있었다. 이는 물리학의 역사와 달리 생물학의 역사에 제2차 세계대전의 흔적이 거의 남아 있지 않은 것과 일맥상통한다.

1941년 진주만 공습이 있기 바로 전날, 바바라 매클린톡은 개인적으로 몹시 곤혹스런 시간을 보내고 있는 중이었다. 또 다시 실업자가 되고 말았기 때문이다. 아무런 대책과 계획 없이 무작정 짐을 싸서 미주리 대학을 나온 것이 그 원인이었다.

"뭐라도 못할까 싶었어요. 설마 굶어 죽지야 않겠지 하는 심정이었고요."

그러나 현실은 그게 아니었다. 끼니를 해결하는 것만 문제가 아니라, 생물학자로서 일할 수 있는 최소한의 여건을 갖추는 게 그녀에게는 필요했다. 무엇보다 연구에 필요한 옥수수를 키울 밭도 있어야 했다. 하지만 해결책은 어디서도 보이지 않았다. 한때 고향과도 같았던 코넬은 더 이상 그녀가 넘볼 수 있는 처지가 아니었다. 매클린톡이 의지할 수 있던 코넬대 사람들은 이미 뿔뿔이 흩어진 상태였다. 에머슨 교수는 정년으로 퇴임했고, 그 밑에서 공부하던 친구들도 각각 제 길을 찾아 떠나고 없었다. 매클린톡에게 숙소를 제공했던 에스터 파커 선생님마저 옛날 집을 팔고 이티카에서 북쪽으로 80킬로미터 떨어진 곳에 농가를 하나 구입해 살고 있었다. 매클린톡에게는 "언제라도 돌아갈 수 있는 집과 같았던" 코넬이 어느새 증발하고 없어진 것이나 같았다.

이렇게 막막한 시간의 한가운데를 통과할 때는 정말로 속 깊은 친구 하나가 절실해진다. 다행히 매클린톡에게도 그런 친구가 하나 있었다. 언제라도 그녀를 밀어주고 도와주는 마르쿠스 로우즈, 바로 그가 매클린톡에게는 보물처럼 소중한 친구였다. 그 당시 로우즈는 뉴욕 컬럼비아 대학에 자리를 얻어 이제 막 교수 일을 시작한 참이었다. 이 얘기를 듣고 매클린톡은 '실험에 필요한 옥수수를 어디에 심을 것인지' 물어보는 편지를 써서 로우즈에게 부쳤다. 그러자 로우즈에게서 곧바로 답장이 왔다. 아직 확정된 건 아니지만 맨해튼에서 65킬로미터쯤 떨어진 콜드 스프링 하버에 심을 생각이며, 늦어도 이번 여름에는 실행에 옮길 작정이라는 것이 그의 답변이었다.

"로우즈의 편지를 받고 나서 생각했어요. 그래, 나도 그리로 가야겠다. 거기서 땅을 조금 얻으면 내 실험에 필요한 옥수수 정도는 키울 수 있을 거야, 라고요."

콜드 스프링 하버로 갈 결심을 한 매클린톡은, 우선 그곳에 적을 두고 있는 밀리슬라프 데메렉(Milislav Demerec) 앞으로 편지를 보냈다. 그는 초파리를 재료로 실험하는 유전학자로 1923년부터 콜드 스프링 하버에서 일을 하고 있었고, 매클린톡과는 몇 년 전 우연히 알게 되었다. 둘이 만났을 때 그녀의 업적에 상당한 관심과 경의를 표했던 데메렉은, 언제든 대환영이니 아무 때나 와서 묵어도 좋다는 답장을 매클린톡에게 보내왔다.

벌써 40년 전의 일이 돼버린 당시의 일을 기억하며 매클린톡은 이렇게 말했다.

"내가 거기 처음 간 게 6월이었으니까, 거기서 여름을 다 보낸 셈이지요. 꽤 오래 있었는데, 참 좋았어요."

마침 그곳에 여름용 숙소가 여럿 있어서 11월까지는 그럭저럭 버틸 수가 있었다. 그러나 겨울 동안은 폐쇄를 하는 곳이라 아무도 거기에 머물 수 없었다. 여전히 실업자 신세를 면하지 못한 그녀는 딱히 갈 만한 데가 없었지만, 이번에도 친구 마르쿠스 로우즈의 도움을 받아 그가 묵고 있던 컬럼비아 대학 사택의 남는 방으로 거처를 옮길 수 있었다.

그 이후 얼마 되지 않아, 정확히 말하면 1941년 12월 1일, 워싱턴에 본부가 있는 '카네기협회'에서 콜드 스프링 하버에 있는 유전학연구소의 책임자로 데메렉을 임명했다는 소식이 들려왔다. 이는 매클린톡에게는 천우신조나 다름없었다. 아니나다를까 데메렉은 유전학연구소 책임자로서 전권을 행사할 수 있게 되자 곧장 매클린톡에게 자리 하나를 마련해주었다.

그가 우선 1년짜리 임시직이라도 계약하자고 제안했을 때, 오히려 주저한 쪽은 매클린톡이었다. 자기가 정말 뭘 원하는지 아직 가닥이 잡히지 않았기 때문이다. 확신이 서지 않은 상태에서 공식적인 계약을 맺는 일이 아무래도 그녀는 마음에 걸렸다. 하지만 현실적으로 보면 아무리 작은 기회라도 마다할 수 없는 형편이었다. 더욱이 컬럼비아 대학의 로우즈와 그 동료들도 한목소리로 그녀를 설득했다. 결국 마지못해 제안을 수락한 매클린톡은 로우즈의 사택을 나와 콜드 스프링 하버로 다시 돌아갔다.

고립된, 그러나 완벽한

몇 달이 지난 후 데메렉은 매클린톡이 임시직의 딱지를 떼고 정규직 연구원으로 다시 계약을 맺을 수 있도록 백방으로 손을 써주었다.

"난 그때까지도 확신이 서지를 않았어요."

매클린톡은 당시 심정이 어떠했는지 털어놓았다.

"내가 정말로 그 일을 원하는지에 대한 확신이 없었죠. 그렇다고 뭐 특별히 다른 자리를 탐낸 건 아니에요. … 그보다는 내가 어딘가에 묶인다는 점이 내키지 않았던 것 같아요. 미주리 대학에 사표를 쓰고 나온 후 그 홀가분함이 너무나 좋았거든요. 그 자유로움을 포기하고 싶지 않았어요."

그러나 데메렉의 결심은 완강했다. 그는 당장에 카네기협회 본부가 있는 워싱턴으로 가서 당시의 총책임자 바네바 부시(Vannevar Bush)를 만나고 오라고 매클린톡을 설득했다. 정규직원으로 여성을 채용하는 일은 상당히 예외적이라 자기 선에서 최종 결정을 할 수 없으니 이사장과 직접 면담을 해야 한다는 얘기였다.

"당장 떠나세요. 비행기로 가면 오늘 중에 일을 마치고 돌아올 수 있으니, 지금 당장 출발해야 합니다."

데메렉은 떠밀다시피 그녀를 워싱턴에 가게 했다. 아직 마음이 내키지 않았지만, 협회의 총책임자로부터 설혹 거절을 당한다 해도 "별로 서운할 게 없는" 심정이었기에, 그녀는 데메렉이 시키는 대로 했다. 결과적으로 그녀가 워싱턴에 가서 부시를 만난 건 아주 잘한 일이었다. 1942년 봄, 바네바 부시는 카네기협회의 총책임자인 동시에 국립항공연구소 자문회의 대표직도 맡고 있었다. 전쟁이 발발한 상황에서 그는 촌각의 시간도 빼내기 어려울 만큼 중책을 맡고 있었으나, 매클린톡을 만나기 위해 특별히 시간을 비워두었다.

"전혀 예상 밖이었어요. 그렇게 기분 좋은 만남이 될 줄 몰랐거든요. 이것저것 많은 이야기를 나누었는데, 마치 오랜 친구와 대화를 나누는 것처럼 편안했죠. 그분도 나와 마찬가지로 편안하고 즐거운 시간을 보냈고요."

부시는 그날 저녁, 매클린톡이 워싱턴에서의 면담을 마치고 아직 콜드 스프링 하버에 도착하기도 전에 데메렉에게 전화를 걸어 그녀를 채용하도록 허락하였다.

"그때까지도 나는 내가 그 일을 진정으로 원하는지 확신이 서지 않았지만 어쨌든 수락을 했어요. 그러다 4~5년쯤 흐른 후에 비로소 깨달았지요. 사실은 내가 거기 남아 일하고 싶어 했다는 걸 말이에요."

그 일을 하기로 결정하는 게 뭐 그리 어려웠을까? 사실 그 당시는 그녀가 어디 다른 곳에 가더라도 그만한 대접을 기대하기란 어려운 상황이었다. 카네기협회는 그녀가 필요로 하는 모든 것, 즉 월급과 옥수수 키울 땅과, 그리고 실험실과 숙소까지 제공했다. 게다가 떠오르는 아이디어를 마음껏 실행에 옮길 수 있는 반면 그에 따르는 행정적 잡무는 모두 면제되는, 그야말로 일하기에 완벽한 환경을 갖춘 곳이 바로 콜드 스프링 하버였다. 거기서는 누구에게서도 연구 활동을 간섭 받지 않았고, 그렇다고 학생들을 돌보아야 할 의무가 있는 것도 아니었다. 그에 더해 쾌적하고 아름다운 자연까지 갖춰져 있으니, 정말이지 나무랄 데가 하나도 없었다.

다만 나보고 한 가지 마음에 걸리는 것을 찾으라고 하면, 그곳 위치가 너무 외지다는 점을 꼽겠다. 콜드 스프링 하버는 아주 작고 외딴 시골 마을로, 변화무쌍한 중심에서 휘익 튕겨져 나온 듯이 보였다. 심하게는 마치 유배지처럼 느껴지기도 했다. 단지 물리적인 거리뿐 아니라 학문적으로도 너무나 외떨어진 곳에 자리하고 있다는 점 때문에, 어쩌면 그녀 역시 선뜻 마음을 굳히기 어려웠던 게 아닌지 모르겠다.

'연구'에 최적화된 연구소

콜드 스프링 하버에 있는 유전학연구소는 사시사철 모든 활동에 소요되는 경비 일체를 워싱턴에 있는 카네기협회에서 받았다. 현재와 같은 '카네기협회 부설 유전학연구소'로 개명되기 전, '실험진화론연구소'라는 이름으로 1904년에 설립된 이곳의 초대 소장은 당시 미국에서 최고의 우생학자 소리를 듣던 찰스 데이븐포트(Charles B. Davenport)였다.

데이븐포트 소장은 여섯 명의 상임연구원들과 함께 이 연구소를 그 시기 미국에서 가장 선구적이라 평가 받는 유전학 연구센터로 키워 놓았다. 1910년쯤부터 컬럼비아 대학과 하버드, 그리고 코넬을 비롯한 몇몇 우수한 대학에 훌륭한 실험실을 갖춘 연구소들이 앞다투어 생겨나면서 예전에 누렸던 명성이 퇴색된 감은 있지만, 매클린톡이 근무를 시작했을 때도 이곳은 여전히 유전학 분야에서 선두를 지키는 중요한 곳으로 남아 있었다. 그 당시 정규직으로 근무하는 상임연구원은 여섯에서 여덟 정도. 그리고 이들의 작업을 거드는 조수 및 연구조교들이 여럿 딸려 있었다. 특히 여름철이면 이 분야에 종사하는 연구자들이 미국 전역에서 몰려오는 통에, 상근하고 있는 사람보다 손님으로 머무는 사람이 몇 배는 더 많았다.

콜드 스프링 하버 인근에는 브루클린 문리대의 생물학과 부설인 '롱아일랜드 생물학회'가 자리잡고 있었다. 1924년부터 지역 주민들이 출자해서 운영하고 있는 그곳은, 원래 여름방학 동안 전국의 생물학도가 하계학교 형식으로 공부하러 오는 장소였다. 이 때문에 북미 전역에서 이름을 날리는 유전학자는 여름이면 모두 그리로 몰려들었다.

그에 비해 롱아일랜드 북쪽 해안에 있는 콜드 스프링 하버는, 학문 연구뿐만 아니라 편안하게 여름휴가를 보내기에도 손색없는 조건을 갖추고 있었다. 아기자기한 해변과 시설이 잘 구비된 식당, 그리고 훌륭한 작업실까지 여럿 있어서, 여름방학 동안 휴가를 보내며 공부하기에 안성맞춤이었다. 가족들과 함께 오더라도 아무 문제 없이 휴가를 즐기며 연구 활동을 병행할 수 있어, 생물학도들이 여름 한철을 보내기에는 더없이 매력적인 장소로 여겨졌다.

아닌 게 아니라 1941년 여름, 콜드 스프링 하버에는 60명이 넘는 유전학자가 모였는데, 그 명단이 무척 화려하다. 고전유전학이 성립되던 당시 큰 공헌을 한 막스 델브뤽과 살바도르 루리아 등의 원로급 인사들을 포함해, 그 영광을 이어받을 다음 세대 젊은 학도들의 이름까지 줄줄이 눈에 띈다. 코넬에서 함께 땀을 흘리며 기쁨을 나누었던 바바라 매클린톡, 마르쿠스 로우즈, 해리엇 크레이턴 등, 그 당시 전도유망했던 젊은이들도 다 함께 한 자리에 모이게 되었다.

그러나 여름이 끝나고 가을이 오면, 연구소의 핵을 이루는 상임연구원 몇 명만 거기 남은 채, 나머지 찬란한 별들은 모두 제 갈 길을 찾아 떠났다. 그리고 마침내 겨울이 되면 콜드 스프링 하버는 적막함 속으로 침잠했다. 컬럼비아 대학의 생물학과와 협조하는 관계였지만, 규모가 워낙 작다보니 코넬 대학과는 비교도 할 수 없었다. 바바라 매클린톡이 코넬에서 누렸던 동료들과의 활발한 교류 같은 게 여기서는 불가능한 상황이었기에, 그녀가 하는 작업과 관련해서는 오히려 미주리

유기체와의 교감

대학 시절보다도 훨씬 더 소통의 폭이 축소되었다.

딱 한 번 콜드 스프링 하버에도 그녀의 옥수수 작업을 충분히 이해하고 함께 토론할 수 있는 젊은 친구, 피터 피터슨(Peter A. Peterson)이 임시직으로 와 있던 적이 있기는 했다. 그러나 그때 말고는 콜드 스프링 하버에서 옥수수를 연구하는 유전학자는 찾아볼 수 없었다. 오로지 매클린톡이 유일했고, 아마 앞으로도 그럴 것이었다.

콜드 스프링 하버의 길고 긴 겨울밤 동안, 매클린톡에게는 함께 얘기 나눌 동료가 전혀 없었다. 몰두하고 있는 일에 대해 신나게 토론할 마음 편한 친구도 하나 없었다. 같이 킥킥거리며 잠깐씩이라도 머리를 식힐 수 있는 여유가 차단되어버린 상태라 할까. 해리엇 크레이턴은 "숙맥인 바바라도 알고 보면 아주 재기발랄하고 감춰진 끼가 많은 사람"이라면서, "그러나 콜드 스프링 하버에는 도대체 그녀가 그런 끼를 발휘할 기회 같은 건 없었을 거"라고 했다. 그곳이 남들 보기에는 아담하고 다정한 정경이지만, 매클린톡이 거기서 결코 편안한 분위기를 느끼지 못했을 거라는 점은 분명하다.

그럼에도 불구하고 그곳엔 좋은 점이 정말로 많았다. 처음에 매클린톡은 거기에 자리를 얻은 일을 별로 기꺼워하지 않았다. 그러나 그녀의 기분이나 생각과는 상관없이, 카네기협회는 사실상 그녀가 다시 연구 활동을 할 수 있도록 구제한 것이나 다름없었다. 당시는 전시(戰時) 체제나 다름없는 상황이어서 많은 연구 프로젝트가 위축되고 연구 활동 자체가 제한되고 있었는데, 그런 점을 감안하고 보면 콜드 스프링 하버의 사정은 그리 나쁜 편이 아니었다. 더욱이 그녀로서는 다른 곳을 찾아갈 형편이 아니었고, 무엇보다 지속적인 작업을 위해 몸담을 곳이 필요했다. 이것만으로도 그녀가 거기에 남아 있을 이유는 충분했다.

1942년 초에 콜드 스프링 하버라는 미지의 땅에 닻을 내린 매클린톡은, 이제 드디어 자신의 일을 할 수 있는 최소한의 여건을 확보하였다. 그 결과 그녀는 당시 가장 공을 들여 진행하고 있던 연구에서 상당한 진전을 이룰 수 있었다. 염색체에 충격을 주면 중간이 끊어졌다 이어졌다 하는데, 이런 실험을 통해 그녀는 염색체의 특성을 요모조모 관찰하며 다양하게 찾아내는, 즉 자신이 최고로 잘할 수 있는 일에 모든 정열과 에너지를 쏟아부으며 몰입할 수 있었던 것이다.

전쟁의 한가운데서 '씨를 뿌린' 학자들

1942년 중반에 접어들면서 정국이 완전히 전시체제로 돌입함에 따라, 카네기협회도 전쟁에 유익이 되는 성과를 내는 쪽으로 정책을 선회하였다. 이사회에서는 "태평세월에 벌이는 활동들은 접어두고 전시체제에 유익이 될 연구를 우선 실행하도록" 재촉하였다. 이러한 결정이 무엇을 뜻하는지 이사회의 임원들은 정확히 알고 있었다. 1942년 6월 바네바 부시 회장의 이름으로 카네기협회에서 발행한 보고서에는 다음과 같은 내용이 담겨 있다.

> "태평시절의 기초적 과학문화와 관련한 작업들은 이제 극도로 축소시킬 수밖에 없는 위급한 상황이다."

이렇게 엄중한 판단을 내리는 가운데서도, 이사회는 또한 최소한의 여지는 남겨두는 말을 덧붙였다.

"모든 과학자가 당장 전쟁에 요긴한 지식을 밝혀내고 즉시 써먹을 수 있는 기술을 개발할 수는 없을 것이다. 하지만 응용의 폭이 더 넓은 분야를 일차적으로 지원할 수밖에 없는 실정이다."

유전학은 당시 어떤 분야보다도 응용의 폭이 좁았다. 그러나 콜드 스프링 하버 연구소에 근무하던 연구원들은 단지 일부만 전쟁에 요긴하다는 프로젝트에 투입이 됐을 뿐, 대부분은 하던 연구를 계속해나갔다. 카네기협회 사무처에서 발행한 그해 연말보고서를 보면 바바라 매클린톡의 작업은 '태평시절의 기초적 과학문화와 관련한 작업'으로 분류되어 있고, 당장의 상황에는 큰 유익이 될 전망이 없으므로 크게 간섭할 필요가 없는 분야라는 완곡한 평가를 내리고 있는 게 확인된다. 덕분에 유전학 연구 자체는 전쟁의 영향을 별로 받지 않았지만, 그녀의 일상은 그렇지 않았다.

가장 먼저 눈에 띈 변화는 여러모로 생활이 위축되고 궁핍한 기색이 역력해지기 시작했다는 것이다. 콜드 스프링 하버의 분위기 또한 더욱 더 가라앉는 한편 엄격해졌다. 기름을 아껴야 했기에 웬만하면 자동차 운행을 피했고, 식량이 귀해지면서 식당 메뉴도 간소해졌다. 여름이면 몰려오던 인파도 뜸해져서, 연구소에 상주하는 이들은 그저 실험실에 조용히 틀어박혀 연구에 몰두하는 수밖에 다른 선택의 여지가 전혀 없었다.

그 때문인지 콜드 스프링 하버를 비롯한 다른 연구소들의 유전학 연구 실적이 한동안 눈에 띄게 증가했다. 수많은 논문이 쏟아지면서 양적으로 엄청나게 증가하다 보니, 그중에는 유전학의 발전에 기여할 획기적인 내용도 상당수 있었다. 물론 그 당시에는 유전학과 관련해 꿈틀거리는 변화의 조짐과 규모를 정확히 포착할 수 있는 사람은 매우 극소수였다. 하지만 오늘날 되새겨보면 그때야말로 이후 고전유전학의 중요한 역사로 정립될 내용의 연구들이 활기차게 진행된, 매우 중요한 시기였다. 매클린톡 같은 유전학자들이 생명체의 복잡하고 다양한 유전 현상에 대해 하나하나 세세하게 밝혀가며 유전학의 기본이 되는 정밀한 교과서를 작성하고 있었으니 말이다.

한편 이와는 전혀 다른 방향의 연구도 급속하게 진행되고 있었는데, 오늘날 생물학 전반에 혁명을 일으키고 있는 분자생물학이 바로 그것이다. 과학사를 다루는 전문가들은 분자생물학이라는 새로운 분야가 1940년대 초반에 그 싹을 틔웠다고 입을 모은다.

그 무렵 분자생물학의 업적 중 가장 중요한 발견이 콜드 스프링 하버에서 서쪽으로 60킬로쯤 떨어진, 맨해튼 섬과 롱아일랜드 사이를 흐르는 이스트리버의 강줄기가 내려다보이는 록펠러재단의 뉴욕연구소 실험실에서 이루어졌다. 오스월드 에이버리와 그의 동료 콜린 매클로드, 그리고 매클린 매카시, 이들 세 사람이 그 실험실에서 DNA가 유전적 형질을 실어나르는 물질임을 입증한 것이다.

그러나 1940년대에는 이 사건이 얼마나 획기적이고 중요한 발견인지를 제대로 이해하지 못하였다. 콜드 스프링 하버에서 실시한 루리아와 델브뤽의 실험도 마찬가지였다. 그때는 아무도 이들의 실험이 훗날 유전학 전반의 질문 자체를 바꿔놓으리라고는 예상할 수 없었다. 대부분의 다른 훌륭한 실험들도 사정은 비슷했다.

엄청난 발견들이 그 가치를 인정받지 못한 채 차곡차곡 쌓여가던 1940년대는, 말 그대로 씨를 뿌리는 파종기였다고 할 수 있다. 이처럼 차근차근 닦아놓은 기반이 있었기에, 10여 년의 세월이 흐른 후 우리는 그 씨앗들이 움을 틔우고 꽃을 피워 마침내 열매를 맺는 것을 보게 되었다.

활짝 피어난
그녀의 능력

여성 차별의 장벽을 무너뜨리다

한편 이 무렵 옥수수 유전자에 흠을 내고 그 결과를 살펴보던 매클린
톡의 연구도 순풍에 돛을 단 듯 순조로웠다. 그녀는 자신의 실험실에서
꾸준히 새로운 시도를 하며 거기서 도출된 다양한 결과를 카네기협회
의 연례보고서에 정리해서 싣곤 했다. 아울러 그 분야에서 가장 인정받
는 학술지 중 하나인 《유전학(*Genetics*)》에도, 예를 들면 '옥수수 유전자
의 같은 자리에 흠을 낸 경우 그 돌연변이가 일어나는 양상(The Relation
of Homozygous Deficiencies to Mutations and Allelic Series in Maize)'이라는
제목으로 게재하였다. 이 작업과 관련해서 데메렉은 카네기협회에서
발간하는 연례보고서에 매클린톡이 콜드 스프링 하버에서 이룩한 성
과들과 그녀의 논문을 극찬하는 글을 싣기도 했다. 그러나 2년 동안 이
곳에서 유배에 가까운 생활을 보낸 매클린톡은 어디라도 좋으니 바깥
으로 나가서 바람이라도 쐬고 싶은 마음이 간절하였다.

마침내 그 기회가 찾아온 것은 1944년 1월이었다. 코넬 시절의 동
료였던 조지 비들로부터 그가 재직하고 있는 스탠포드 대학을 방문해
달라는 요청이 들어온 것이다. 숨통이 트이는 이 소식에 매클린톡은 곧
장 그렇게 하겠노라는 답장을 써서 보냈다. 아무리 세상이 궁금하고 사

람이 그리워도 돈 없고 차 없는 매클린톡으로서는 꼼짝할 엄두를 낼수가 없는 형편이었다. 그런데 초청을 받아 출장을 가게 되었으니 이보다 더 좋은 일이 어디 있겠는가. 그렇지만 비들의 초대는 단지 그냥 와서 놀다 가라는 게 아니었다. 비들에게는 매클린톡을 스탠포드로 부른특별한 이유가 따로 있었다.

빵 위에 피는 붉은곰팡이인 뉴로스포라(neurospora)를 재료로 유전자 연구를 하던 비들은, 3년 전 곰팡이에 어떤 돌연변이를 일으키면 그에 해당하는 효소가 만들어지지 않는다는 사실을 밝혀냄으로써 생물학계의 비상한 관심을 모은 바 있다. 이는 훗날 "유전자 하나에 효소 하나(one gene - one enzyme)"라는 유명한 가설의 정립으로 이어지게 되는데, 당시엔 아직 그러한 진전이 아득하게만 여겨지던 시점이었다. 비들은 뉴로스포라 곰팡이를 분석할 수 있는 방법조차 찾지 못해 애를 먹고 있는 상태였다. 사실 뉴로스포라의 염색체는 너무 작아서 포착할 수조차 없었기에, 그저 겉으로 드러나는 형질로 미루어 이리저리 궁리해보는 것이 그가 하는 연구의 전부였다.

이 문제를 풀 수 있는 사람이 있다면 그건 매클린톡밖에 없다고 비들은 생각했다. 그래서 급히 그녀를 초청한 것이었다. 매클린톡은 곧장가겠다고 답을 했지만, 출발하기 위한 준비는 예상보다 오래 걸렸다. 여름이 다 지나도록 그녀는 짐을 싸지 못했다. 비들 쪽에게서 기차표를보내준다는 최종적인 답을 받은 10월 중순, 그때서야 그녀는 스탠포드로 떠날 수가 있었다.

그해 봄, 미국에서 최고로 명망 있는 학계 전문가 집단으로 꼽히는국립과학아카데미는 바바라 매클린톡을 정식 회원으로 선발하였다. 기나긴 역사를 통틀어서 그런 영광을 안은 여성은 매클린톡이 세 번째였다. 첫 번째는 1925년 입회한 플로렌스 사빈(Florence Sabin)이고 두 번째는 1931년 입회한 마가렛 위시번(Margaret Washburn)이었다. 매클린톡의 친구들은 이제야 선발된 것이 의아할 따름이라며 이 소식을 대단히 반가워했다. 같은 국립과학아카데미 회원이던 유전학자 트레이시 손번(Tracy Sonneborn) 또한 매클린톡의 지적 탁월함과 학문적 업적에 탄복하는 사람 중 하나로서, 그녀에게 진심으로 축하한다는 전갈을 보내왔다. 매클린톡이 그에게 보낸 답장에는 다음과 같은 내용이 실려 있다.

"제가 국립아카데미 회원으로 선발되도록 마음을 써주시고 축하의 편지까지 보내주신 친절에 대해 어떻게 고마움을 표현할지 모르겠습니다. 솔직히 말씀드려 그 소식을 듣고 저 자신은 참으로 믿기 어려웠습니다. 유대인이나 흑인, 그리고 여성들은 워낙 사회적인 차별에 길들어서, 누구로부터 정당한 대접을 받겠다는 욕심이 별로 없습니다. 저는 여권 운동가는 아니지만 이번 일처럼 유대인과 흑인과 여성들을 차별하고 제외시키는 장벽이 무너지는 사건을 접할 때마다 벅차오르는 감격에 목이 메곤 합니다. 이런 일들은 우리 모두에게 진정한 힘을 줍니다."

같은 시기에 조지 비들 역시 국립과학아카데미 회원으로 선발되었다. 비들 또한 이런 영예를 누리기에는 아직 이른 나이였다. 어떻게 해서 이런 식의 파격적인 결정이 내려졌는지 그 정확한 내용은 알기 어렵다. 국립과학아카데미는 과학에 몸담은 사람끼리 알음알음으로 모인 집단으로, 이런 조직이 흔히 그러하듯, 새 회원을 지목하고 선발하는 일은 각 분야별로 기존 멤버들이 전권을 행사하여 이루어진다. 더욱이 회원의 선발과 관련한 기록은 보관하지 않는다는 내부 전통이 있어서, 바바라 매클린톡이 회원으로 선발된 경위라든가 그녀가 실은 3년 전에도 선발되었다가 어떤 연유로 취소됐다는 소문의 진상을 추적하여 진위 여부를 가릴 길은 없다. 다만 매 회기마다 회원 명부가 공개되고 그 기록이 남아 있는데, 스태들러 교수와 에머슨 교수가 회원 명부에 끼어 있는 점으로 미루어 그녀를 후보 명단에 올리고 적극 후원한 이들이 누구인지 짐작하는 게 가능할 뿐이다.

어쨌거나 그 시점에 매클린톡이 과학아카데미의 정회원으로 선발된 일은 그녀에게 정말로 시의적절하고 다행스런 일이었다. 덕분에 그녀는 초빙 교수의 자격으로 스탠포드에 갈 수 있었고, 그곳에서 많은 성과도 올릴 수 있었다. 나중에 비들은 록펠러재단의 워렌 위버(Warren Weaver)에게 이렇게 말했다 한다.

> "바바라는 스탠포드에 딱 두 달간 머물렀는데, 어찌나 야무지고 날렵하게 일을 해치우는지 눈으로 보면서도 믿기가 어려울 정도였어요. 뉴로스포라의 정체가 애매해서 상당 기간 이 곰팡이의 구조를 알려고 여러 유전학자가 매달려 있었는데, 매클린톡이 두 달 동안 한 작업이 그때까지 모두가 매달려 한 것보다 훨씬 탁월하고 말끔했지요."

오늘날 곰팡이 세포의 관찰과 분석은 몇 가지 요령만 습득하면 누구나 할 수 있는 단순한 작업이지만, 당시로서는 그렇게 만만한 일이 아니었다. 그런 점에서 매클린톡은 어떻게 그토록 탁월한 능력을 발휘할 수 있는지, 남들이 도저히 따라갈 수 없는 그녀의 관찰 능력과 분석 기술은 어디서 유래하는지, 그 모든 점이 궁금하지 않을 수 없다. 이를 알기 위해서는 무엇보다 그녀 자신의 이야기를 들어야 한다. 남들이 풀지 못하는 어려운 문제를 어떻게 해결했는지, 그 요령을 설명하는 매클린톡의 말에 귀를 기울이다 보면 그 특별한 이유가 곧 드러난다.

섬광처럼 찾아오는 문제 해결의 순간

비들의 실험실에서 일을 시작하려 할 때, 매클린톡은 도무지 엄두가 나지를 않고 처음부터 뭔가 이건 아니라는 생각이 들더라고 했다.

> "정말로 몸이 뻣뻣하게 굳더라고요. 내가 주제넘게 엄청난 일을 맡았다 싶었어요."

그녀는 곧 마음을 가라앉히고 현미경을 설치한 다음 차분하게 일을 시작하려고 했지만, 그저 끙끙 앓으며 시간만 흘려보내고 말았다. 사흘이 지나자 그녀에게는 더 이상 아무 것도 할 수 없다는 생각이 찾아왔다.

> "기운이 쫙 빠져나갔어요. 그리고 뭔가 애초부터 잘못된 점이 있다 싶었죠. 뭔가 근본적인 문제가 있다는 게 분명해진 거예요."

자기 '안에서 해결해야 할' 중요한 일을 위해, 그녀는 산책 삼아 길을 나섰다. 스탠포드 대학 캠퍼스의 구불구불한 산책로는 제법 길었다. 길 양편에 두 줄로 늘어선 키 큰 유칼리나무가 인상적이었다. 한참을 걷다 보니 나무들 아래 벤치가 하나 눈에 들어왔다. 그녀는 거기에 앉아 생각에 잠겼다. 한 30분 정도 그렇게 앉아 있었을까?

"갑자기 펄쩍 하고 일어났어요. 마음은 급한데 어떻게 실험실로 돌아가야 좋을지를 모르겠더라고요. 그 문제, 어떻게 하면 그 문제를 풀 수 있을지, 지금 곧장 실험실에 가면 다 해결할 수 있겠다 싶었어요. 바로 그거야! 하고 한순간에 문제의 핵심이 잡힌 거예요."

나무 아래서 그녀는 대체 무얼 했을까? 그날, 어둠이 깔리기 시작한 산책길에 만난 나무 아래 벤치에 앉아 자기가 무슨 생각을 했는지 그녀는 알 수가 없다고 했다. 그저 '눈물이 몇 방울 뚝뚝뚝' 떨어졌던 것만이 또렷하게 남아 있다고.

"저절로 떠오른 건 물론 아니죠. 거의 무의식의 차원에서 상당한 강도로 이 문제에 파고들었던 기억이 나거든요. 그런데 어느 순간 불현듯, 이제 그 문제를 완벽하게 해결할 수 있다는 생각이 든 거예요."

정말로 그녀는 그로부터 닷새 후에 모든 문제를 해결하였다. 당시 그녀가 해결해야 했던 문제는 단지 현미경 속에 보이는 염색체의 수를 헤아리고 그 정체를 규명하는 일만이 아니었다. 그때까지 뉴로스포라 곰팡이가 어떤 식으로 감수분열을 하는지, 그 과정조차 밝혀져 있지 않은 상태였다.

"곰팡이류가 어떤 식으로 번식하는지, 당시엔 그 단계조차 알려져 있지 않았어요. 다 똑같은 방식으로 감수분열이 일어나는지, 아니면 몇 가지 다른 양식이 있는 건지도 애매했지요."

매클린톡은 먼저 염색체의 개수를 세었다. 전부 일곱. 그것들은 모두 크기가 달랐고, 놓여 있는 자리도 정해져 있었다. 여기서 매클린톡이 거둔 성과의 핵심은, 이 곰팡이가 번식을 위해 감수분열 하는 과정 전체를 일일이 추적하고 거기서 벌어지는 염색체의 활동을 명료하게 집어냈다는 점이다. 35년 전 현미경을 통해 처음 목격한 장면을 여전히 생생하게 기억하고 있는 매클린톡은, 마치 지금 다시 그걸 들여다보기라도 하듯 분명하고 정확하게, 침이 꿀떡 넘어갈 만큼 흥미진진하게 설명하였다.

오늘날은 다 알려진 이야기라서 너무나 당연하게 여겨지지만, 팡이류의 변모 과정, 즉 성장과 번식의 변화무쌍한 파노라마는 매우 복잡하고 은밀하여 사람 눈에 쉽게 잡히지 않는다. 따라서 현미경을 통해 생명의 신비가 펼쳐지는 그 장엄한 순간들을 각각 단계별로 포착해내어 "생중계"할 수 있으려면, 우선 그 과정의 단편들을 슬라이드로 만든 다음 조각난 삶의 과정들이 어떻게 이어지는지를 전체적으로 파악해야 한다. 논문의 형식을 통해 이 과정을 서술하는 그녀의 표현 방식은 지극히 딱딱할 수밖에 없었지만, 그녀가 말로 설명하는 팡이류의 생명 일기는 정말 감동적이고 흥미로운 작품이었다.

"붉은곰팡이에서 내가 발견한 건 자낭각(perithecium)이라는 갸름한 주머니 속에서 포자낭이 만들어지는 현상이었어요. 여기서는 유성생식이 일어나요. 양쪽 부모로부터 나온 핵 두 개가 합쳐진 후 세포분열의 전기로 들어가는 거예요. 핵 속에는 커다란 인이 보이는데, 거기서 내 눈에 잡힌 건 양쪽 염색체가 서로에게 다가가 상동염색체끼리 접합하는 장면이었지요. 염색체는 너무 작아서 잘 보이지 않지만, 이들이 일단 접합을 하면 길이가 자꾸 늘어나 원래 크기의 50배 정도로 길어져요. 길이가 늘어나는 동안 두께 또한 굵어져서 선명한 두 줄은 마치 평행으로 달리는 철로처럼 보이게 됩니다. 이렇게 몸집이 커지니까 염색체의 무늬나 구조를 알아낼 수 있는 거예요.

그러다 다시 윤곽이 흐릿해지는 이중기(diploten. 감수분열의 제1차 분열에서 두 가닥의 염색분체를 명확히 볼 수 있도록 염색분체가 꼬이고 짧아지는 시기/ 옮긴이)라는 단계로 접어드는데, 틀림없이 이 단계에서 교차가 이루어지리라 짐작은 했지만 광학현미경의 광도가 너무 약해서 분명히 보이는 건 아무것도 없었어요. 그 다음엔 순식간에 이동기(diakinesis. 감수분열의 제1차 분열 전기의 마지막 단계로, 염색체가 굵어져 4개의 딸염색체인 상동염색체가 서로 하나의 몸으로 움직이며 얼마 후 세포의 가운데 늘어서서 양쪽으로 분리될 준비를 하는 단계/ 옮긴이)로 넘어가지요. 이때 감수분열의 전기 단계가 곧 끝나면서 가운데에 염색체가 배열하는 중기로 접어들어요.

이 단계에서 두 개의 핵이 실제 결합하고, 염색체의 형태는 그대로인 채 후기로 넘어가죠. 감수분열은 1차 분열과 2차 분열 두 과정에 걸쳐 일어나는데, 이는 1차 분열의 후기에 해당해요. 여기서는 접합되어 있던 상동염색체들이 서로 나뉘지요. 그리고 2차 분열이 시작되면서 전형적인 감수분열의 2차 과정을 고스란히 밟아갑니다.

2차 과정의 후기를 거치는 동안 염색체는 다시 엄청나게 길어져서 바깥으로 뻗어 나오는데, 염색체 속 유전자의 활동이 대단히 활발해져서 이 과정 내내 포자낭도 쑥쑥 자라요. 포자낭이 그렇게 커지는 게 보이니까 그 속에서 이루어지는 활발한 움직임을 짐작할 수 있는 거예요.

그런 다음 염색체는 포자낭의 가운데에 배열한 후 세 번째 분열을 시작해요. 이제 핵은 여덟 개로 늘어납니다. 이렇게 여덟 개의 핵이 만들어지는 동안 이들을 경계 짓는 막도 만들어져요. 그리고 세포분열의 후기 동안 이

막의 양극 주변에 동그란 반점이 생기고, 거기에서부터 미세한 관이 무수히 뻗어 나오죠. 핵을 감싸는 핵막이 만들어질 때 핵들은 포자낭 속에서 한 줄로 늘어서는데, 이들은 양극 주변 동그란 반점을 연결하는 축을 따라 일정 간격으로 늘어서곤 해요.

그 동그란 반점에서 나온 실처럼 생긴 가는 관들은 이제 각 포자를 에워싼 모양을 하고 있어요. 이들은 아직 염색체의 상태로 유지되다가 최종적으로 다시 포자 상태에서 분열을 계속해가지요. 그러면 다시 핵의 모습이 드러나서 우리 눈으로도 볼 수 있게 됩니다. … 엄청나게 변화무쌍한 과정을 거치지만 골자를 요약하면 이런 거예요."

"나는 더 이상 거기 없어요!"

유칼리나무 아래서의 놀라운 사건이 있은 지 일주일 만에 매클린톡은 붉은곰팡이 뉴로스포라의 감수분열에 대한 세미나를 개최하였다. 이는 그녀가 실험실에서 꼬박 닷새를 일하기 이전에 이미 10여 년간 갈고 닦은 기량이 있었기에 가능한 일이었다. 그러나 그녀는 무엇보다도 '유칼리나무 아래서 벌어진 그 일'이 문제 해결의 결정적인 계기로 작용했다고 믿고 있었다. 자기의 내면에서 일어난 큰 변화, 바로 그것 덕분에 한결 명확하게 사태를 파악하고 '올바른 방향을 새로 설정할 수 있었다'는 것이다. 그 일이 없었다면 어떻게 자기가 그처럼 일사천리로 모든 일을 '통합시켜' 볼 수 있었겠느냐고, 그녀는 오히려 반문했다.

일종의 신비체험과도 같은 사건의 경험을 통해, 그녀는 또한 중요한 것을 배웠다고 말했다.

"이런 일은, 그러니까 죽어라 매달려도 문제 자체가 납득되지 않는 경우에는 말이죠, 무엇보다 자기 안의 문제부터 풀어야 해요. 그러면 저절로 답이 보여요! 그리고 문제가 언제 풀리는지도 알 수 있어요. 외부의 문제를 풀려면 일단 무엇이 문제인지, 왜 자기가 지금 문제를 제대로 파악하지 못하고 있는지 알아야 하잖아요. 이걸 하기 위해서는 무엇보다 자기 자신을 먼저 성찰해야 한다는 말이에요. 그런데 보통은 그렇게 하지를 않아요. 그렇다고 그때 내가 나 자신에 대해서 어떤 질문을 했는지는 잘 모르겠어요. 확실한 건, 실험실을 벗어나 밖으로 좀 나가보자, 이렇게 마음먹고 유칼리나무 아래로 갔다는 거지요. 거기 앉아서 나는 내가 무엇 때문에 문제를 풀지 못하는지, 먼저 그 이유를 찾기 시작했어요."

그러고 나서 그녀가 '이제 모든 문제가 다 해결되었다'는 것을 알고 나서 현미경을 들여다보자, 조금 전까지만 해도 온통 뒤죽박죽이기만 하던 염색체가 금세 선명한 상태로 드러났다는 것이다.

"덧붙여 알게 된 것은, 내가 그 일에 빠져들수록 점점 더 염색체가 커지더라는 사실이에요. 그리고 내가 정말로 거기에만 몰두했을 때, 나는 더 이상 염색체 바깥에 있지 않았어요. 그 안으로 들어간 거죠. 그들의 시스템 속에서 그들과 함께 움직인 거예요. 내가 그 속에 들어가 있으니 어때요? 모든 게 다 크게 보이죠. 염색체 속이 어떻게 생겼는지도 훤히 보였어요. 정말로 거기 있는 모든 게 생생했다고요. 나 자신도 무척이나 놀랐지요. 내가 정말로 그 속에 들어가 있는 느낌이었거든요. 그 작은 부분들이 몽땅 내 친구처럼 여겨졌어요."

이야기를 하는 동안 매클린톡은 자신의 특별한 체험을 상세히 알려주고자, 당시 자기가 어떤 상태에 있었는지를 온전히 이해시키고자 애쓰는 모습이 역력했다. 그때의 절실함을 묘사하느라 의자 양쪽으로 손을 번갈아 잡아가면서, 그리고 행여 무슨 오해가 생기지 않을까 삼가면서 차근차근 진지하게 설명을 했다. 그녀는 과학자로서 자신의 가장 내밀하고 깊은 차원에서 이루어진 체험에 대해 허심탄회하게 털어놓았다. 그러고는 이렇게 덧붙였다. 정말로 어떤 대상에 빠져들면, 마치 퍼즐의 한 조각처럼 완전히 그 일부가 돼버린다고.

"지극한 마음으로 오롯이 바라보고 있으면 그들이 우리의 일부가 되지요. 그러면 나 자신은 잊어버려요. 그래, 그게 중요해요. 나 자신을 완전히 잊어버리는 거 말이에요. 나는 더 이상 거기 없어요!"

신비주의 시인으로 유명한 랄프 왈도 에머슨(Ralph Waldo Emerson, 1803~1882)은 100년쯤 전에 이와 비슷한 내용의 시를 쓴 적이 있다.

"투명한 존재가 되어 세상을 보면,
나는 문득 거기서 사라지네.
그리고 모든 것을 온전히 보네."

자신의 체험을 토대로 매클린톡은 위의 시를 더 간단히 압축해서 한 문장으로 정리했다.

"나는 더 이상 거기 없어요!"

이 말은 '나'라는 자의식이 없어진다는 것이다. 먼 옛날부터 예술가나 시인, 진정으로 사랑에 빠진 남녀 혹은 신비주의자들은 전부 이런 상태를 즐겨 노래하였다. 진정한 '앎'은 이러한 '자기 해체'를 통해 이루어진다고 말이다. 반면에 과학에서는 주체와 객체의 확연한 분리를 통해 지식을 구하는 게 상식으로 여겨졌다. 그런데 매클린톡은 엄격한 분리가 아닌 온전한 합체를 통해 진리에 더 가까운 지식을 얻을 수 있음을 보여준 것이다.

사실은 이런 이야기가 과학자들에게 그리 낯선 것만은 아니다. 예컨대 아인슈타인도 비슷한 말을 한 적이 있다.

"특별한 지식을 획득할 때의 느낌이나 상태는 사랑에 빠진 연인들의 환희나 구도자들의 삼매경과 비슷하다."

과학자들은 보통 연구하는 대상과 감정적으로 일정한 거리를 유지하는 '절대적인 객관성'을 강조한다. 그러나 과학에서도 정말로 핵심을 관통하는 그런 종류의 지식은 주체와 객체의 엄격한 분리가 아니라 오히려 일체를 통해, 그러니까 수동적 대상인 객체가 능동적 존재인 주체 안으로 온전히 흡수되는 과정에서 얻어지는 경우가 많다.

매클린톡은 이미 오래 전부터 막연하게나마 그 사실을 알고 있었다. 어린 시절 자기의 이름을 잊어버릴 정도로 어떤 일에 몰두하길 좋아했던 그녀는, 사춘기에 들어서면서는 '몸을 떨어내버릴 만큼'의 완전한 자유를 갈구하며 그 방법을 스스로 훈련하기도 했다. 이처럼 집중과 몰입을 통해 어떤 경지로 훌쩍 넘어서는 것을 종종 느껴온 그녀에게, 붉은곰팡이 뉴로스포라의 염색체와 일체가 되는 경험은 어쩌면 그녀가 무의식적으로 알고 있던 세계에 대한 확인 혹은 증명에 다름없었는지도 모른다.

과학자로서 맞은 절정기

그러고 보면 1944년은 매클린톡이 과학자로서 가장 특기할 만한 활동을 벌인 시기라 할 수 있다. 세상으로부터 어떤 대접을 받건 상관없이 그녀 스스로는 늘 과학자라는 자부심으로 가득했지만, 국립아카데미의 정식 회원으로 선발된 것은 그 자부심을 공적으로 인정받은 증거에 다름 아니었다. 더구나 세상으로부터 합당한 인정을 받게 되자, 그녀는 자신의 능력뿐 아니라 독특한 스타일에 대해서도 더더욱 확고한 믿음을 굳힐 수 있었다. 그동안 걸어온 길이 외롭고도 힘든 싸움이었다면, 1944년을 기점으로 해서 그녀는 과거에 고군분투한 만큼 충분한 보상을 받으며 새로운 길을 걷게 되었다고 봐도 좋을 것이다.

어느새 42세라는 원숙한 나이가 된 매클린톡. 과학자로서도 절정기를 맞은 그녀는 같은 해에 여성으로서는 역사상 처음으로 미국 유전학회 회장으로 선출되었다. 그리고 1944년에서 1945년 사이의 겨울, 스탠포드에서 모든 과제를 해결하고 홀가분한 심정으로 콜드 스프링 하버에 돌아온 매클린톡은 그녀의 전 생애를 통틀어 가장 손꼽히는 업적이 될 바로 '그 일'을 준비하기 시작하였다. 그것은 얼마 후 그녀의 대표작이라 할 수 있는 유전자의 '자리바꿈' 현상을 발견하는 성과로 이어진다.

매클린톡의 삶을 전체적으로 조망해 보면, 이 작업이 참으로 시의 적절한 시기에 시작됐음을 알 수 있다. 그때는 여러 가지 일들이 순조롭게 풀리면서 그녀가 자신의 능력에 강한 믿음을 갖게 된 시점이었다. 어떤 일이라도 충분히 해결할 수 있다는 굳센 의지와 확고한 신념이, 그녀의 작업을 든든히 받쳐주는 역할을 했다는 말이다.

그 겨울에 시작한 일이 완성되기까지는 물론 몇 년의 시간이 더 필요했다. 게다가 그 작업의 의미와 가치가 역사적으로 정당한 평가를 받기까지는, 앞서 필요했던 시간보다도 훨씬 더 많은 세월이 흘러야 했다. 그리고 매클린톡의 작업뿐 아니라 그 무렵에 이루어진 유전학 전체의 진보가 생물학의 역사 속에 적절한 자리를 차지하고 그 의미를 평가 받는 데는, 또 상당한 시간이 필요했다. 예컨대 20세기 생물학의 역사를 통틀어 가장 중요한 발견으로 여겨지는 DNA에 대해, "유전정보를 담고 있는 물질은 다름 아닌 이 DNA"라고 처음으로 보고한 에이버리의 1944년 논문은 그 당시 거의 주목을 받지 못했다. 분자생물학의 입장에서 이것만큼 자명하고 단순하게 유전 현상을 설명하는 개념도 없건만, 1940년대 중반까지만 해도 이 정도의 내용조차 정리되지 않은 게 사실이었다.

한편 이 무렵에 매클린톡은 생명 분자 속에서 이루어지는 다양한 조절과 제어의 관계들을 밝히기 시작했는데, 그처럼 복잡한 과정을 빠짐없이 포착하여 알아내는 일은 아직 꿈도 꾸지 못하던 시절이었다. 하지만 그녀는 그런 시절을 환히 밝히면서 의연하게 뚜벅뚜벅 걸어가고 있었다.

8장. 자리바꿈 현상의 발견

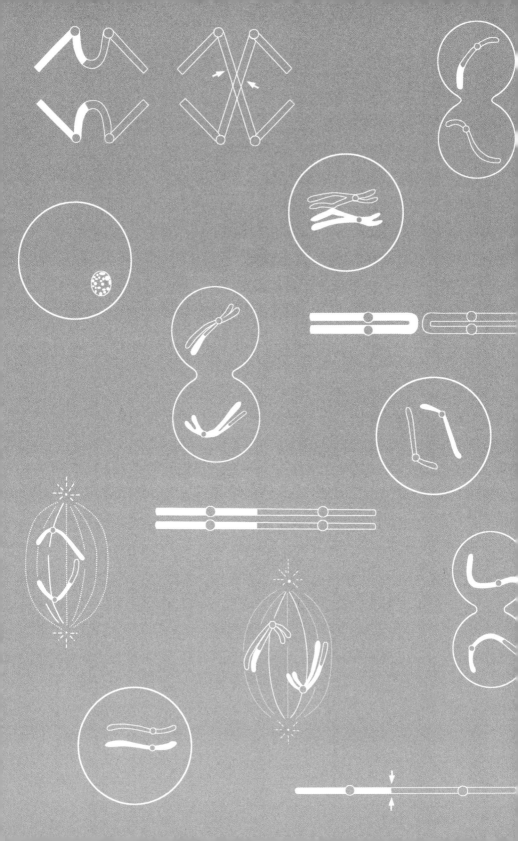

유전자의
비밀을 풀 열쇠

옥수수 돌연변이에 나타난 규칙성

콜드 스프링 하버로 돌아온 매클린톡은 가을에 수확한 옥수수를 살펴보며 어떤 변화가 일어났는지 알아보는 작업에 착수하였다. 그해 봄, 매클린톡은 제9 염색체 한 쌍 중 한쪽 혹은 양쪽 모두가 끊어진 옥수수를 자가수분시켜 얻은 씨앗들을 밭에 심어 여름 내내 재배하였다. 염색체가 끊어졌다 이어졌다 하는 과정, 즉 염색체의 '분절-접속 과정'에서 나타나는 돌연변이를 지속적으로 관찰하기 위해서였다.

그 결과 부모 세대 씨앗 속에서 이루어지는 염색체의 분절-접속 과정의 양상에 따라 거기서 얻어진 자식 세대 옥수수에 변이현상이 일어나 어린 개체의 빛깔이 달라진다는 점을 알게 되었다. 하얀 빛깔의 옥수수, 초록빛이 도는 옥수수, 연노랑 빛깔의 옥수수 등, 염색체의 양상에 따라 그 이파리에 일정한 변이가 일어난다는 결과가 나온 것이다.

그런데 이들의 돌연변이 양상에는 좀 독특한 점이 있었다. 다른 돌연변이의 경우 적어도 한 세대 안에서는 그 변이 상태가 유지되는 데 반해, 이번 것은 그 활동이 훨씬 활발해 한 포기의 옥수수가 자라는 과정에서도 계속해서 돌연변이가 이루어졌다. 그리고 이처럼 돌연변이가 일어난 옥수수 그루마다 전에 없던 반점이 생기고 줄무늬가 늘어났다. 하얀빛의 이파리에 연노랑이나 푸른 색깔의 얼룩이, 노랑이나 연하게 푸른 이파리에 초록색 얼룩이 생기기도 했는데, 더 신기한 것은 식물이 자람에 따라 얼룩이 더 많아지고 기왕에 생긴 얼룩도 점점 더 커진다는 것이었다.

유전자에 모종의 변화가 일어나 이런 식의 무늬가 생기는 현상은, 다른 생물체의 경우 이미 보고된 사례가 제법 있어서 '돌연변이 유전자(mutable genes)'니 '잡색(variegation)' 현상이니 혹은 '모자이크(mosaicism)' 현상 등의 이름으로 흔히 불리고 있었다. 그러나 옥수수에서 이런 사례가 발견된 적은 거의 없었기에, 매클린톡이 이번에 수확한 '돌연변이 유전자' 투성이의 옥수수들은 매우 진귀한 사례에 속했다.

옥수수 여기저기에 얼룩덜룩 생긴 무늬는, 옥수수가 자라는 동안 돌연변이 세포가 계속해서 분열하여 그 수가 늘어났음을 보여주는 흔적이었다. 그리고 이처럼 돌연변이로 생겨난 얼룩은 시간이 지남에 따라 크기가 자꾸 커져서, 먼저 생긴 돌연변이는 나중에 생긴 돌연변이보다 훨씬 큰 얼룩을 만들었다. 이런 현상을 토대로 매클린톡은 같은 크기의 얼룩이 몇 개인가를 헤아려, 식물이 성장하는 단계마다 어떤 빈도로 돌연변이가 발생했는지를 가늠하였다. 즉, 얼룩의 크기와 그 분포를 통해 식물이 자라는 동안 유전자에서 벌어진 돌연변이의 현황을 짐작한 것이다.

매클린톡은 이를 면밀하게 파악해 시간의 흐름에 따라 유전자가 어떻게 활동하는지를 한눈에 파악할 수 있는 '시간표'를 만들었고, 이를 통해서 각각의 옥수수 포기에 나타난 고유한 돌연변이의 빈도를 헤아렸다. 그 결과 돌연변이가 출현하는 빈도는 거의 일정하다는 사실을 그녀는 알아냈다. 옥수수가 자라는 동안 꾸준한 빈도로 돌연변이가 출현했다는 것은, 말하자면 이 현상 전반에 어떤 규칙성이 있음을 의미한다. 매클린톡은 바로 이와 같은 규칙성에 주목하였다. 규칙성이 있다는 건 곧 그 배후에 돌연변이의 빈도를 제어하는 모종의 작용이 이뤄지고 있음을 뜻하는 것이기 때문이었다.

조절(regulation)과 제어(control)라는 개념이 오늘날에는 유전학뿐 아니라 과학기술 전반에 확산되어 쓰이고 있지만, 그녀가 이런 생각을 했던 1940년대만 해도 "생명체 속의 어떤 인자가 다른 인자를 제어한다는 것은 유전학자들조차 상상하기 어려웠다"고 매클린톡은 당시 분위기에 대해 설명했다.

이제 막 수정된 세포 하나가 온전한 생명체의 모습으로 변모하기까지 전 과정을 살펴보면, 그 속에서 끊임없는 조절과 제어의 작용이 이루어진다는 점은 사실 누구나 알 수 있다. 수정된 세포는 분열을 시작한 초기에는 엄청난 속도로 세포가 증가하지만 그 모양새는 모두 엇비슷한 꼴을 하고 있는데, 곧이어 그 생명체의 전체 모습이 드러나는 단계가 되면 각각의 세포들은 부위에 따라 이파리도 되고 뿌리도 되고 꽃도 된다. 즉, 각 부위에 해당하는 조직의 특성에 따라 전혀 다른 모양새로 분화가 이루어지는 것이다.

그런데 당시의 유전학자들은 유전자의 복제와 전달 과정, 딱 이 두 가지 문제에만 몰두할 뿐, 세포가 분화되면서 어떻게 생명체의 특성과 형질이 드러나는지 그 과정에 대한 연구에는 관심이 없었다. 그건 발생학에서 알아서 할 일이지 자신들의 유전학 작업과는 상관이 없다고 여긴 것이다.

그러나 매클린톡에게 이는 엄청난 의미가 있는 중요한 현상이었다. 일정한 빈도로 출현하는 돌연변이는 옥수수의 성장 과정에서 드러나는 확실한 '규칙성'임에 틀림없었다. 그녀는 지금, 돌연변이가 일어날 때마다 그 흔적이 곧바로 식물에 기록되는 절묘한 현장을 목격하는 중이었다. 이는 세포가 분화되는 전 과정을 낱낱이 읽어낼 수 있음을, 거기서 드러나는 명백한 규칙성을 파악할 수 있음을 뜻하는 것이기도 했다. 유전자의 활동이 도대체 어떤 식으로 조절되는지, 이 근본적인 질문의 답을 찾는 데 늘 절실했던 매클린톡은 지금 자신이 발견한 사항이 '대단히 중요한 사실'을 밝히는 단서가 되리라는 점을 확신하였다.

> "생명 현상을 살펴보세요. 생명이 어떻게 자라고 번성하는지 그 놀라운 현상을 보고 있노라면, 유전자라 불리는 요것들이 어떤 식으로든 틀림없이 조절되고 제어된다는 걸 알게 되지요."

얼룩무늬에 숨겨진 질서를 찾아서

옥수수밭과 실험실을 오가며 보낸 긴 세월 동안, 매클린톡은 자신의 일상과 옥수수 씨앗에서 움이 트고 자라면서 염색체가 복제되는 과정에 대한 연구를 서로 떼어놓고 생각할 수 없게 되었다. 옥수수라는 생명체의 순환 방식이 어느덧 그녀의 삶 속에 녹아들어, 매클린톡은 이제 생명체가 변화하는 전 과정과 더불어 생명을 이해하는 법까지도 몸과 마음으로 통달해버린 것이다. 그리고 마침내 그녀는 옥수수의 일반적인 성장 과정에 유전자들이 어떤 식으로 개입하며 이를 제어하는지, 그 작동 방식에 대한 단서를 본인이 찾아냈다고 확신했다.

이번에 매클린톡이 활용한 방식, 즉 어떤 현상의 원리를 밝히기 위해 일부러 그 현상을 교란시키는 것은 과학자들 사이에서 때때로 쓰이곤 한다. 그런데 이것을 제대로 진행하기 위해서는 무엇보다 그 현상을 교란시키는 효과적인 방법을 찾아야 한다. 아주 예외적인 경우를 통해 숨겨진 법칙을 찾아낼 수 있기 때문이다. 그 점에서 매클린톡이 돌연변이 처리를 한 예외적인 옥수수를 대상으로 다시 예외적으로 드러나는 모종의 질서를 찾아내고자 한 것은 적중했다. 그 결과 그녀는 혼란스럽게만 보이는 현상 속에 감춰진 규칙성을 읽어내는 데 성공했다. 제멋대로 흐트러진 듯 보이는 옥수수의 얼룩무늬, 그 속에 감춰진 가지런한 질서의 결을 찾아낸 것이다.

옥수수의 특정한 자리에 나타나는 얼룩무늬를 관찰해보면 식물 전체에서 평균적으로 드러나는 돌연변이 비율과 차이가 난다는 점을 알 수 있다. 또한 이러한 얼룩무늬는 대부분 하나의 세포에서 비롯하지만, 때로는 한 쌍의 세포에서 동시에 비롯하는 경우도 있다. 바로 여기에 중요한 단서가 숨어 있다는 것을 매클린톡은 직감했고, 그래서 '나머지는 모두 내버려둔 채' 그런 무늬에만 열심히 매달렸다. 그녀는 이 작업과 관련한 내용을 다음해 겨울 카네기연구소에서 발행한 연례보고서에 다음과 같이 차분한 문체로 적고 있다.

> "… 바로 인접해 있는데도 그 양상이 분명하게 구분되는 두 자리의 돌연변이 발생 빈도는 양쪽이 서로 반비례하고 있음을 알 수 있다. 예컨대 이파리에 초록 무늬가 생기는 경우, 한쪽에 그 무늬가 나타나는 빈도가 증가하면 인접 자리는 무늬가 생기는 빈도가 떨어진다. 옥수수의 줄기나 이파리에서 이렇게 서로 모종의 관련이 있는 자리를 살펴보면, 이들이 얼마 전에 같은 성장점에서 함께 생겨난 자매세포였음을 알 수 있다."

이 무미건조한 논문만 봐서는, 이런 놀라운 사실을 발견하고 그 의미를 확인한 당시 그녀가 얼마나 큰 기쁨을 느끼고 흥분했는지를 짐작하기가 쉽지 않다. 하지만 그녀를 직접 만나 인터뷰하는 동안, 나는 매클린톡의 입에서 터져 나오는 말들이 당시의 감격과 흥분을 함께 전하고 있음을 충분히 느낄 수 있었다.

"식물이 발생하는 과정에서 어떤 변화가 생겼다는 얘기지요. 처음에는 쌍둥이였던 두 개의 자매세포가 그렇게 달라졌다는 건, 다름 아닌 분화의 과정에서 그렇게 됐다는 얘기거든요. 원래는 쌍둥이였던 두 개의 세포가 아직도 나란히 옆에 있긴 한데, 이들 속에서 벌어지는 유전자의 활동이나 표현 양식은 전혀 달라진 거죠. 다시 말해 그들이 두 개의 쌍둥이 세포였을 때부터 사실은 이미 서로 다른 양식으로 갈라져버린 거예요. 그래서 한쪽의 돌연변이 빈도는 증가하고 다른 쪽의 것은 감소한 거지요. … 이렇게 두 개의 인접 세포가 서로 다른 양식으로 발전했다는 사실은, 체세포분열 초기 단계에서 '뭔가' 특별한 사건이 일어났음을 뜻해요. 서로 다른 양식으로 발전할 수 있는 모종의 사건이 그동안 벌어졌다는 거죠. 그게 도대체 무엇일까? 나는 너무도 놀랍고 궁금해서 나머지 일은 다 잊어버렸어요. 그런데 문득 어떤 확신이 드는 거예요. 한 세포에서 사라진 게 다른 세포에서 나타나다니, 이 현상의 원인을 밝혀낼 수 있으리라! 이렇게 무조건 확신한 겁니다. 어떻게 그런 속단을 할 수 있었는지 그 이유는 나도 모르겠어요. 분명한 건 한쪽에서 없어진 게 그 옆에서 나타난 걸 내가 두 눈으로 똑똑히 봤다는 거지요. 그래서 그냥 덮어놓고 그 답을 찾아낼 수 있으리라 믿어버린 것 같아요."

'한 세포에서 사라진 게 인접한 세포에서 나타나는' 이 현상은 마치 마법의 주문과도 같이 그녀의 발걸음을 재촉하였다. 매클린톡은 곧 유전자 조절의 원리를 설명하는 다음 단계의 작업에 착수하였다.

　"세포에서 일어나는 변화는 나름대로 일정한 규칙이 있다!"는 사실을 돌연변이의 빈도를 통해 이미 확인한 매클린톡은, 가장 먼저 옥수수가 성장하는 동안 돌연변이의 빈도가 어떤 식으로 증가하는지, 이를 측정하기 위한 기준점을 설정했다. 이와 관련해 매클린톡은 한 개의 어미세포에서 나뉜 두 개의 딸세포 중 한쪽 딸세포에서 돌연변이가 발생하는 빈도는 어미세포보다 높은 반면 다른 쪽은 더 낮은 것에 주목했다. 이 둘이 서로 다른 식으로 성장해가는 분기점을 기준점으로 삼고 여기서부터 헤아려야, 과연 무엇이 이러한 빈도를 제어하는지를 찾아낼 수 있다고 생각했기 때문이다.

생명을 다루는 그녀의 방법

그런데 매클린톡에게 이보다 더 중요했던 것은, 그 시점에서 분명 어떤 사건이 벌어졌고 그로 인해 두 개의 세포가 서로 다른 양상으로 분화되었다는 점, 그 결과 꽃은 꽃으로, 이파리는 이파리로, 열매는 열매로 모습을 갖추면서 그에 해당하는 특성대로 성장해간다는 점이었다. 그녀의 이런 통찰은 곧 발생유전학이라는 새로운 과학의 지평이 열리리라는 것을 예고하기에 충분했다.

　각각의 생명체가 도대체 어떤 과정을 거쳐 고유한 형상을 찾아가는가 하는 점은, 사실 생물학자인 매클린톡에게 가장 중요하고 본질적인 질문이었다. 그녀는 생물학의 모든 연구는 결국 이에 대한 답으로 귀결되어야 한다고 여겼고, 특히 세포유전학은 무엇보다 이 질문의 답을 구하는 작업을 기획해야 한다고 생각했다. 하지만 당시 세포유전학 분야에서 이 질문의 중요성을 절감하고 그 해답을 구하기 위해 애쓰는 사람은 매클린톡 말고는 없었다. 그리고 이는 그 분야의 과학자 중 발생학에 대한 정밀한 지식을 갖춘 사람이 오직 그녀뿐이라는 점과 무관하지 않았다. 발생학에서는 생명체가 발생하는 과정에서 분화 단계마다 초기에 나타나는 확정 현상(determination events)과 관련하여 이미 상당한 연구가 진척되고 있었고, 세포유전학 과학자들이 이에 아무런 관심을 기울이지 않을 때 오직 매클린톡만이 그 내용을 상세히 꿰고 있었던 것이다.

매클린톡은 '확정 현상'의 개념이 얼마나 중요한 것인지를 누누이 강조하였다. 매클린톡에 따르면, 당시 발생학 분야에서는 이 개념이 이미 보편적인 것으로 자리를 잡고 있었다. 확정 현상에 이어 단계마다 세포에 변화가 생기고 그에 따라 전에 없던 특성이 발현된다는 식으로, 그들은 생명의 성장 과정을 요약하는 데 익숙했다. 따라서 발생학 연구자들은 확정 현상의 여러 면모를 꾸준히 확인하고 그 자료들을 수집하는 데 열정을 쏟았다. 그러나 그들 중 누구도 그런 현상이 있다는 사실에서 나아가, 그런 현상이 생기는 원리를 발견하고 이를 적절하게 설명하는 사람은 없었다. 그런데 이제 막 매클린톡이 그 질문의 해답을 구할 단서를 발견한 것이다.

"체세포분열이 일어나면 하나의 어미세포가 두 개의 딸세포가 되잖아요. 그때 하나의 딸이 더 갖고 다른 딸이 덜 갖는 방식, 그 원리를 기본으로 세포 속에서 확정 현상이 생기는 거예요. 어미세포가 딸세포로 분열한 다음, 앞으로 어떻게 발생해갈지 그 특성을 예정 혹은 한정시키는 것이죠. 그러면 두 개의 세포에 차이가 생기기 시작해요."

하지만 이 말에 담긴 구체적 내용이 무엇인지, 그걸 제대로 이해하는 데는 매클린톡 자신도 꼬박 2년의 세월이 더 걸렸다. 원리에 대한 심증만 굳혔을 뿐 이를 증명할 물증은 찾지 못한 까닭이다.

그 무렵에 마침 이블린 윗킨(Evelyn Witkin)이 콜드 스프링 하버에 합류하였다. 박테리아 유전학 분야의 장학금을 받고 같은 연구소에 근무하게 된 그녀가 어느 날 매클린톡에게 물었다. 앞으로의 일이 어떤 식으로 전개될지 아무런 방향도 잡지 못한 상태에서 도대체 어떻게 2년씩이나 그 문제에 매달릴 수 있었느냐고. 그에 매클린톡은 이렇게 대답했다고 한다.

"이 일을 하는 동안 내가 뭔가를 헛짚었을지 모른다는 생각은 한 번도 해본 적이 없어. 그건 내가 대략이라도 그 답을 알고 있었기 때문은 결코 아니야. 그냥 나는 이 문제를 풀기 위해 한 발 한 발 나아가는 게 너무 당연하고 좋았어. 그토록 행복하게 실험에 빠져든다는 건 일이 제대로 풀리고 있다는 증거이기도 하고 말이지. 사람들은 내가 무슨 생각을 하며 실험하는지 궁금해하는데, 나는 그냥 물어볼 뿐이야. 이다음엔 뭘 어떻게 해야 하지? 이렇게 물어보면 눈앞에 있는 실험 재료가 알려줘. 옥수수들이 가르쳐준단 말이야. 이 작업은 누구도 해본 적이 없는 일이기 때문에 기존의 방법을 따를 수도 없어. 그러니 옥수수와 하나가 되어 따라가 보는 수밖에…. 말하자면 전혀 새로운 방식이 필요한 거지. 하지만 이 방식에는 반드시 굳은 믿음이 필요해. 마음을 하나로 모아서 그 일에 전념해야만 한다고. 생명 현상의 그 복잡다단한 면모를 어떻게 하나하나 떼어내 조각내서 다룰 수가 있겠어? 생명은 온전하고, 그 온전함을 다루려면 나도 하나가 되지 않으면 안 돼. 다른 길은 없다고."

마침내 움켜쥔 '자리바꿈'의 단서

그토록 몰두하여 2년간 관찰한 끝에 매클린톡은 대충이나마 전체 윤곽을 파악하게 된다. 그녀가 파악한 바에 따르면, 그 현상은 염색체의 분절(breakage) 혹은 분해(dissociation)를 제어하는 방식과 관련한 것이었다. 이는 그녀가 이후에 발견하는 염색체의 '자리바꿈' 현상을 최초로 포착한 단서이기도 했다.

> "유전자마다 어떤 인자가 붙어 있어요. 그런데 다른 곳에서 어떤 신호가 떨어지면 그 인자가 반응을 하며 붙어 있던 자리에서 떨어져 나와요. 바로 그걸 알아낸 것이었어요."

이런 식의 활동이 이루어지는 시스템을 매클린톡은 'Ds-Ac 체계'라고 이름 붙였다. 여기서 Ds는 염색체에서 다른 인자들과 분리되는 분해자(dissociator)를 말하고, Ac는 이 분해자에게 활동을 지시하는 활성자(activator)를 나타낸다.

매클린톡이 이러한 결론에 도달하기까지는 물론 수많은 사연들이 꼬리에 꼬리를 물며 따라 나왔다. 옥수수 교배를 계속하며 연구에 연구를 거듭하는 동안 기존의 상식으로는 납득할 수 없는 예외적 사례들이 자꾸 쏟아져 나왔고, 그에 대한 자료도 차곡차곡 쌓여갔다. 이 자료들을 정리하기 위해서는 아주 정교한 이론적 장치가 필요했는데, 그 시점에 매클린톡은 염색체들이 자리를 바꾼다는 새로운 개념을 중요한 내용으로 포함시켰다.

이 모든 것들이 하나의 이야기로 정리되어 과학자들 사이에 논란거리가 될 만큼 완성된 꼴을 갖추는 데는, 무려 6년이란 세월이 더 필요했다. 마치 장편대하소설과도 같은 이야기가 전개되는 중간 중간, 매클린톡은 연구가 진척되는 상황과 그에 대한 자신의 해석을 연례보고서 형식으로 작성하여 꾸준히 카네기연구소에 제출하였다. 이 자료들을 비교해 보면 그녀의 이론이 어떤 식의 과정을 밟아갔는지 그 대략의 상황이며 분위기를 파악할 수 있다. 시간이 경과함에 따라 그녀의 작업은 구체적인 현상을 묘사하는 단계를 벗어나 점점 더 단순한 꼴로 압축되고 추상화되면서, 일종의 논리식을 닮아가고 있었다. 더욱이 그 추상적 단위들이 작동하는 방식을 직접 '볼 수 있을 만큼' 강력하고 정갈한 논리 체계를 갖춰가고 있었다. 무엇이든 단숨에 그 핵심을 파악해내는 타고난 감각을 지닌 그녀에게는, 논리적인 추론 양식과 맨눈으로 보는 자연 현상 사이에 별다른 경계가 없었던 것이다.

옥수수라는 식물 여기저기에 나타나는 얼룩무늬를 지표로, 이러한 현상을 제어하는 인자들이 어떻게 얽혀 있는지 그 관계를 파악하는 작업은 대단한 지력과 집중력을 요구하는 복잡한 과정이다. 옥수수에 생긴 온갖 얼룩무늬를 간명하게 요약하는 공식을 뽑아내자면, 언젠가 매클린톡이 표현한 대로 그녀의 '컴퓨터'는 잠시도 쉴 틈 없이 돌아가야 했다. 아닌 게 아니라 당시 한 건물에서 일하며 매일같이 그녀의 작업을 지켜본 윗킨은 이렇게 말했다. "매클린톡의 작업실에 함께 있다 보면 유전자의 활동에 정말로 스위치가 달려 있어서 시시때때로 불이 들어왔다 나갔다 하는 것 같은 느낌이 들곤 했다."

또한 어느 정도 개념이 정리되고 질서가 잡히기 전까지는 시도 때도 없이 복잡한 변수가 나타나 시선을 교란시키고 생각의 갈피를 흩뜨렸기에, 최초로 단서를 뽑아낸 시점부터 최종적인 해답을 얻기까지 6년이란 세월은 그녀에게 이리저리 헤맬 수밖에 없는 막막한 여행이나 다름없었다. 이렇게 우여곡절 많고 긴 여정 속에서 매클린톡이 길을 잃지 않을 수 있었던 건 자기 자신의 방향감각과 일에 대한 믿음이 확고했기 때문이다. 다시 말해 그녀는 내면의 자유를 통한 생명체와의 교감을 통해 방향감각을 유지했고, 현재 자기가 하는 작업에 대한 믿음으로 뱃심과 뚝심을 키워가며 끊임없이 발걸음을 내딛은 것이었다.

이제 나는, 염색체에서 일어나는 자리바꿈 현상의 정체를 밝히기 위해 매클린톡이 밟아온 긴 여행을 더듬어 그중 가장 중요한 단락만을 뽑아 독자들과 공유하려 한다. 그 내용을 이해하는 것이 결코 쉽지는 않을 테지만, 그렇다고 이 과정을 생략한다면 그녀가 이룬 놀라운 업적을 그냥 지나치는 것과 다름없기 때문이다.

자리바꿈이란
무엇인가?

분해 - 유전인자 - 주소부여

전이(轉移, transposition) 현상, 즉 유전자의 자리바꿈은 두 가지 과정으로 나누어 설명할 수 있다. 하나는 원래 있던 자리에서 염색체의 어떤 인자가 빠져 나오는 과정이고, 다음은 그렇게 빠져 나온 유전인자가 적당한 자리를 찾아 끼어들어가는 과정이다. 이는 결국 생명체가 스스로를 조절하는 방식의 하나로, 이와 관련해 매클린톡이 먼저 확인한 것은 염색체의 어떤 인자가 원래 있던 자리에서 방출된 결과였다.

매클린톡은 옥수수라는 식물을 오랜 동안 관찰한 끝에, 무척이나 불안해 보이는 유전자의 활동 속에도 그 나름의 일정한 규칙이 있다는 증거를 찾아냈다. 이는 염색체의 일부가 아주 특별한 방식으로 분절되는 현상으로, 그녀는 이를 '분해(dissociation)'라고 명명했다. 그녀가 이름 붙인 유전자의 분해 현상과 유전자의 불안해 보이는 활동 사이에 밀접한 관계가 있다는 점은 일찌감치 확인되었지만, 이런 내용이 유전자의 자리바꿈이라는 이론으로 정립된 것은 시간이 훨씬 많이 지나고 난 후의 일이다.

이 작업의 초창기 매클린톡은 옥수수밭에서 문제가 좀 있는 옥수수 몇 그루를 발견했다. 그 옥수수를 자가수분시켜 얻은 열매를 다음 해에 심었더니, 거기서 나온 열매 중 몹시 이상한 것이 섞여 있었다. 예상대로라면 아무 빛깔이 없어야 하는데, 개중에 알록달록 무늬가 있는 것이 섞여 나온 것이다. 이런 식의 빛깔이 섞여 나왔다는 것은, 그 주변의 어떤 세포에서 돌연변이가 일어나 빛깔의 표현을 억제하는 유전인자가 소실되었음을 의미했다. 조사를 해보니 돌연변이가 일어나지 않은 옥수수의 경우 빛깔을 억제하는(inhibitive) 유전인자 I는 보통 제9 염색체의 약간 튀어나온 자리에 위치하는 데 반해, 이들 별난 옥수수는 제9 염색체 두 개 중 하나에만 유전인자 I가 나타났다.

매클린톡은 또한 이들의 표면에 나타난 얼룩무늬를 비교해본 결과, 옥수수의 부위에 따라 일정 크기의 무늬가 일정한 비율로 퍼져 있음을 알았다. 즉, 부위에 따라 얼룩무늬의 분포와 크기가 서로 달랐다는 말이다. 이는 얼룩무늬의 크기와 출현 빈도에 일정한 규칙이 있다는 뜻으로, 매클린톡은 이를 근거로 몇몇 세포의 경우 '빛깔의 표현을 억제하는 유전인자 I가 체계적으로 소실(消失)'됨을 파악했다. 다시 말해 그녀는, 옥수수가 성장하며 낱알의 표피조직이 만들어지는 과정에서 특정 단계마다 특정 비율로 빛깔 표현을 억제하는 유전자 세트가 아주 체계적으로 소실됨에 따라 낱알에 여러 빛깔이 나타나면서 알록달록해진다는 결론을 이끌어낸 것이다.

이렇듯 특정 기능을 맡고 있는 유전인자가 어떤 생물의 성장 도중에 소실되는 일은 이전에도 종종 관찰되었다. 다만 이번 현상에서 주목할 사항은 특정한 염색체가 소실되는 시점과 빈도가 대단히 규칙적이라는 점이다. 이는 모종의 조절 혹은 제어 기능이 작동한다는 뜻이기도 하다. 그렇다면 유전자는 단지 특정 형질로 드러나는 기능뿐 아니라 이런 식의 조절 기능도 할 수 있다는 것인가?

매클린톡은 다음해인 1945년 여름, 위의 작업에서 얻은 씨앗을 밭에 심은 후 거기서 싹이 튼 어린 식물들이 자라는 과정을 지켜보았다. 이 옥수수가 자라서 다시 열매를 맺으면 옥수수의 성장과 관련한 중요 정보는 그 옥수수 씨앗 속에 담겨 있을 것이기 때문이었다. 이처럼 유전자 분석에는 무엇보다 세대를 거치는 동안 유전형질이 전달되는 경로를 관찰하는 일이 선행된다. 이에 더해 특정한 유전인자가 '체계적으로' 소실되는 과정을 해명하기 위해서는, 이런 현상을 일으키는 씨앗(과 그게 발아해서 자란 식물)의 유전자 조성을 상세하게 알고 있어야 한다.

씨앗은 보통 이들을 산출한 옥수수, 즉 부모 세대 옥수수의 염색체에 있던 유전형질의 대부분을 그대로 전달받는다. 하지만 다음 과정에서 일어나는 변화도 무시할 수 없다. 부모 세대 옥수수가 싹이 터서 성장하는 발생 초기에도 꾸준히 돌연변이는 일어나고 이에 따라 염색체의 분절-접속-과정을 통해 많은 변화가 생기지만, 이들이 열매를 맺는 감수분열의 과정에서도 종종 교차 현상이 생기면서 염색체의 유전자 배열에 더욱 큰 차이가 생긴다는 말이다.

여기서 어떤 유전인자가 존재한다면, 그리고 그 유전인자가 옥수수 빛깔을 억제하는 유전인자I에게 영향을 미쳐 특정 시점에 그것이 일정 빈도로 소실되도록 작용한다면, 그 유전인자의 위치도 찾아낼 수 있다는 가능성이 성립된다. 또한 나머지 유전자 표식들이 어디에 있는지를 알려주는 유전자 지도가 작성된 상태라면, 그들 사이사이 어딘가에 있는 조절 유전자의 자리를 찾아내는 일도 어렵지 않을 것이다.

이렇게 실험실에서 유전자 지도에 주소를 부여하는 작업을 '주소부여(mapping)'라고 한다. 염색체 위에 특정 유전자가 놓이는 위치를 찾아내는 이 주소부여 일은 사실상 그렇게 어려운 작업이 아니다. 특정한 표현형질과 연결된 유전자 표식인 경우, 서로 다른 유전 성분을 갖는 개체끼리 교배시켜 그들 사이에 일어나는 교차현상을 보면 비교적 쉽게 확인이 된다.

유전자가 염색체 위에 일렬로 늘어섰다고 할 때, 한 쌍의 염색체 사이에서 교차가 일어날 확률은 두 유전자의 실제 거리에 비례한다. 이들 사이의 거리가 멀면 멀수록 두 염색체 사이에 분절이 일어날 확률은 그만큼 커지고, 염색체 사이에 교차가 일어날 확률도 그만큼 높아지는 것이다. 따라서 어떤 유전인자와 다른 유전인자가 서로 얼마나 떨어진 자리에 놓여 있는지는, 그들 부모의 유전형질이 얼마나 서로 섞이는지 그 비율을 가지고도 확인할 수 있다.

이미 알고 있는 유전자뿐 아니라 아직 그 정체가 모호한 유전자의 '주소부여' 또한 마찬가지 방법으로 이루어진다. 다만 그 표현형질이 드러나는 방식이 여러 단계를 거치게 되는 경우, 이를 추적하는 과정이 복잡할 따름이다. 그런데 지금 매클린톡은 그게 실제로 존재하는지 아닌지조차 불투명한 유전자의 자리를, 만약 실제로 존재한다고 해도 중간에서 다른 인자들이 소실될 경우 그 과정을 통해서만 살짝 그 존재를 드러내는 애매한 성격의 유전자가 위치한 자리를 찾아내려는 것이다.

하지만 매클린톡에게는 그런 것이 문제가 될 수 없었다. 이보다 더 멀리 떨어진 인자들도 몇 가지 알고 있는 단서를 근거로 척척 주소부여를 할 수 있을 만큼, 곧 그녀는 능숙한 기술을 연마할 수 있었기 때문이다. 밤낮 그 일에 매달려 능숙해진 사람들은, 거기에 문외한인 이들이 볼 때는 도대체 종잡을 수 없는 막연하고 추상적인 인자들의 자리도 대단히 신속하고 정확하게 찾아내곤 한다. 그러니 매클린톡에게 이런 정도의 일이란 말 그대로 식은 죽 먹기였다.

분해자 Ds - 활성자 Ac - 상태 변화

이 작업을 위해서는 무엇보다 유전자 조성이 정확히 파악되는 여러 종류의 옥수수를 확보하고 있어야 한다. 그래야만 이들과의 교배를 통해 나온 결과를 분석하여 문제의 옥수수에 있는 유전자의 특성을 밝힐 수 있기 때문이다. 충분한 종류가 확보되었다면, 그다음 작업 방식은 간단하다. 연구하려는 옥수수 포기의 꽃가루를 채취해서 이미 성분을 파악하고 있는 옥수수 포기의 수염에 발라준 다음, 거기서 맺어진 다음 세대의 옥수수를 조사하면 된다. 다만 그 세대의 옥수수 열매가 다 영글기만 하면 바로 그 씨앗을 관찰하여 성분 조사를 할 수 있는 것이 있는가 하면, 그 씨앗을 밭에다 심은 후 거기서 자라는 식물을 관찰해야 답이 나오는 경우도 있다.

매클린톡은 이런 방식으로 여러 세대에 걸쳐 옥수수를 재배하고 그 열매로 교차실험을 하면서, 분해 현상이 일어나는 염색체의 유전자 조성을 파악해갔다. 그리고 유전자가 원래 있던 자리에서 빠져 나오도록 만드는 요인이 어디에 있는지도 알아내었다. 그것은 제9 염색체의 약간 튀어나온 부분, 즉 중심체에서 아래쪽으로 삼분의 일쯤 되는 자리였다. 이는 후에 세포 분석을 통해서도 검증이 된다. 유전자 분해가 바로 이 접점에서 일어난다는 사실이 확인된 것이다. 이 자리를 매클린톡은 분해를 줄인 말로 'Ds 접점'이라고 이름 붙였다.

그러던 어느 날, 매클린톡은 한 세포의 핵 속에서 똑같은 자리가 부러진 제9 염색체 한 쌍을 발견하였다. 조각난 염색체 두 개가 완벽한 모양으로 쌍을 짓고 있는 모습을 눈으로 직접 확인한 것이다. 이에 그녀는 1946년 여름에 이르러 "옥수수 유전자가 분절되는 현상은 식

콜드 스프링 하버에서 연구 중인 바바라 매클린톡(1947).

물 여기저기 반점이 생기는 유전자의 돌연변이로 이어진다"는 결론을
내렸다.

그녀는 돌연변이가 생기는 원인과 관련하여 잡색현상의 모든 양식
을 두루 살펴본 것이 아니었지만, 그럼에도 돌연변이를 일으키는 보편
원리가 반드시 존재한다고 굳게 믿고 있었다. 이는 다른 말로 하면 돌연
변이가 일어나는 시점과 빈도를 제어하는 어떤 원리가 분명히 존재한
다는 주장이기도 했다. 그로부터 1년이 지난 후 매클린톡의 연구는 상
당한 진전을 이루었고, 그녀는 이전에 결론부터 내렸던 내용에 대해 한
결 상세하고 명료하게 설명할 수 있게 되었다.

"이 경우에서 볼 수 있는 바와 같이, 돌연변이는 유전자의 활동으로 나타나는 표현형질의 변화뿐 아니라 염색체 상에 늘어선 유전자들 중 두 개의 인접한 유전자의 결합이 풀어져버리는 일명 '분해 현상'과도 밀접한 관련이 있다. 이러한 돌연변이가 이루어지면, 염색체 가운데가 분해되어 완전히 두 조각으로 분리된다."

그런데 시간이 흐르면서 조금 더 복잡한 양상이 드러나기 시작했다. 서로 다른 표현형질을 갖는 옥수수들로 여러 차례 교차실험을 하던 중, 분해 현상을 유도했던 유전인자가 스스로 소멸하는 현상을 발견한 것이다. 매클린톡은 이 과정을 추적하다가, 본인의 예상과는 달리 이런 현상에 관여하는 유전자의 자리가 한 군데만이 아닌, 떨어져 있는 두 개의 유전자가 함께 작용을 하는 경우도 있다는 것을 알게 되었다.

"실험을 거듭하면서 이 사실은 더 분명해졌어요. 분해자인 Ds 접점은 우성인자가 있을 경우에만 유전자를 분해하는 돌연변이를 일으켰어요. 그래서 그 인자를 Ac, 즉 활성자라고 불렀죠. 그 인자의 작용을 통해 분해자인 Ds가 활동을 시작하니까요."

분해를 지시하는 것은 분명히 '분해자'인 Ds의 어떤 인자이지만, 이는 '활성자'인 Ac의 어떤 인자가 내린 지시에 따라 이루어진다는 것을 확인하기 위해, 매클린톡은 계속해서 교차실험을 진행했다. 그리고 그 과정에서 활성자 Ac는 제9 염색체의 약간 늘어진 부위, 즉 분해자 Ds의 자리와 상당히 떨어진 곳에 위치해 있다는 사실을 알아냈다.

한편 이 무렵 바바라 매클린톡은 이전에 비해 상당히 발전한 새 염색

기법을 개발했고, 그 덕분에 염색체 내부를 훨씬 더 또렷하게 들여다볼 수 있게 되었다. 또한 다른 표현형질을 갖는 옥수수 간의 교차실험에도 점점 요령이 생겨 빈틈없는 실험을 계속해갔다. 그리하여 그녀는 분해자 Ds의 표식이 있는 염색체와 그런 표식이 없는 염색체를 구분하는 기준을 세울 수 있었다. 현미경으로 제아무리 들여다본들 분해자 Ds 그 자체는 감별할 수가 없다. 그러나 분해자 Ds 근처에 매듭 끄트머리 같은 흔적이 있어, 매클린톡은 이를 Ds의 존재를 확인하는 표식으로 삼을 수 있었다.

표식을 발견해 기준을 마련한 일은 매클린톡의 세포 분석 작업에 날개를 달아주었다. 이제 그녀는 염색체에 Ds의 자리가 있는지 없는지 금세 판별할 수 있게 되었을 뿐 아니라, 그 속에서 어떤 일이 일어나는지 혹은 일어나지 않는지, 그 물리적인 변화를 관찰하면서 검증할 수 있게 되었다. 이렇게 구체적인 작업을 펼친 결과, 매클린톡은 마침내 자신이 가정했던 잠정적 결론이 사실과 일치한다는 점을 확인하였다.

하지만 그녀는 이 정도의 확인만 가지고는 원래 자신이 관찰했던 현상, 즉 유전자들이 분해되는 현상을 온전히 설명할 수 없다고 여겼다. 게다가 이제까지 작업을 하면서 수집해온 자료들은, 이 현상의 배후에 더욱 복잡한 요인들이 작용하고 있다는 것을 그녀에게 알려주고 있었다. 이에 매클린톡은 다시 생각을 정리하기 시작했다. 염색체의 분해로 인한 돌연변이는 퍽 일반적인 현상이며, 이는 늘 일정한 양식을 통해 이루어진다는 점은 이미 확인했다. 그런데 시시때때로 이런 변화를 유도하는 것은 대체 무엇이란 말인가? 도대체 어떤 원리가 그 배후에서 작용하고 있을까?

이와 관련하여 적어도 몇 가지는 확실했다. 새로운 양상을 띠는 세포들의 등장, 이는 기존에 있던 세포의 특정 부분에서 이루어지는 변화였다. 매클린톡은 이러한 변화를 분해자 Ds의 '상태 변화'라고 이름 붙였는데, 이는 결국 분해자 Ds의 위치가 달라진다는 뜻이었다. 그러면 이러한 변화는 도대체 어떤 식으로 이루어지는가?

여기에 주목할 사항이 하나 있었다. 유전자가 분해되어 일어나는 돌연변이의 경우와 달리, 이러한 '상태 변화'는 돌연변이가 일어나기 전의 상태로 되돌아가는 일도 가능해 보였던 것이다. 세포 안에서 어떤 유전인자가 소실되어 돌연변이가 일어나는 경우, 보통은 이전 상태로 되돌아갈 수가 없다. 예를 들어 색소의 형성을 억제하는 유전자가 소실되면, 이제 그 자식 세포들은 돌연변이의 상태로 굳어져서 늘 그 색소의 빛깔을 띠게 된다. 그런데 Ds의 상태 변화가 일어난 경우는 얼룩덜룩한 무늬의 양식 자체가 시시때때로 변할 뿐 아니라, 분해가 이루어지는 빈도와 시점이 달라짐에 따라 때로는 원상으로 복구되는 일도 가능했다.

1948년에 이르러 그녀는 이러한 '상태 변화'가 분해자 Ds의 접점뿐만 아니라 활성자 Ac의 접점에서도 생긴다는 점을 알게 되었다. 활성자 Ac의 접점은 대단히 활발한 작용이 이루어지는 중요한 곳으로, 매클린톡은 그곳에서 일어나는 현상을 관찰하다가 활성자 Ac의 활동과 관련하여 생기는 돌연변이의 자리들을 발견했다. 그녀가 알아낸 사실에 따르면, 그 4곳의 자리들은 모두 제9 염색체 위에 있고 활성자인 Ac에 의해 제어되며, 모두 '상태 변화'를 나타내고 있었다.

매클린톡은 활성자인 Ac의 접점과 그 자리가 갖는 특성을 본격적으로 연구하기 시작하며 다음과 같은 질문들을 던졌다. 활성자 Ac는 대체 어떤 식으로 다른 활성자의 접점에 영향을 끼치는가? 그리고 이런 자리들은 대체 어떤 식으로 자신의 위치를 알리는가?

활성자 Ac의 접점은 표현형질을 통해 직접 그 정체를 드러내는 법이 없다. 오로지 분해자 Ds에 모종의 영향을 주는 식으로 그 특성을 드러낼 뿐이다. 그렇지만 이들이 작동을 하는지 안 하는지는, 어떤 식물에서나 혹은 어떤 염색체에서나 곧바로 드러났다. 매클린톡이 교차실험을 통해 확인한 바에 의하면, 이들은 독립된 유전자처럼 활동했고 그 중에서도 우성인자 마냥 언제나 또렷한 결과를 산출하곤 했다. 더욱이 이들은 다른 유전자처럼 작동의 신호등을 '켜거나 *끄는*' 정도로 단순한 역할만을 하는 게 아니라는 점이 더욱 분명해지기 시작했다.

이후 매클린톡은 활성자인 Ac가 돌연변이의 발생 빈도나 시점만 조절하는 게 아니라, Ac의 수에 따라 활성자를 배출하는 양도 조절하는 기능을 갖고 있다는 것을 명백하게 알아냈다. 한 쌍의 염색체를 갖는 다른 체세포들과 달리 식물의 배아세포는 세 단위의 염색체를 갖는다. 이런 사실을 근거로 그녀는 활성자인 Ac의 자리 혹은 Ac로 조절되는 유전자가 두 배 혹은 세 배인 식물들을 비교 연구했고, 그 결과 위의 사실을 확인했다. 결론적으로 그녀의 연구는 '활성자인 Ac의 수가 많으면 많을수록 돌연변이는 더 나중에 출현한다'는 것을 말하고 있었다. 활성자인 Ac의 자극으로 분해자인 Ds가 작동을 하든 아니면 다른 Ac를 움직이든 결과는 마찬가지고, 따라서 Ac의 배출이 증가하면 돌연변이의 빈도는 감소할 수밖에 없다는 것이다.

'자리바꿈' 혹은 '전이' 개념의 등장

그런데 Ds와 Ac가 한 단위밖에 없는 식물의 경우는 돌연변이의 빈도만 잦아지는 게 아니라 돌연변이가 일어나는 양식도 훨씬 복잡하고 다양하였다. 이런 식물은 돌연변이가 출현하는 빈도와 관련해 부위에 따라 일어나는 얼룩무늬의 변화가 몹시 심하였다. 이런 현상에 대해 매클린톡은 1948년 다음과 같은 기록을 남겨놓았다.

> "돌연변이로 인한 반점이 부위에 따라 다르게 나타나는 모양과, 활성자의 배출량이 서로 달라서 생겨난 얼룩무늬의 모양은 이상하게도 너무나 닮은꼴이다."

이것이 무슨 말인가 하면, 식물의 부위에 따라 얼룩무늬가 다른 양상은 활성자의 배출량과 밀접한 관계가 있다는 것이다. 매클린톡은 이제까지 작업하며 얻은 자료들을 토대로 이야기를 종합하기 시작하였다. 각각의 사항들이 상호 모순을 일으키지 않으려면 이야기는 다음의 결론으로 정리될 수밖에 없었다.

1) 활성자인 Ac의 접점은 일정 단위로 그 양을 나타낼 수 있으며, 이는 아마도 한 줄로 늘어선 모양일 것이다.
2) 염색체가 복제되는 도중 혹은 직후에 활성자인 Ac의 접점, 그 단위 배수에 변화가 생길 수 있는데, 이때 두 개의 염색분체 중 하나에서 활성자를 소실하면 자매인 염색분체가 그 단위만큼 더 얻어 갖는다.

매클린톡은 드디어 '한 세포에서 사라진 게 다른 세포에서 나타나는' 그 마법과도 같던 주문의 내용을 이렇게 밝혀냈다. 그러니까 사라졌다 나타나는 그것은 다름 아닌 활성자 Ac이고, 서로 자매인 염색분체 사이에 이들의 일정 단위가 오고가는 양식은 곧 '상태의 변화'라는 현상으로 관찰되었던 것이다.

이것으로 이야기가 완벽하게 완성된 것은 물론 아니다. 염색분체 사이에 이런 식의 교환이 이루어지는 현상의 중요한 의미를 이해하려면, 아직도 몇 가지 보충되어야 할 내용이 남아 있었다. 즉, 활성자인 Ac는 과연 어떤 식으로 분해자인 Ds나, 그밖에 또 돌연변이를 일으키는 기능이 있는 유전자의 자리들을 제어하는가? 그리고 활성자인 Ac가 드러나거나 소실될 때 일어나는 '상태 변화'는 어떤 경로를 거쳐 이루어지는가? 등의 질문에 대한 대답이 나와야 했다.

이와 관련하여 이미 알려져 있는 사실 하나는, 활성자인 Ac는 어떤 식으로든 분해자인 Ds의 접점이 분절되도록 작용하며, 그렇게 해서 잘라진 유전자의 끄트머리 부분들은 얼마 후 다시 이어진다는 점이었다. 매클린톡은 유전자 분석을 계속하는 가운데 몇 가지 사실을 더 확인했는데, 예를 들면 분해자인 Ds나 활성자인 Ac가 원래 붙어 있던 자리가 아닌 다른 곳에서 발견되는 경우가 가끔 있다는 것이었다. 이는 이 유전자들이 원래 있던 자리에서 튀어나와 어딘가 다른 곳으로 끼어듦을 의미하는 것으로, 매클린톡은 이런 현상을 포괄하는 개념으로 유전자의 자리바꿈 또는 '전이'라는 용어를 새로 만들어낸다.

매클린톡이 이 단어를 공식적으로 처음 사용한 것은 1948년이었다. 여기서 한 걸음 더 나아가 1949년에는 이런 현상이 왜 일어나는지를 설명하는 상세한 이론을 제시하였다. 활성자인 Ac의 제어 작용에 따라 유전자가 계속 돌연변이를 일으키는 현상의 전모를 이해하기 위해서는, 그녀가 제시한 이론을 수용하지 않을 수 없었다.

"이 문제를 꾸준히 연구한 결과 … 이 과정의 전모가 대략 드러났다. 유전자 상에는 활성자인 Ac의 제어를 통해 돌연변이가 일어나는 특정 자리들이 있는데, 이는 분해자인 Ds가 접속하고 있는 자리인 듯 보인다. 즉, 분해자 Ds의 접점은 Ac의 제어를 통한 돌연변이의 과정을 통해 염색체의 한 지점에서 다른 지점으로 옮겨진다. 이렇게 자리를 옮긴 접점에서도 분해자 Ds는 이전과 마찬가지로 활성자인 Ac의 지시에 따라 작용한다.”

이 내용이 성립하려면 활성자 Ac의 존재를 반드시 상정해야만 했다. 매클린톡은 이를 다음과 같이 묘사하였다.

“염색체가 분해자인 Ds의 접점이 있는 자리 근방에서 분절될 경우, Ds가 붙어 있는 쪽의 염색체 조각은 원래 자리에서 떨어져 나와 염색체의 다른 부위로 다시 끼어든다. 이런 방식으로 분해자 Ds는 항상 그 자리를 바꿀 수 있다. 이때 활성자인 Ac는 분해자인 Ds가 원래 있던 자리를 분절시키도록 작용하며 제어한다. 새로운 자리로 옮겨간 분해자 Ds는 여기서도 꼭같은 방식으로 행동한다. 이 때문에 분해자인 Ds 자체는 눈에 띄지 않지만, 그게 새로운 자리를 찾아 들어간 길을 추적하기는 어렵지 않다.”

매클린톡은 여기서 분해자인 Ds가 이런 식으로 옮겨다니는 곳마다 계속 그 자리의 유전자를 분절시킨다는 해석을 첨가했다. 다시 말하면 활성자인 Ac로 제어되는 돌연변이의 접점은 모두 분해자인 Ds가 끼어들어가 새롭게 접속되는 자리라고 할 수 있다. 그런데 이 자리가 마침 특정한 기능을 담당하는 유전자의 자리인 경우, 분절자인 Ds가 끼어들어가면 곧 그 기능이 정상적으로 발휘될 수 없도록 억제하는 결과가 된다. 즉, 분절자인 Ds가 다시 거기서 떨어져 나가야만 원래의 이 기능이 재개되는 것이다.

이 이론대로라면 분해자인 Ds가 특정 기능을 담당하는 유전자의 자리로 옮겨가는 경우를 확인하는 것이 중요해진다. 그렇게만 되면, 좀처럼 모습을 드러내지 않는 Ds의 활동 경로가 그대로 포착되기 때문이다. 특정 기능을 맡고 있는 자리에 분해자인 Ds가 끼어들어가면 그 기능을 담당하는 유전자의 활동이 억제되다가, Ds가 다시 튀어나오면 활동이 정상 상태로 복원된다고 상상해보라. 그런 식으로 표현형질이 두드러진다면 그 결과를 확인하는 일도 어려울 게 없지 않겠는가.

매클린톡이 말하는 분해자 Ds의 '상태 변화'라는 것도 결국은 Ds가 유전자에 접속되는 접점이 없어지거나 혹은 늘어나는 식의 변화를 말하는 것이었다. 분해자인 Ds의 접점이 분절 상태가 되면 접속되었던 자리에서 떨어져 나오는데, 바로 이 과정에서 Ds의 각 부분이 소실되거나 늘어나는 식의 양상으로 관찰되었던 셈이다. 유전자의 자리바꿈 개념은 이런 내용을 포괄적으로 수용하는, 무척 편리한 가설이었다. 걷잡을 수 없을 만큼 자료가 늘어나도, 유전자가 자리를 바꿨을 법한 적당한 자리에 금을 긋고 각각의 범주 안에서 상황을 검토하면 되었다.

모든 생명체는 스스로 '조절'하고 '제어'한다

그동안 매클린톡이 실험을 통해 확인한 것은, 분해자인 Ds의 접점이 분리되면 곧 유전자의 '자리바꿈'이 일어나거나, 혹은 '상태 변화'나 염색체 조각이 소실되는 정도의 일이 진행된다는 점이었다. 또한 이런 식의 돌연변이가 생기는 시기와 빈도는 전적으로 활성자인 Ac가 방출되는 양에 달려 있다는 점도 그녀는 밝혀냈다. 다시 말해 활성자 Ac가 작동

유기체와의 교감

하지 않으면 절대로 분절이 일어나지 않는다는 말이다. 그럼 이 활성자 Ac는 무엇에 의해 제어되는가? 매클린톡은 이제 이 문제를 해결할 차례였고, 그녀는 다음과 같은 답변을 제시했다.

"활성자 Ac는 그 스스로를 제어한다."

1951년 매클린톡은 콜드 스프링 하버 심포지엄에 제출한 논문에 다음과 같이 적어놓았다.

"활성자 Ac에 변화가 일어나는 시기나 빈도는 활성자 Ac의 특정 상태나 방출 농도와는 관계가 없으며, 활성자 Ac 스스로가 조절한다."

이런 식의 작용은 감수분열이나 체세포분열에서 염색체가 양쪽으로 나뉠 때 그 안에서 일어나는 '자가촉매'와 흡사한 방식으로, 세포들이 서로 다른 양식으로 분화하는 데 중요한 역할을 하리라고 짐작할 수 있다. 그러면 활성자인 Ac의 변화는 도대체 어디서 비롯하는가? 이는 세포가 발달해가는 과정에서, 특정한 변화가 일어나는 시점에 맞추어 진행된다.

예컨대 이러한 유전자의 자리바꿈이 식물이 성장해 열매를 맺기 전에, 그러니까 암수로 갈라져 수정을 준비하는 초기 과정에 이루어지면, 그런 돌연변이를 겪고 맺어진 씨앗은 부모 세대의 씨앗과 엄청난 차이를 보일 것이다. 그에 비해 이미 수정이 끝나고 떡잎이 형성되는 과정에서 돌연변이가 생기는 경우라면, 씨앗의 표피에 줄무늬가 생기는 정도로 단순하고 일정한 변화가 일어난다. 매클린톡은 바로 이런 차이점에 착안하였다.

"이런 식의 돌연변이가 일어나지 못하도록 어떻게든 활성자인 Ac를 묶어 둔 채, 이게 방출되는 시기를 최소한 떡잎이 완성되는 시점까지 지연시킬 수 있다면, 거기서 맺은 열매, 즉 옥수수의 표피에는 모두 그런 식의 줄무늬가 생길 것이다."

자신이 세운 가정을 확인하기 위해 그녀는 꼼꼼하게 준비해 실험에 돌입했지만, 그 결과는 예상과 딱 맞아떨어지지 않았다. 돌연변이를 지연시켰음에도 거기에 달린 열매에 줄무늬가 생기는 양상이 예상보다 훨씬 들쭉날쭉했던 것. 매클린톡은 이를 두고, 내부 혹은 외부 환경에 작은 변동이라도 생길 경우 활성자 Ac가 초기 단계부터 변동을 일으킬 수 있다는 의미로 해석했다. 즉, 활성자 Ac의 변화는 그런 변화가 일어나고 있는 세포 혹은 세포 속 핵의 환경에 따라 다르게 작용하지만, 동시에 이것이 핵의 환경을 바꿔주는 역할도 한다는 말이다. 그럴 경우 유전적인 상태가 서로 달라지면서 그 둘이 끊임없이 서로의 특성을 규정하는 방식으로 작용하게 됨으로써, 세포의 줄무늬도 일정하지 않게 드러나게 된다는 것이다.

매클린톡이 보기엔, 이렇게 서로 다른 돌연변이가 많아지는 현상을 설명할 방법은 딱 한 가지밖에 없어 보였다. "활성자 Ac의 상태나 그 위치 변화는, 특정 세포 속에 존재하는 이 유전자들이 시시각각 달라지는 변동 상황에 따라 반응하고 작용하기 때문"이라고 받아들일 수밖에 없었다는 말이다. 이런 식의 개념을 도입하면 활성자 Ac의 변화가 일어나는 시점에 따라서 다양한 변이가 생겨난다고 설명할 수 있으며, 이에 따라 옥수수 알갱이들이 왜 그처럼 다양한 모양이 되고 세포에 줄이 생기며, 개별 세포가 어떻게 해서 각각 다르게 분화하는지에 대한 설명도 가능해진다.

그렇다면 이 개념으로 생명체의 일반적인 발생은 어떻게 설명할 수 있을까? 돌연변이를 일으키는 이런 유전자들은 그처럼 예외적인 활동을 통해서 자신들의 특성을 드러낸 게 아니었을까? 잡색 현상과 관련해 길고 지루한 작업을 수행해오면서 매클린톡은 다른 이들과 달리, 그 현상은 결코 생명체의 정상적인 과정이 중단되는 특별한 사건이 아니라는 데 확신을 가졌다. 오히려 그것은 "생명체의 성장 중에 자연스레 일어나는 분화 과정의 전형"이며, 다만 돌연변이의 시점만 좀 특별할 뿐이라고 그녀는 스스로 믿고 또 남들에게도 그렇게 설명했다.

매클린톡의 관점에서 살펴보면, 세포의 핵이나 세포 자체가 생명체의 분화 과정에 어떤 식으로 관여하는지 그 방식을 간단히 이해할 수 있게 된다. 이를테면 특정한 유전자가 활동하는 범위나 그 활동으로 나타나는 효과는 개별 세포의 핵이 어떤 성분으로 구성되어 있는지에 따라 몹시 달라진다. 이러한 차이가 생기는 원인은 제어인자가 서로 쌍둥이였던 자매염색체, 즉 염색분체 사이에서 자리를 바꾼 결과일 수 있다. 그러면 쌍둥이였던 두 개의 핵은 더 이상 똑같지 않고, 서로 다른 방향으로 성장해간다.

이렇게 양쪽이 서로 달라지는 결과를 야기하는 돌연변이는, 어쩌면 발생학자들이 오랜 세월 몰두하며 추적해왔던 바로 그 '확정 현상'은 아닐까? 그러나 발생학의 입장은 유전학과 중요한 차이가 있었다. 발생학에서는 확정 현상이 어떤 식으로 벌어지든 생명체가 발생하는 과정을 이해하는 열쇠는 결코 유전자 그 자체에 있지 않다고 여겼다. 즉, 생명체의 발생 과정은 어떤 순간에도 생명이라는 전체적인 시스템 단위로 함께 작용한다는 것이 그들의 입장이었다.

아무도 믿지 않는
'사실'

"그녀가 그걸 보게 해줬어요"

매클린톡은 꼬박 6년의 세월을 실험실에서 보내면서 꾸준하게 자료를 확보하고 이를 토대로 이론적 장치를 마련하였다. 아울러 허술했던 초기의 개념들을 정교하게 보완하였다. 그러는 사이 그녀의 사무실은 온갖 자료를 정리한 서류들로 빼곡해졌다. 그녀는 유전자 교차실험을 할 때마다 별개의 카드를 작성했으며, 거기서 나오는 데이터를 일일이 기록하고 이를 요약한 별개의 도표를 만들어 칸마다 깨알 같은 설명을 첨가하였다.

작업이 꼼꼼한 만큼 시간이 지날수록 자료는 산더미처럼 쌓여갔다. 그중에서도 유전자의 자리바꿈 현상에 대해서는 세 부분으로 나누어 서술했는데, 또박또박 손으로 직접 작성한 엄청난 분량의 공책까지 치면 매클린톡의 방은 정말로 발 디딜 틈이 없을 지경이었다.

> "유전자의 자리바꿈에 대해 그렇게 꼼꼼히 적었던 이유는, 당시의 생물학자들이 도무지 그 얘기를 믿으려 하지 않았기 때문이에요. 아무리 그렇더라도 나도 좀 심하긴 했지요. 관련되는 자료란 자료는 하나도 빼지 않고 다 모아두었으니까요. 나로서는 어떤 질문이 나오든 답을 할 수 있도록 준비를 해야 했기 때문에 그런 거죠."

Ds 유전자의 자리바꿈에 대해 매클린톡은 단원별로 상세히 기술했다. 이 두꺼운 공책은 그 무렵 일리노이 대학으로 전임해 간 마르쿠스 로우즈에게 보낼 생각으로 작성한 것이었다. 그녀는 이 노트의 필사본을 한 부 더 복사하여 스탠리 스티븐스(Stanley Stephens)에게도 보냈다고 한다. 그는 아주 총명하고 마음이 착한 사람으로, 당시 사우스캐롤라이나 주립대학교에 재직하면서 목화를 재료로 유전학 연구를 하고 있었다.

한편 그 무렵 매클린톡이 일하는 콜드 스프링 하버 연구소에는 이블린 윗킨이 있었다. 매클린트톡은 매일같이 자신의 실험 결과를 이블린 윗킨에게 알려주며 함께 논의하길 즐겼다. 이블린 윗킨은 당시 명망 있던 유전학자 테오도시우스 도브잔스키(Theodosius Dobzhansky)의 제자로, 그녀가 처음 콜드 스프링 하버에 온 건 1944년 여름이었다. 그리고 그 다음 해 여름 이곳에 다시 와서 10년을 줄곧 근무하였다. 그녀는 현재 뉴저지의 러트거스 대학에서 바바라 매클린톡의 이름으로 된 교수직에 있다. 상당 기간 동안 매클린톡을 통해 참으로 많은 학문적 영감을 얻은 데 대한 깊은 감사를 표현하기 위해, 윗킨은 자신의 교수직에 매클린톡의 이름을 헌정하였다.

매클린톡과 윗킨은 처음 만났을 때부터 서로를 각별하게 대했다. 마침 두 사람의 실험실이 같은 건물에 있었기에, 매클린톡은 실험을 하다 뭔가 새로운 현상이 눈에 띄면 곧 그녀를 불러서 보여주었다. 자신의 작업과 관련해서 새로운 영감이 떠오를 때도 늘 윗킨을 불러 설명해주었다. 윗킨 또한 대선배 매클린톡의 천재적 능력에 아낌없는 갈채를 보내며 열성 팬이 되길 자처했다. 매클린톡과 가까이 지낸 덕분에 윗킨은 그 복잡한 옥수수 유전학의 내용과 엄청난 자료들을 덤으로 얻는 행운을 누렸다고도 볼 수 있다.

윗킨은 옥수수를 전공하는 유전학자는 아니었다. 그러나 매클린톡의 개인 지도 덕분에, 그녀는 어느덧 옥수수 여기저기에 생기는 얼룩무늬의 양태를 보고 그 뒤에 숨은 유전적 변화를 읽을 수 있을 정도가 되었다. 더 나아가 그녀는 "유전자의 활동에 정말로 스위치가 달려 있어서 시시때때로 불이 들어왔다 나갔다 하는 것 같은 느낌"이 들 정도로 이 분야에 해박해졌다.

윗킨은 박테리아를 재료로 유전학을 연구했는데, 옥수수 유전학은 그것과 전혀 다를 뿐 아니라 훨씬 더 복잡하고 시간도 엄청 잡아먹었다. 하지만 매클린톡이 하는 작업을 지켜보면서 그 내용을 배울 수 있다는 건 그 무엇과도 바꿀 수 없는 기쁨이었기에, 시간이 전혀 아깝지 않았다고 한다. 당시 일을 회상하던 윗킨은 다시 한 번 감동한 듯 이렇게 말했다.

"어깨 너머로 매클린톡의 작업을 지켜보면서 그녀가 일러주는 대로 따라 하다 보면, 어느 순간 거기서 일어나는 일이 고스란히 눈앞에 보이곤 했어요. 매클린톡이 그렇게 해준 거지요. 그녀는 이 분야에 전혀 문외한인 사람에게도 그걸 볼 수 있게 할 만큼, 아주 특별한 능력이 있었던 겁니다."

그들을 어떻게 납득시킬 수 있을까?

생명체가 자라면서 꽃은 꽃으로, 잎은 잎으로 분화하는 현상은 모든 사람이 흥미를 갖는 중요한 문제였지만, 누구도 그에 대해 설명할 수 없던 시절이었다고 윗킨은 말을 이었다. 똑같은 싹에서 시작된 세포 조직이 어떻게 서로 다른 양식으로 분화되는지를 설명하라는 문제는 자신의 박사과정 종합시험에도 출제되었지만, 사실상 그 답을 아는 사람은 아무도 없었다는 것.

> "매클린톡의 발견은 남들이 하던 작업과는 전혀 상관없이, 순전히 독자적으로 이뤄낸 것이었어요. 그래서 마치 21세기에 벌어질 일들을 미리 들여다보는 심정이었다니까요."

그러나 모두가 이블린 윗킨처럼 생각한 건 아니었다. 매클린톡은 당시 상황을 이런 말로 표현했다.

> "그때 내가 하던 일을 온전히 이해한 이는 이블린 윗킨, 딱 한 사람뿐이었어요."

마르쿠스 로우즈 또한 매클린톡을 절대적으로 신뢰하는 사람이었지만, 당시 매클린톡이 진행한 작업 내용과 그 의미를 온전히 이해하고 있었는가에 대해서 그녀는 무척 회의적인 반응을 보였다. 그러니 그 외 콜드 스프링 하버에서 일하던 나머지 사람들이 어떠했을지는 뻔하다. 매클린톡에 따르면, 그들은 옥수수 유전학에 대해서는 아무런 관심도 갖지 않았다고 한다.

1950년대까지의 자료 중 당시 매클린톡의 작업 내용을 확인할 수 있는 것은, 워싱턴에 위치한 카네기연구소의 연례보고서에 실린 그녀의 논문이 거의 유일하다. 그것은 이후 작성된 논문들에 비해 비교적 읽기 쉽게 쓰였지만, 과연 누가 그것을 찾아서 읽었는지는 알 수 없다. 아마 거의 없었다고 보면 정확할 것이다. 내가 봤을 때도 그 논문에는 사람들이 돌려 읽은 흔적이 전혀 없었다. (이것이 그리 특별한 일은 아닌 것이, 사실

과학자들은 자기 분야에서 어떤 일이 일어나고 있는지를 알아보기 위해 다른 연구소에서 발행하는 연례보고서를 뒤적이거나 하지는 않는다.)

매클린톡의 논문이 좀 더 많은 사람들이 보는 잡지인《미국 과학아카데미 회보집(*Proceedings of the National Academy of Sciences*)》에 실린 것은 1950년 가을의 일이다. 그 논문은 분해자 Ds와 활성자 Ac의 자리바꿈 현상을 요약한 것으로, 매클린톡은 거기에 '옥수수의 돌연변이 접점의 기원과 행동양식(The Origin and Behavior of Mutable Loci in Maize)'이라는 제목을 붙여 자신이 진행하고 있는 연구를 소개하였다.

매클린톡은 이 논문을 통해, 그 유명한 '자리 효과'를 포함하여 초파리를 재료로 다른 사람들이 연구 중인 '유전자의 불안정성'과 자신이 다루고 있는 옥수수의 돌연변이 시스템 사이에 모종의 유사성이 있다는 점을 시사했다. 아울러 생명체 전반에서 볼 수 있는 잡색 현상은 무척 비슷한 방식과 과정을 거쳐 생겨나는 결과라는 점을 강조하였다. 그러나 이 논문은 그저 맛보기였을 뿐, 매클린톡은 이 작업의 상세한 내용과 그 놀라운 의미에 대해서는 이듬해 콜드 스프링 하버에서 열리는 연례 심포지엄에서 밝히고자 마음먹었다.

그런데 발표의 날이 가까워올수록 매클린톡은 여러 가지 걱정으로 자꾸 신경이 곤두섰다. 연사에게 주어진 그 짧은 시간 안에 어떻게 이 많은 내용들을 일목요연하게 설명할 수 있을지, 자기가 발견한 이 낯선 내용을 가지고 과연 다른 사람들과 소통할 수 있을지, 그녀는 이 모든 것이 염려스러웠다. 그도 그럴 것이 매클린톡은 이미 잘 알고 있었기 때문이다. 자기와 다른 동료들의 사고방식 사이에는 엄청난 괴리가 있다는 것을. 따라서 자신이 발견한 내용과 그 의미를 다른 이들은 결코 쉽게 납득할 수 없으리라는 것을.

9장. 그들과 그녀의 서로 다른 '언어'

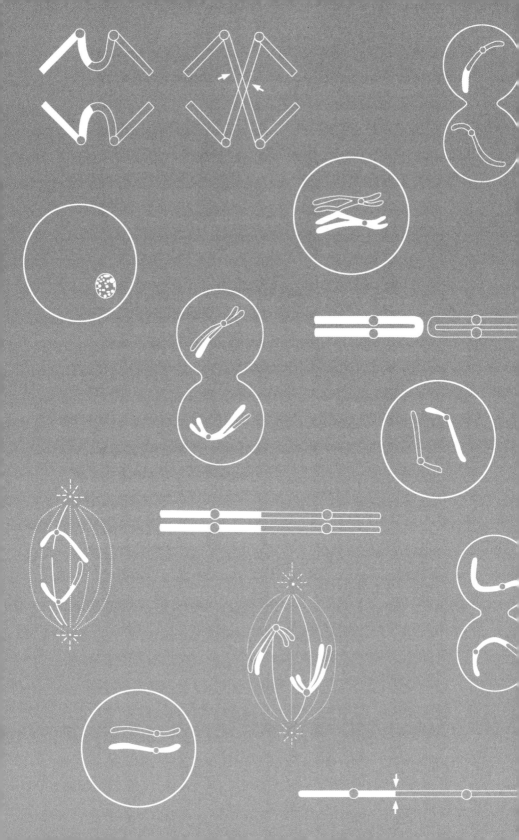

1951년
심포지엄 이후

남자 동료들의 조롱거리가 된 매클린톡

매클린톡의 우려는 빗나가지 않았다. 그녀가 오랜 기간 애써 준비한 내용을 콜드 스프링 하버 심포지엄에서 발표했을 때, 그에 대해 뭐라고 토를 다는 사람은 아무도 없었다. 사실 몇몇 사람을 빼고는 그녀가 무슨 말을 하는지조차 전혀 알아듣지 못한 것이다. 한참이 지난 후, 그제야 뭐라고 투덜대는 소리가 조금씩 들리기 시작하였다. 가끔은 짜증 섞인 불평도 터져 나왔다. 무슨 소린지 도무지 알 수가 없군. 저 여자, 도대체 뭐라는 거야?

딱히 그게 뭔지는 몰라도 아무튼 그녀는 '뭔가를 대단히 잘못한' 셈이 되었다. 매클린톡으로서는 나름대로 간략하고 쉽게 설명하고자 무던히도 애를 썼지만 그것은 역부족이었다. 제아무리 그 내용이 놀랍고 중요한 생명체의 현상을 다루고 있다 한들, 다른 사람들이 납득을 못하니 아무 짝에도 쓸모없는 게 되어버리는 것만 같았다. 그렇다면 그녀는 청중을 위해 다시 한 번 또 다른 방법으로 설명을 했어야 했을까? 아니, 그건 아니다. 매클린톡이 여러 번 시도를 했을지라도 결국은 똑같은 일이 반복되고, 그만큼 그녀의 실망은 더 커졌을 게 분명하니까.

어떤 일을 앞두고 마음이 불안하면 그만큼 더 열심히 준비하기 마련이다. 매클린톡 역시 6년간의 작업을 정리하여 발표하는 행사인 만큼 무척 정성껏 준비를 했고, 일어날 수 있는 모든 상황에 철저하게 대비를 했다. 그런 까닭에 자신의 발표가 그렇게 묵살되리라고는 꿈에도 생각지 않았다. 그러나 남자 동료들은 그것을 너무 쉽게 외면해버렸다.

이후에도 매클린톡은 몇 번이고 유사한 세미나에 참석하여, 지난번 심포지엄에서 생략했던 자료까지 제시해가며 이 작업에 대해 좀 더 상세하게 설명했지만 매번 결과는 똑같았다. 이런 시행착오를 거친 끝에 그녀는 다시 내용을 정리하여 그 분야에서 가장 공신력 있는 잡지 《유전학(Genetics)》에도 발표하였다.

그로부터 5년의 세월이 흐른 1956년, 매클린톡은 콜드 스프링 하버 심포지엄에서 동일한 내용을 발표할 기회를 한 번 더 갖게 되었다. 그동안 그녀의 작업은 한결 진보하여 염색체 안에서 이루어지는 제어와 조절의 원리가 더욱 분명하게 드러난 상태였다. 하지만 내용이 더 세세하게 밝혀질수록 역설적으로 매클린톡의 작업은 더욱 복잡하고 따라가기 어려운 꼴이 되고 말았다. 그녀는 최대한 자신의 작업을 쉽고 간략하게 설명하려 애썼지만, 결과적으로 그녀의 설명에 귀를 기울이는 사람은 5년 전 발표 때보다도 더 줄어드는 등 분위기가 사뭇 참혹했다. 그날 심포지엄에서 매클린톡이 1953년 유전학 잡지에 실었던 논문을 받아보고자 신청한 사람은 오직 두 명뿐이었다.

자신의 발표에 돌아오는 냉담한 반응에 매클린톡은 무척 당황했다. 그 분야에서 이미 탁월한 업적을 쌓은 중견의 과학자였기에 그녀의 실망감은 더 컸을지도 모른다. 일자리를 얻는 데는 여러 차례 쓴맛을 봤지만, 그래도 학문적 작업과 관련해서는 언제나 승승장구한 편이었으니 말이다. 사실 매클린톡은 1951년의 '사건'이 있기 전까지는

유기체와의 교감

타인의 존경과 경탄을 한몸에 받아왔다. 바바라 매클린톡 하면 그 분야에서 신화를 만들어낸 인물로 선망의 대상이 되어왔기에, 그 누구도 그녀가 정상의 자리에서 쉽게 물러나리라고는 예상할 수 없었다.

더욱이 매클린톡처럼 자신의 일이나 삶에 대한 믿음이 확고한 사람은 누군가 자신의 말을 들어주고 지지해주리라는 믿음 또한 확고하기 마련이다. 애초에 그런 믿음이 없다면 자신의 방식을 끝까지 고집하기 어려울뿐더러, 시작한 일을 제대로 마칠 수가 없는 법이다. 문제는 그런 믿음이 흔들릴 때마다 그들이 겪어야 하는 정신적인 충격도 그만큼 심각하다는 점이다. 이제는 세월이 흘러 당시의 일을 아무렇지도 않은 듯 가볍게 얘기하지만, 매클린톡 역시나 1951년 심포지엄에서 겪은 일이 엄청난 충격이었다고 고백했다.

"말이 통하지 않는다는 게 정말 기가 막혔어요. 그러다 어느 순간 내가 지금 조롱거리가 되고 있다는 걸 깨달았어요. 나더러 진짜 미쳤다고 수군거리는 소리도 들렸거든요. 그런 상황이 내게는 참으로 암담했고, 그에 당황한 나 자신을 수습하는 데도 제법 시간이 걸렸죠."

세월이 지나고 보니 그게 다 약이었다고, 자신에게는 대단히 중요한 배움의 과정이었노라고 그녀는 이야기한다. 그러나 매클린톡을 아끼던 주변의 친구들은, 그게 그녀에게 얼마나 지독한 고통이었는지에 대해 귀띔해주었다. 그리고 그녀 스스로도 다음과 같은 말로 그 사실을 인정했다.

"정말 여러 해가 걸렸어요. 그 일에 대해서는 누구하고도 말을 나눌 수가 없었죠. 뿐만 아니라 그 사건 이후로는 아무데서도 나를 불러주지 않았어요."

그 무렵 콜드 스프링 하버에 자주 들르곤 하던 어느 유명한 유전학자가 내뱉은 말이 그녀에게 안긴 상처를, 매클린톡은 아직도 기억하고 있었다. 가슴이 정말 사무치게 아팠기 때문에 그 느낌을 지울 수가 없다는 것이다.

"정확히는 기억나지 않지만, 요지는 앞으로 당신 작업과 관련해서는 더 이상 입도 뻥긋하지 말란 거였어요. 너한테는 재미있는 얘기인지 모르겠지만 남한테는 미친 소리로밖에 들리지 않는다고 했던가, 뭐 그런 말이었지요."

이보다 더욱 심하게 구는 사람도 많았다고 한다. 주변 친구들이 그녀 귀에 들어가지 못하게 쉬쉬하며 주고받던, 그러나 결국 돌고 돌아 자기 귀에까지 들릴 수밖에 없던 참혹한 얘기들을 그녀는 일부 기억해냈는데, 이를테면 '콜드 스프링 하버의 오래 묵은 처녀가 맛이 가서 떠드는 소리에는 신경 쓸 것 없다'는 식이었다. 이에 대해 매클린톡은 "그 분야의 실력자로 알려진 이들도 그 말에 같이 키득거리더라"며 당시의 서글펐던 심정을 털어놓았다.

세상에 장벽을 쌓고 칩거하다

매클린톡의 작업에 모든 사람이 멸시를 보낸 것은 물론 아니었다. 그녀

곁에는 언제나 그녀를 믿어주는 이블린 윗킨 같은 좋은 친구가 있었고, 그녀의 특별한 능력을 경외해온 옛날 동료들도 여전히 든든하게 그녀를 지켜주었다. 이에 더해 '아직도 옥수수를 재료로 사용하는' 유전학자들 역시, 그녀가 얼마나 탁월한 업적을 세워왔고 또 세울 수 있는지에 대해 충분한 신뢰를 보내고 있었다. 결코 많은 수는 아니었지만 그들 중에는 가끔 매클린톡을 찾아와 궁금한 점을 묻고 필요한 기술이나 정보, 혹은 종자들을 얻어가는 사람들도 있었다.

그중 이름이 알려진 인물로 로얄 브링크(Royal Brink)와 피터 피터슨(Peter A. Peterson) 등이 있는데, 그들의 작업은 놀랍게도 매클린톡의 작업과 대단히 비슷한 방향으로 가고 있었다. 브링크는 1952년 로버트 닐런(Robert A. Nilan)과 공동 작업한 논문을 발표, 염색체의 구조 변화를 근거로 인접한 자리에서 일어나는 유전자의 자리바꿈을 증명하는 단서를 제시하였다. 이어서 그는 1954년 바클리(P. C. Barclay)와 함께 유전자에서 제어인자 하나를 따로 떼어내는 데 성공했는데, 이는 매클린톡이 설정한 분해자와 활성자의 협조체제, 즉 Ds-Ac 체계의 구체적 실례임이 이후에 밝혀진다.

한편 피터 피터슨은 1953년에 또 다른 돌연변이를 떼어내는 데 성공했다. 매클린톡은 이후 Ds와 Ac의 협조체제 말고도 또 다른 방식의 조절 및 제어 시스템들을 밝혀내는데, 피터슨이 몰두했던 돌연변이가 그중 하나인 Spm 시스템(매클린톡은 복잡하고 오묘한 생명 활동이 어떻게 조절, 조정되는지에 관해 밝히고 이를 삭제소-변이소Suppressor-mutator, 즉 Spm체계라 칭했다.)에 해당한다는 사실이 1960년에 확인된다. 그리고 이후 20여 년 동안 브링크와 피터슨의 작업은 매클린톡의 작업과 공조를 이루며 서로를 후원하는 협조적 관계로 발전하기에 이른다.

"우리들이 하는 일은 서로 통했어요. 같은 대상을 놓고 하는 일이었으니까요."

그러나 이들이 생각하는 방식과 차원은 전혀 달랐다.

"그래서 우리는 서로 통할 수가 없었지요."

매클린톡에게는 늘 좋은 친구들이 몇몇 있었고 그녀의 업적에 경탄을 보내는 동료나 후원자들도 물론 있었지만, 같은 분야에 종사하는 사람들 대부분은 그녀의 일을 언짢아하는 분위기였다. 마땅한 일자리를 얻지 못한 매클린톡은 무엇보다 자신의 학문 세계에서 끊임없이 고립되었다. 남들처럼 학교 실험실에서 잔일을 도와주는 학생이나 조교가 있는 것도 아니고, 심지어 비슷한 일을 하는 동지조차 없는 외로운 상황에서 그녀는 모든 일을 혼자서 처리해야만 했다.

이처럼 바바라 매클린톡의 위치는 주변적이고 미미했지만 그래도 유전학의 분야에서는 그동안 쌓아놓은 탁월한 업적이 있고 세계적인 명성을 휘날린 덕분에, 그녀는 관련 회합이나 세미나에 꾸준히 초대되었다. 그리고 그런 자리에서 알게 된 사람들이 콜드 스프링 하버로 그녀를 방문하곤 했기 때문에, 매클린톡은 전국 각지에 흩어져 있는 유전학자들과 최소한의 대화를 나누면서 자기 작업에 필요한 정도의 교분을 누리며 지낼 수 있었다.

콜드 스프링 하버 안에서도 사정은 비슷했다. 거기서 일하는 사람들은 모두 그녀와는 상관없는 작업을 하면서 자신들의 일에만 몰두하고 있었기에, 딱히 서로 친밀한 관계를 맺거나 특별한 교류가 이뤄지지는 않았다. 그럼에도 그녀가 세상이 다 알아주는 훌륭한 과학자라는 사실 덕분에, 매클린톡은 그 안에서 그럭저럭 대접을 받고 살 수 있었다. 또한 조금 불편한 사이였던 몇몇 사람을 빼면 나머지 사람들과는 별 문제 없이 지내고 있었다.

그런데 1951년 심포지엄에서 낭패를 경험한 이후 모든 것이 달라져버렸다. 그로 인해 유전학 분야에서까지 왕따를 당하기 시작했고, 그 사건이 그녀의 학문적인 활동뿐 아니라 정신적인 생활 전반으로 침투하면서 예상치 못한 차원으로 비약되고 만 것이다. 학계에서 따돌림을 당한 이후에도 한 10년가량은 자신의 작업이 갖는 의미를 설명하느라 그녀도 나름대로 길을 모색했었다. 그러나 그 모든 시도가 실패로 돌아가면서, 매클린톡은 언제부턴가 아예 입을 다무는 쪽을 택했다. 워싱턴에 있는 카네기연구소에서 발행하는 연례보고서에 의무적으로 제출하는 논문 외에, 그녀는 그 어디에도 자신의 논문을 발표하지 않았다.

이후 점점 더 위축된 매클린톡은 오로지 자신의 일에만 빠져든 채 칩거 상태에 머물렀다. 그녀는 외부 활동을 그만둔 대신 '내면의 소리'에 충실히 귀 기울이면서 과거보다 더욱 더 '올곧은 길'만을 향해 걸어갔지만, 그와 동시에 점점 무섭고 힘든 곳으로 변모하는 세상을 향해 높은 벽을 쌓고는 내키지 않는 사람들과의 접촉을 용납하지 않으며 자신의 삶을 제한시켰다. 그녀는 자신의 작업에 진정으로 관심을 갖고 자신의 말을 경청하며 대화를 나눌 수 있는 사람이 아니라는 판단이 들면, 실험실에서 당장 나가라고 독설을 퍼붓곤 했다. 이는 매클린톡이 자기 자신을 보호하기 위해 취한 태도였지만, 그 결과 "매클린톡은 좀 괴팍한 여자"라는 소문이 곧 퍼지기 시작하였다.

"남들의 얘기를 듣는 법을 배웠어요"

그 무렵 매클린톡의 실험실을 찾아간, 영국 에딘버러 대학에서 동물유전학 공부를 마친 여성 로테 아우어바흐(Lotte Auerbach)은, 매클린톡이 더 없이 친절하고 명료한 설명으로 그녀를 감동시켰다고 내게 말했다. 아우어바흐가 찾아간 날 오후 내내, 매클린톡이 비좁은 연구실을 떠나지 않고 자신이 하는 작업에 대해 사소한 것까지 모두 자상하게 설명해주었다는 것이다. 자신을 찾아온 손님이 완전히 이해할 때까지 포기하지 않는 매클린톡의 모습을 보면서, 아우어바흐는은 "참으로 인내심이 특출한 선생님"이라는 인상을 받았다고 했다. 또한 그 덕분에 정교하고 섬세한 매클린톡의 작업을 이해하고 그 중요성을 알게 된 아우어바흐는, 유럽으로 돌아가면서 "이 내용을 꼭 세상에 널리 전하리라!" 굳게 마음먹기도 했다고 당시의 심경을 털어놓았다.

물론 누구나 아우어바흐처럼 매클린톡을 기억하고 있지는 않다. 매클린톡이 모든 사람에게 친절한 것은 아니었기 때문이다. 예컨대 아우어바흐가 잘 아는 조슈아 레더버그도 매클린톡의 실험실을 찾아간 적이 있는데, 언젠가 거기 갔던 얘기를 꺼내며 고개를 설레설레 흔들고는 이렇게 표현하더라고 했다.

"맙소사, 그 여자는 미치광이 천재더라고."

레더버그의 말에 따르면, 매클린톡은 이야기를 시작한 지 30분도 채 지나지 않아 레더버그와 그 일행을 실험실 밖으로 모두 내쫓았다는 것이다. 이에 대한 아우어바흐의 해석은 이러하다.

유기체와의 교감

"그 남자들이 아마 좀 거만하게 굴었을 거예요. 매클린톡 선생님은 누구라도 거만 떠는 꼴을 못 참았거든요. … 그건 길을 일러달라고 부탁해놓고는, 그저 뒤에서 킥킥거리는 거나 마찬가지잖아요. 길을 일러주느라고 자기는 사막을 걸으며 뻘뻘 땀을 흘리고 있는데, 한참 가다 돌아보니 아무도 따라오지 않는 꼴인 거죠."

이 무렵에 시작된 고통스런 세월에 대해 매클린톡은 한결 경쾌하게 답변했다. 언제부턴가 자기가 유전학 분야에서 왕따를 당하기 시작했고, 그 이후로는 누구도 자기가 하는 작업에 대해서 듣고 싶어 하지 않았다는 것이다.

"뭐, 그런 대로 괜찮았어요."

시간이 한참 더 흐른 후에, 매클린톡은 이런 상황을 오히려 진심으로 '기꺼워'하기까지 했다.

"참 다행이다 싶었어요. 모두들 자기 얘기를 즐겨 하거든요. 자기들이 하는 일이 뭐고, 또 자기가 얼마나 훌륭하게 그 일을 해냈는지 같은 얘기 말예요. 나에게 드디어 그런 얘기들이 들리더라고요. 그들의 얘기를 내가 들을 줄 알게 된 거죠. 그 무렵에 나는 정말 열심히 듣는 법을 배웠어요."

매클린톡이 은둔자처럼 살아가던 그 무렵, 유전학 분야에서는 엄청나게 많은 일들이 벌어지고 있었다. 그 일들의 한가운데 있던 사람들의 이야기를 열심히 경청했다며, 매클린톡은 이렇게 덧붙였다.

"가만히 앉아서 공짜로 공부하는 셈이었죠. 얼마나 좋은 기회였는지 몰라요. 더욱 좋은 건, 남의 얘기를 잘 듣는 연습을 할 수 있었다는 점이지요. 남의 말을 정말 잘 듣는다는 건 생각처럼 쉬운 게 아니거든요."

그렇다. 어떤 상황에 있든지, 마음만 먹으면 새롭게 배울 일은 얼마든지 있기 마련이다. 또한 모든 배움엔 나름대로의 기쁨이 있다. 그런데 당시 콜드 스프링 하버의 분위기는 그런 식의 기쁨조차 누릴 수 없을 만큼 악화되고 있었던 모양이다. 매클린톡은 몇 번이나 거길 떠날 생각을 했고, 이와 관련하여 몇 차례 마르쿠스 로우즈에게 편지도 했었다. 어디라도 좋으니 다른 일자리를 좀 알아봐 달라고 말이다. 그러나 그녀는 다른 자리를 찾지 못했고, 계속해서 그곳에 붙박여 있어야 했다. 이후에 노벨상을 받고 이른바 명예 회복에 성공한 후에도, 매클린톡은 그 연구소에서는 단 한차례도 세미나를 하지 않았다.

점점 벌어지는 간극

당시 콜드 스프링 하버 연구소에서는 무슨 일이 있었던 것일까? 대체 무엇이 매클린톡의 마음에 단단한 감정의 매듭을 짓게 한 것일까? 사실 그 무렵 매클린톡의 상황으로 볼 때, 그녀가 작업하기에는 콜드 스프링 하버만큼 좋은 데가 없었다. 다만 추측할 수 있는 것은 1950년대 콜드 스프링 하버가 처한 특수한 상황이다. 그 시절에 콜드 스프링 하버는 그야말로 생물학의 기본 방향이 새롭게 구축되는 역사적 현장인 만큼 모든 것이 긴박하게 돌아가고 있었다. 보통 이런 현장에서는 무지

막지한 방식으로 사태가 급변하는 경우가 종종 생기는 법. 아마도 이런 특성으로 인해 그곳에 거주하던 매클린톡과 나머지 사람들 사이의 이질감이 더욱 두드러지고, 아무하고도 소통할 수 없다는 매클린톡의 고통 또한 증폭된 게 아닐까 싶다.

이 문제의 심각성을 이해하려면 물론 매클린톡과 다른 과학자들 사이에 구체적으로 어떤 갈등이 있어왔는지를 알아야 한다. 이와 관련해 가장 먼저 살펴야 할 것은, 당시 대다수의 남성 과학자들 사이에서 매클린톡은 '도무지 알아들을 수 없는 소리만 늘어놓는 여자'로 인식되었다는 점이다. 다른 한편으로 그녀는 '신비스런 능력'이 있는 여자이기도 했고, 심지어는 '미친 여자'이기도 했다. 이렇듯 남성들의 종잡을 수 없는 평가에 대해 일방적으로 '매클린톡한테 문제가 있었다'고 말하는 것은 옳지 않다. 그녀가 남들보다 너무 앞서 갔다고 하는 말은 상당히 일리가 있지만, 그러나 그것만으로 갈등의 전말을 설명하기엔 충분하지 않다.

그러면 이를 어떻게 해석해야 할까? 매클린톡의 육감이 너무나 섬세하고 정확해서, 이런 면모를 지니지 못한 사람들은 그녀의 엉뚱한 주장이 증명되기까지 30여 년의 세월을 기다리지 않을 수 없었다고 해야 할까? 아니면 매클린톡이 일에 몰두해서 찾아낸 증거들이 당시 사람들의 상식이나 기대에 부합할 수 없을 만큼 엄청난 것이었다고 이해해야 할까?

매클린톡의 작업이 영원히 잊혔더라면 이런 질문을 던질 이유조차 없을 것이다. 그런데 상당한 세월이 흐른 후, 그녀가 홀로 작업하며 발견했던 유전자의 자리바꿈 현상이 사실임이 밝혀졌다. 그래서 이제라도 다음과 같은 질문을 던져보는 게 필요하다. 누군가의 말을 도무지 알아들을 수 없다고 할 때, 특히 여러 사람이 함께 못 알아듣는 경우, 게다가 못 알아듣는 그들이 스스로 충분히 똑똑하다고 믿는 사람들인 경우, 우리는 왜 말하는 사람에게 문제가 있다고 쉽게 판단하는가? 이런 식의 판단은 과연 옳은가? 말하는(혹은 글쓰는) 이에게 모든 책임과 부담을 떠맡기는 이런 판단의 배후에, 못 알아듣겠다고 주장하는 사람들의 선입견이나 경험의 한계가 혹시 반영되어 있는 건 아닐까?

여기서 내가 말하고 싶은 것은, 누군가의 말이 이해되지 않는다고 해서 그게 반드시 말한 사람의 문제는 아니라는 것이다. 이런 일이 최고의 지성인들이 모인 자리에서 일어났다 해도 마찬가지다. 다수 지성인들에게 '이해되지 않는다'고 해서, 그 문제의 책임을 말하는 이에게 돌릴 근거는 어디에도 없지 않은가. 말이란 늘 말을 '하는' 사람과 '듣는' 사람 사이에 이루어지며, 따라서 거기엔 말을 하는 자와 듣는 자 양측의 여건이 모두 존재하지 않는가.

이런 식의 관점을 조금이라도 수용한다면 상호 소통을 어렵게 만드는 책임이 누구에게 있는가와 관련한 불필요한 논쟁은 피할 수 있다. 만약 당시 과학자들이 이런 관점을 지니고 있었다면, 매클린톡이 홀로 발견해낸 사실과 획득한 지식을 다른 사람들에게 이해시키는 데 실패했다고 해서 무조건 그녀를 비난하고 질책하지는 않았을 거라는 말이다. 그러면 그녀는 처음 자신의 연구 결과를 발표한 1951년에 자신의 성과를 어떤 식으로 다른 사람들에게 전달할지 더 고민할 수 있었을 테고, 그 결과 그 일을 즉시 해냈을지도 모른다.

그런데 다들 알다시피 상황은 그렇게 흘러가지 않았다. 1951년 심포지엄에서 매클린톡은 혹독한 비판을 들은 걸로 모자라 왕따를 당했고, 이후 생물학계에서 이루어진 여러 사건들은 매클린톡과 다른 과학

유기체와의 교감

자들 사이에 얼마나 큰 차이가 존재하는지 확인시켜줄 뿐이었다. 시간이 흐를수록 그녀가 느끼는 괴리감은 더욱 커졌고, 결국엔 어떤 식으로도 극복할 수 없을 만큼 크게 벌어지고 말았다.

매클린톡과 다른 과학자들 사이에 이처럼 극복이 불가능할 정도의 간극이 벌어진 이유는, 서로 상관없는 별개의 두 요소 때문이다. 하나는 당시 그녀의 발견 자체가 워낙 혁명적이어서 사전 지식이 없는 사람은 그것을 따라가기가 불가능했다는 점이고, 다른 하나는 그녀가 사물을 이해하고 거기서 지식을 얻는 방식 자체가 워낙 독특했다는 점이다.

다른 학문도 그렇겠지만, 과학의 장에서는 새롭게 제시된 주장이 독특해서 기존의 믿음과 크게 부딪히면 부딪힐수록 그에 대한 저항 또한 거세지기 마련이다. 기존 이론과 차이가 클수록 새로운 이론에 대한 이해도는 그만큼 떨어지며, 설혹 호의적으로 새 이론을 수용할 자세가 되어 있는 사람이라 할지라도 처음에는 충격을 받을 수밖에 없다. 그런 점에서 매클린톡이 1951년에 제출한 보고서가 엄청난 저항과 냉담한 평가에 부닥친 것은 사실 예상 가능한 일이기도 했다. 그녀의 논문은 당시 유전학을 지배하던 일반 개념들과는 완전히 어긋나는 파격적인 내용들로 가득했기 때문이다.

그중에서도 기존 유전학자들을 가장 경악하게 한 것은, 그녀의 이론을 따를 경우 유전자의 기본 개념이 흔들려버린다는 점이었다. 매클린톡은 유전인자가 제어와 조절의 시스템으로 작동하며 스스로를 다시 배치한다는 주장을 하고 있는데, 그렇다면 불변하는 고정된 단위로 여겨지던 유전자는 대체 어떻게 된단 말인가? 다윈의 전통을 계승하는 진화론의 기본 명제는, '유전적 변이형의 출현은 절대적으로 우연에 근거한다'는 것이다. 그런데 매클린톡은 '유전적 변화는 생명체로부터 모종의 조절을 받는다'고 함으로써 위의 기본 전제를 거스르는 주장을 펼쳤다.

이처럼 그녀의 작업 결과는 기존의 개념과 이론 체계와는 도무지 병존할 수 없는 것이었다. 게다가 매클린톡이 제시하는 여러 물적 증거들과 그로부터 유추해낸 그녀의 해석 역시, 당시 유전학자들의 공감을 얻기엔 너무나 낯설고 황당한 느낌을 주었다.

소통을
가로막는 것들

그들만의 영역, 그들만의 언어

매클린톡이 1951년 콜드 스프링 하버 심포지엄에서 발표한 내용은, 무려 30년 가까운 세월을 함께 보낸 식물 옥수수에 대해 6년이 넘는 기간 동안 집중적으로 연구한 결과를 요약한 것이었다. 옥수수에 대한 그녀의 지식은 무척 내밀하고 철두철미하여 도대체 빈틈이 없던 것으로 알려져 있다. 매클린톡의 논문을 읽거나 강의를 듣고 토론을 벌인 사람들 중 누구도 그녀만큼 옥수수를 잘 아는 사람은 결코 없었다.

　매클린톡은 일찍이 혼자서 작업하는 데 길들었지만, 특히 유전자의 자리바꿈을 조절하고 제어하는 이 특별한 시스템을 연구하던 6년여의 세월 동안 그녀는 철저하게 고립된 상태에서 작업을 해나갔다. 물론 콜드 스프링 하버에서 매일같이 윗킨과 이야기를 나누었고, 때때로 마르쿠스 로우즈나 스탠리 스티븐스와 자신의 작업에 관한 서신을 주고받으며 의견을 교환하기도 했지만, 사실 그것은 일방적으로 그녀가 소식을 알려주는 것에 지나지 않았다. 매클린톡은 다른 동료들과 함께할 때도 자신의 작업 결과에 대해 토론을 한다든가, 서로 잘못을 지적하며 깨우쳐주는 식으로 일한 적이 없었다. 함께 일하든 혼자 일하든, 그녀는 늘 자신의 독특한 생각을 오롯이 홀로 발전시키는 방식을 고수했던 것이다.

　혼자 이리저리 궁리하며 이런저런 세부적인 사항들을 확인하다가 마침내 그것들이 모두 꿰맞춰지면서 전체 그림이 살아날 때, 그녀는 그때껏 관찰한 사항들을 모두 일목요연하게 정리하여 사람들 앞에서 설명하곤 했다. 그런 자리에서는 우선 전체를 관통하는 기본 개념을 요약하여 사람들이 알아들을 수 있는 공동의 언어로 설명해야 했는데, 그녀에게는 이 점이 늘 어려운 과제처럼 여겨졌다.

　흔히들 과학자나 과학철학을 하는 사람은 '과학의 언어'로 말한다고 생각하며, 과학의 언어로 주고받는 전문적인 이야기는 언제나 명확하여 오해의 소지가 없다고 믿고 있다. 그러나 그건 사실이 아니다. 과학의 언어도 따지고 보면 일상의 언어와 크게 차이가 없으며, 특히 기존의 것과 다른 새로운 이론이나 논거를 세울 때는 더욱 그러하다. 연역이나 귀납, 혹은 실험과 같은 과학적 방법을 동원하여 기존의 개념을 검증하거나 반증하는 경우, 앞뒤가 딱딱 맞아떨어지도록 명료하고도 간결하게 결론이 유도되는 일은 거의 있을 수 없다. 따라서 어떤 새로운 이론이 기존 학계에 수용되든 아니면 기각되든, 그 과정은 결코 일사천리로 매끄럽게 진행되지 않는다. 과학자들은 물론 과학적 방법론의 규칙을 준수하지만, 그들이 뭔가를 판단하는 순간에는 그때그때의 직감과 미학, 그리고 개인적인 세계관 등이 작용할 수밖에 없는 것이다.

　과학에서도 특히 새로운 원리나 법칙을 발견하는 과정에서 이런 요소, 즉 이성을 초월하고 논리를 초월하는 모종의 정신 능력이 중요한 역할을 한다는 점은 이미 널리 알려져 있다. 이와 관련해서 아인슈타인이 남긴 유명한 말을 떠올리지 않을 수 없다.

유기체와의 교감

"가장 기본이 되는 자연법칙은 머리로 따져서 알아내는 게 결코 아니다. 그건 그냥 살면서 깨달은 진리와 함께 직감으로 알아채곤 하는 것이다."

그러나 어떤 논거를 확립하는 과정에 이렇듯 논리를 초월하는 요소들이 작용한다는 점은 쉽게 무시되는 경향이 있다. 그런 요소들은 명백하게 드러나 보이지 않고, 또한 구체적으로 설명하기도 어렵기 때문이다. 더구나 하나의 논거가 사람들을 설득하고 수용되는 데는 무엇보다 서로의 공동 경험이 중요하다. 오랜 세월 함께 사용해온 공동의 언어를 통해 유사한 경험들이 교환되다 보면, 굳이 많은 설명을 하지 않아도 좋은 상황에 처하게 되는 것이다. 이런 조건은 사실 대단히 특별한 것임에도 정작 그 안에 있는 사람들은 그런 조건이 형성돼 있다는 것조차 깨닫기가 쉽지 않다. 서로 공유하고 있는 기본 전제를 너무 당연한 것으로 여기게 된 결과라 할까.

따라서 그 '공동의 영역'에서 발을 빼지 않는 한, 그러한 공동의 기반이 얼마나 엄청난 위력으로 작용하는지를 알기란 거의 불가능하다. 공동의 언어를 쓰고 공동의 경험을 나누는 그 공동체를 빠져나와 주변에 설 때라야, 비로소 거기 속한 사람들이 공유하는 무언의 약속이 얼마나 강력한 힘을 발휘하는지, 그 안에서 통용되고 용납되는 수많은 몸짓과 사고방식과 그리고 생활양식이 얼마나 엄청난 힘으로 서로를 규정하며 보호해주는 배타적 장치로 기능하는지를 알 수 있게 된다는 말이다.

과학의 여러 분야 중에서도 가장 명확한 개념들만을, 그것도 수식으로 다루고 표현하는 이론물리학에서조차 이런 현실은 크게 다르지 않다. 양(量)의 개념만이 의미 있는 과학 내에서 소통할 때도, 그들 나름의 문법과 화법을 준수해야만 과학으로 인정된다. 제아무리 흠잡을 데 없는 완벽한 공식일지라도 그 자체만으로는 소용이 없다. 비슷한 작업을 하는 사람끼리 공유하는 공동의 언어를 쓰지 않는 한, 그 완벽한 공식이 그들 내에 수용되기란 불가능하다. 은어를 사용함으로써 같은 패거리임을 확인하는 길거리 양아치들처럼 그들 또한 자기들의 언어를 사용하지 않는 사람의 말에는 귀를 기울여주지 않기에, 다른 언어로 성립된 논거는 그 어떤 것도 효력을 발휘할 수가 없는 것이다.

물리학에서 서로 다른 언어를 쓰면 어떤 일이 생기는지 보여주는 적절한 예가 하나 있다. 얼마 전 양자역학 분야의 전문가면서 유창한 글 솜씨로도 유명한 프리맨 다이슨(Freeman Dyson)의 자서전이 출간되었는데, 거기 보면 저자가 젊은 시절을 회상하며 쓴 다음과 같은 에피소드가 나온다.

이론물리학자로서 대단히 탁월한 리차드 파인만(Richard Feynman)은 안타깝게도 언어적으로 다른 이들과의 소통이 어려운 사람이었다. 이런 장애 때문에 그토록 뛰어난 실력마저도 인정을 받지 못했다. 이를 안타깝게 여긴 다이슨은 자기가 그 훌륭한 파인만의 통역관이 되리라 다짐을 한다. 특히 파인만이 한스 베테(Hans Bethe)를 비롯한 당시의 거물급 물리학자들로부터 제대로 인정받지 못하는 것을 보고, 다이슨은 자기가 파인만의 말을 열심히 듣고 새긴 다음 세상 사람들이 알아듣는 언어로 설명하는 일을 맡아 하리라고 결심했다는 것이다.

파인만은 우주를 설명하는 아주 간단한 방법을 개발했는데, 이는 기존의 정통학설에서 상당히 벗어나는 내용이었다. 더욱이 그는 이를 다른 사람들이 알아듣도록 설명할 길을 도저히 찾아낼 수 없었다.

"파인만이 하는 소리는 그 누구도 알아들을 수가 없었다."

그러던 어느 날, 다이슨은 드디어 파인만이 말하는 논거의 핵심을 알아차렸다. 그러자 여태까지 왜 그토록 그의 말을 알아듣기 어려웠는지 그 이유가 분명해졌다. 당시의 상황을 다이슨은 위의 저서에서 이렇게 밝히고 있다.

파인만의 이론이 다른 물리학자들에게 그토록 알아듣기 어려운 이유는 분명했다. 파인만은 수학공식을 전혀 사용하지 않은 것이다 … 그는 모든 문제를 자기 머릿속에서 풀어버렸다. 머릿속에 떠오르는 그림이 너무나 선명해서 공식을 끼적이며 이를 확인할 필요조차 없었던 것이다. 파인만은 자신이 연구하는 물리 현상을 언제나 하나의 그림으로 파악하였다. 그러고는 이를 요약하는 간결한 공식으로 답을 얻어내곤 했다. 대부분의 물리학자는 평생을 수학공식에 매달려 산다. 어려운 수학공식에 매달려 끙끙거리는 물리학자들을 파인만은 도대체 이해할 수가 없었다. 그들 대부분은 분석적인 사고로 사물을 나누어 보는 데 비해, 파인만은 전체적 시각으로 사물을 종합했기 때문이다.
나 역시 … 분석적 사고를 하는 훈련을 받고 성장하였다. 그렇지만 파인만의 말을 경청하며 칠판 가득히 그가 그려놓는 이상한 그림들을 보고 있으면, 어느덧 그의 탁월한 상상력에 빨려들면서 그가 설명하는 개념에 문득 고개가 끄덕여지곤 했다. 언제부턴가 나는 그의 설명 방식에 익숙해졌다. … 그 때로부터 벌써 30년이 넘는 세월이 흘렀고, 그동안 파인만의 이론은 물리학의 지평 안으로 서서히 수용되었다. 지금은 오히려 당시 사람들이 왜 그토록 파인만의 말을 어렵다고 생각했는지, 그 점을 이해하는 게 더 힘들 정도다.

파인만의 혁신적인 아이디어가 세상에 태어나던 1948년, 내가 마침 코넬에서 그의 옆에 있었다는 건 행운일 따름이다. … 무려 5년의 세월을 바쳐 몰두해온 그의 작업이 최종적으로 마무리될 즈음, 나는 바로 그의 곁에 있었다. 그리고 그 덕분에 나는 독특한 시각으로 우주론을 통합해낸 파인만이 오랜 세월 노력을 기울여 얻은 결실을 함께 나누는 특별한 행운을 누릴 수 있었다.

이론물리학의 경우가 이러한데, 하물며 수식으로 양을 나타내는 표현이 적고 그 대신 말로 하는 서술이 많이 요구되는 분야는 어떠할까. 언어가 차지하는 비중이 훨씬 큰 까닭에 이런 경우는 보통 유능한 중개인의 도움이 절실해진다. 연구자의 각별한 경험을 적합한 언어로 번역해줄 통역관의 역할이 중요한 것이다. 다이슨이 하겠다고 나선 것도 바로 그 역할이었다. 이는 물론 대단히 어려운 일이다. 특히 그 상세한 내용을 수식이나 공식이 아닌 언어로 풀어줘야 하는 분야인 경우, 중개인의 역할은 퍽 중요하며 그만큼 중개인의 역량 또한 상당해야 한다.

몸과 마음의 합일로 본질을 꿰뚫다

세포유전학은 언어구사력이 절대적으로 요구되는 대표적인 분야라고 할 수 있다. 어떤 논거를 세워 설명하려면 반드시 질적인 면과 양적인 면을 연결시키는 언어적 논리에 의존해야 하기 때문이다. 양적인 분석을 통해 결론이 확인되면, 그다음엔 세부적 내용들을 질적으로 설명하고 해석하는 과정이 필요하다. 더욱이 매클린톡처럼 특정한 유전형질을 교차시켜 나오는 결과를 종합하는 실험을 하기 위해서는, 그에 앞서 먼저 각 식물의 세포 내에 잠재하는 유전형질과 표현형질을 다 파악하고 있어야만 한다.

이 별개의 두 가지 작업을 성공적으로 진행하기 위해서는 여러 분야에 대단히 숙달된 솜씨가 필요하다. 서투른 솜씨로 두 가지 작업을 병행할 경우엔 절대로 원하는 결과를 얻을 수 없다. 예컨대 현장에서 작업을 하려면 숙달된 손놀림뿐 아니라 관찰에 필요한 '밝은 눈'이 필요하다. 이는 오랜 기간 훈련되지 않으면 결코 얻을 수 없는 것들이다. 게다가 관찰된 결과를 현장에 동참하지 않은 사람에게 설명하는 일도 간단하지가 않다.

매클린톡의 경우, 그녀의 눈은 그 누구보다도 훨씬 밝고 노련하였다. 사물을 꿰뚫어서 '보는 능력'이야말로 그녀가 자기 분야에서 탁월한 업적을 세우는 것을 가능하게 한 핵심이었다. 우리는 흔히 눈으로 세상을 보고 그에 근거하여 개념을 구축하지만, 사실 우리가 보는 것은 생각에 따라 형성된다. 아는 만큼 보기에, 더 많이 알면 알수록 더 잘 보이는 법이다. 그런데 매클린톡은 보는 능력 자체가 출중하고 아는 것이 많기도 했지만, 아는 것과 보는 것 사이의 간극이 대부분의 사람에 비해 훨씬 작았다. 아니, 둘 사이에 구별이 전혀 없어서 그녀에게는 보는 게 곧 아는 것이고, 아는 것은 곧 눈에 띄는 식이었다고 말할 수 있다.

앞서 얘기했던, 빵에 피는 붉은곰팡이 뉴로스포라의 염색체를 그녀가 눈으로 직접 보게 된 사연은 이를 증명하는 하나의 사례이다. 숨가쁘게 전개되는 생명의 연속적인 드라마 속에서 잠깐 나타났다 사라지는 염색체의 특정 현상을 보는 데 실패한 매클린톡은, 잠시 현미경에서 물러나 자신의 내면을 응시하기로 한다. 그녀는 유칼립투스 나무 아래 조용히 앉아, 모든 것을 뒤로 한 채 명상의 상태로 빠져들며 '자신과의 작업'을 먼저 행하기 시작한다. 그러다 어느 순간 스스로 준비되었다는 느낌이 확연해진다. 이에 그녀는 자리에서 일어나 실험실로 달려가 현미경을 들여다본다. 그러자 그녀가 그토록 보기를 원했던 뉴로스포라의 염색체가 비로소 모습을 드러낸다. 이것만도 놀라운데 더욱 신기한 점은, 일단 그녀의 눈에 확연하게 보이기 시작한 염색체는 다른 사람들 눈에도 쉽게 뜨였다는 사실이다.

깊은 성찰과 묵상을 통해 깨달음에 이르는 사람들의 이야기는 오늘날 더 이상 희귀하게 들리지 않는다. 그러나 매클린톡의 경우는 '마음의 눈'만이 아니라 '실제 눈'으로도 볼 수 있었고, 그 점에서 훨씬 더 강력한 인상을 준다. 매클린톡은 몸의 눈과 마음의 눈이 완전히 일치된 상태에서 보았고, 그 결과 옥수수라는 식물 안에서 일어나는 온갖 생명현상을 체계적으로 정리한 것은 물론 세포 안에서 일어나는 정교한 세계를 완벽하게 이해하여 이론으로 구축할 수 있었다.

옥수수밭에서 무럭무럭 자라는 식물을 바라보면서, 그 이파리와 열매에 생기는 다양한 얼룩무늬들을 헤아리면서, 또한 현미경 속에서 전개되는 염색체의 구조 변화를 관찰하면서, 매클린톡은 자연이 만들어내는 질서의 결에 자신의 호흡을 일치시키곤 했다. 그것은 대자연을 교재로 삼아 몸의 눈과 마음의 눈으로 함께 보고 읽어내는 '연습'이었다. 그런 연습에 단련된 덕분에 그녀는 상형문자를 해독하는 고고학자처럼 옥수수의 얼룩무늬 속에 담긴 유전자의 비밀을 꼼꼼히 읽어낼 수 있었다. 유전자의 고유한 활동 방식을 추적해가는 매클린톡에게 옥수수 이파리와 열매에 생기는 얼룩무늬는 일종의 문자와 다름없었다.

이와 같은 매클린톡의 작업은, 그녀의 표현에 따르면 '몸과 마음으로 함께 느끼는' 특별한 일이었다. 그녀가 자신의 작업을 보통의 일상적 언어로 설명하는 데 어려움을 느꼈던 이유는 바로 이 때문이었다.

그래도 요즘은 매클린톡의 이런 작업을 이해하고 본받으려는 생물학자가 제법 늘어났고, 최소한 그들은 그녀가 자신의 작업을 남들에게 제대로 설명할 수 없는 상황에서 겪었을 난감함과 이를 극복하는 과정에서 부딪혔을 어려움에 대해 어렴풋이 이해하고 있는 듯하다. 더구나 매클린톡의 작업 방식을 따라하는 이들 대부분이, 옥수수 열매 위에 그려지는 얼룩무늬들의 '모양새를 직접 보고' 이를 해석하는 과정에서 그녀와 비슷한 경험을 한다는 사실도 드러나고 있다. 그중 한 과학자가 기록해 놓은 다음과 같은 고백은 주목할 만하다.

"매클린톡이 쓴 논문을 모두 읽는 것보다 내가 직접 밭에서 거둔 열매를 바라보며 한 장이라도 실제로 사진을 찍는 것이, 그녀의 말을 더 쉽게 이해할 수 있는 비결이다."

앞서 이블린 윗킨도 "매클린톡의 어깨 너머로 지켜보면서 그녀가 일러주는 대로 따라하다 보면 그녀의 얘기가 무슨 소린지 금방 알 수 있었다"고 했다. 그러고 보면 윗킨을 포함해 매클린톡의 방식을 따라한 이들은, 그녀로부터 단지 기술만 배운 것이 아니라 그녀의 아주 독특한 언어, 즉 눈으로 보는 형상이 그 의미 구조를 함께 지어나가는 그런 특별한 언어를 배운 셈이었다. 그리고 그 덕분에 그들은 매클린톡이 제시하는 여러 논거들을 대단히 정확하게 이해할 수 있었을 뿐 아니라, 다른 이들에게 매클린톡의 작업이 얼마나 엄격한 증명을 거친 것인지 변호할 수 있었다. 그렇다고는 해도 매클린톡의 방식을 알지 못하는 사람들에게 그녀의 언어는 여전히 소통 불가능하고 종잡을 수 없는 소리일 따름이었지만 말이다.

'보았다', 그러나 '보여줄' 수는 없었다

사실 매클린톡이 본 것을 똑같이 본다는 건 결코 쉬운 게 아니다. 그것은 내면의 응시와 더불어, 거기서 보이는 그림을 함께 읽는 것을 의미하기 때문이다. 이런 방법을 체득하기 위해서는, 과학자의 눈은 곧 예술가의 눈이 되어야 한다. 예술 세계에서 소통은, 어떤 세계를 함께 보고 그 안에서 통용되는 규칙뿐 아니라 가장 내밀한 지식과 감각까지 공유한 이들 사이에서만 일어난다. 다시 말해 공동의 지식에 의한 현실 판단뿐 아니라 사물을 바라보는 주관적인 시각 또한 공유해야지만, 비로소 서로 간에 언어가 통할 수 있다는 말이다. 그러니 소통의 전제는 곧 어떤 눈으로 어떻게 보는가에 달렸다고 해도 과언이 아니다.

루돌프 아른하임(Rudolf Arnheim)은 『예술과 시각(*Art and Visual Perception*)』이라는 불후의 명저에서 다음과 같은 점을 강조한다.

> "인간의 감각이 바깥세상의 이미지를 받아들여 그 형상을 새기고 이를 해석하는 데는 언제나 의식의 차원과 무의식의 차원이 함께 작용한다. 무의식의 차원 역시, 의식의 차원에서 특정 대상으로 감지되지 않는다면 우리의 감각 대상으로 받아들여질 수가 없다. 의식과 무의식은 결코 별개로 작용하지 않기 때문이다."

이는 사물을 '보는 일'에 모종의 주관적 요소가 내재함을 의미한다. 무언가를 '보는' 능동적 행동에는 보는 자의 고유한 방식이 반드시 전제되기에, 누구도 그 자신의 관점을 완전히 벗어난 채 어떤 사물을 볼 수는 없다는 말이다. 이에 따르면, 어떤 사물을 본 결과는 그런 결과를 산출해낸 시각의 내면적 요소로 규정되기에, 완전히 객관적이고 가치 중립적인 판단이란 사실상 있을 수 없게 된다.

보는 행위에 내재한 이와 같은 주관적 시점이 일상에서 문제가 되는 일은 거의 없다. 대개의 사람들은 일상적 차원에서 다른 이들과 대략이나마 소통할 수 있는 시각을 이미 충분히 공유하고 있기 때문이다. 그러나 과학과 예술의 영역으로 옮겨가면 얘기가 달라진다. 이 영역에서는 주관성과 객관성의 경계가 한결 모호하고 까다롭다. 더욱이 과학과 예술 모두 일상적 시각으로는 포착할 수 없는 미묘한 현상들에 관심을 갖기에, 이런 현상을 감지할 수 있는 '내면적 응시'가 필연적으로 요구된다.

'내면적 응시'를 통해 어떤 원리를 깨친다는 말은 한낱 비유적 표현에 불과한 게 아니다. 이는 과학의 현장에서 실제로 요구되는 구체적인 능력으로, 특히 과학의 새로운 지평을 여는 창조적 순간에 절대적으로 필요한 집중력이라고도 할 수 있다. 『과학적 상상력(*The Scientific Imagination*)』이라는 저작을 통해 이와 관련한 주제를 다룬 제럴드 홀튼(Gerald Holton)은, 그 구체적인 예로 노벨상을 받은 두 사람의 물리학자인 로버트 밀리컨(Robert Millikan)과 알베르트 아인슈타인(Albert Einstein)을 꼽으며, 두 사람의 고유한 시각이 그들의 창조적인 작업에 어떻게 작용했는지를 흥미롭게 묘사하였다.

홀튼의 해석에 따르면, 밀리컨이 전자를 발견한 과정은 성聖 토마스가 대천사를 알현한 것과 비슷하고 장 페랭(Jean Perrin)이 원자를 본 것과 마찬가지이다. 이를 설명하면서 홀튼은 밀리컨이 사물이나 어떤 현상을 연구하는 방법에는 다음과 같은 세 가지 중요한 특성이 있다고 강조했다.

(1) 눈앞에 벌어지는 사건을 아주 신선하고 맑은 눈으로 바라본다.
(2) 자신이 본 사건을 탁월한 상상력으로 정교하게 시각화시켜 결론을 유도한다.
(3) 누구와 꼼꼼히 따져보거나 세밀하게 분석한 건 아니어도, 사실 그는 전기 현상을 바라보며 그에 대해 해석할 수 있는 자기 나름의 내용을 이미 만들어가고 있었다.

아인슈타인이 상대성원리에 대해 이야기하면서, 빛줄기를 타고 여행하는 사람을 상상했던 자신의 시각체험을 예로 든 일화는 유명하다. 이런 식의 상상력에 대해 아인슈타인은 다음과 같이 설명한다.

"상대성이론이라는 답을 얻기까지는 일종의 방향감각만 확실하였다. 구체적인 답을 찾아서 제대로 가고 있다는 느낌이 그만큼 강렬했다. 물론 그 느낌을 말로 표현하기는 무척 힘들다. … 하지만 훨씬 큰 시각에서 더 큰 전체를 보고 있다는 느낌은 항상 분명했다."

아인슈타인에게 수학은 그 자체가 그냥 눈에 '보이는' 그대로였다. 그는 이렇게 적고 있다.

유기체와의 교감

"수학에서 다루는 도형들도 우리의 감각으로 볼 수 있고 만질 수 있는 대상들과 전혀 다르지 않다."

이에 대해 홀튼은 다음과 같은 논평을 한다.

"그에게는 상상의 세계에서 그린 사물이 그대로 현실이었다. 그의 상상 속에서 '보이는' 모형들은 곧 손에 잡히는 대상이어서, 그가 마치 놀이에 빠진 어린애처럼 열심히 퍼즐 조각을 찾아 맞추기만 하면 곧 물리학의 새로운 세계가 그대로 꼴을 갖추고 드러났다."

다이슨이 묘사한 파인만과, 홀튼이 거론한 아인슈타인과 밀리컨의 공통점은 무엇일까? 세상과 사물을 보는 그들의 주관적인 시선과 상상력이, 그들이 과학적 업적을 성취하는 데 핵심적인 요소로 작용했다는 바로 그 점이 아닐까?

어떤 이론을 확증하는 과정에서 무언가를 '보는 일'은 이처럼 매우 중요하지만, 매클린톡의 사례는 그중에서도 유별나게 극단적인 경우였다. 매클린톡은 실험 재료의 속성을 발견하는 것은 물론이고, 그 단서를 찾아내고 또 이를 확증하는 작업까지도 잘 '보는 일'에 의지하였다. 그런 면에서 그녀의 작업 방식은 예술가의 그것과 닮은꼴이라고 말할 수 있다. 하지만 매클린톡과 예술가들의 작업이 매우 주관적인 시각에 의해 진행된다고 해도, 결국 그 성패 여부는 그들의 주관적 시선이 얼마만큼의 보편성을 지니고 있는지에 달려 있다고 봐야 한다. 많은 사람들이 그들의 작업을 통해 새로운 감흥을 느끼고, 나아가 그들의 독특한 감각과 시각을 공유할 수 있을 때라야 비로소 성공했다고 말할 수 있기 때문이다.

대중에게 인정받는 것은 차후의 일이라 치더라도, 최소한 어떤 이론이 설득력을 갖고 채택되려면 그 분야와 연관된 일정 집단 내에서만이라도 먼저 공감대가 형성되어야 한다. 그리고 이를 위해서는, 이론을 성립한 주체가 자기 고유의 특별한 감각과 시각을 포기하지 않으면서도 그 집단이 이미 공유하고 있는 공동의 언어와 시각에 어느 정도 기대는 것이 필요하다. 그런데 매클린톡은 이런 조건을 전혀 만족시키지 못했고, 그 결과 '자연교과서'를 해독하는 그녀의 독특한 방법은 오랜 세월 동안 오직 그녀만의 것으로 남아 있어야 했다.

1950년대를 지나면서 매클린톡의 독특한 시각은 점점 사람들의 기억에서조차 희미해졌다. 그런 가운데서도 그녀는 1940년대에 홀로 그려두었던 밑그림을 바탕으로 짜임새 있는 이론을 구축하고 또 이를 꾸준히 보강하며 완성시키는 작업을 해냈다. 그러나 그 무렵 유전학 분야에서는 엄청난 일들이 계속해서 벌어졌고, 그에 따라 유전학이란 학문의 방향 자체가 과거와는 완전히 다른 길로 접어들면서 대부분의 생물학자들은 매클린톡의 작업과는 전혀 상관이 없는, 새로운 세상을 향해 나아가고 있었다.

10장. 분자생물학의 빛과 그림자

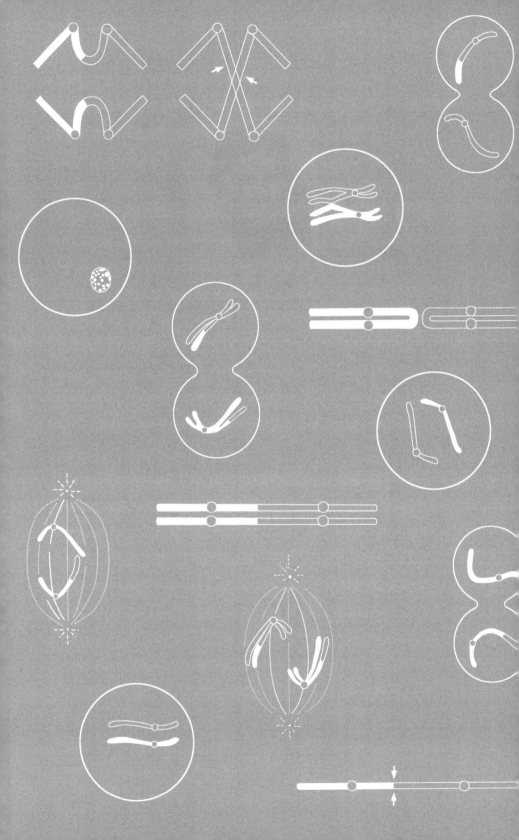

분기점에 놓인
유전학

유전자 개념이 흔들리다

1950년대 성립된 분자유전학은 유전학 분야에 엄청난 회오리를 일으켰다. 이와 별개로 전통적인 유전학 분야는 이 시기에 상당한 혼란을 겪고 있었다. 기존의 유전자 개념에 문제가 많다고 느끼는 사람이 상당수에 이르게 되면서 그 내용을 수정하려는 움직임이 일어났고, 내부에서 새로운 방향을 모색하려는 조짐도 엿보이기 시작했다. 분위기가 이렇다 보니 학계에서 매클린톡의 작업 결과에 관심을 갖는 것은 당연했다. 그것이 어쩌면 전통 유전학이 처한 현재의 상황을 극복하는 돌파구가 될 수 있으리라 기대하는 이들도 제법 있었다. 그러나 현실은 그런 방향으로 흘러가지 않았다.

'유전자와 돌연변이'라는 주제로 개최된 1951년 콜드 스프링 하버 심포지엄의 자료를 뒤져보면, 그로부터 꼭 10년 전 같은 장소에서 열렸던 '유전자와 염색체'라는 주제의 심포지엄에서 다뤄진 내용과 비교해 유전자의 개념이 대폭 수정되고 있음을 파악할 수 있다. 동시에 향후 10년 동안 어떤 방향으로 연구가 진행될지에 대한 대략적인 추이도 가늠해볼 수 있는데, 이는 1951년이라는 시기가 그만큼 과거와 미래를 가르는 분기점으로서 특징을 보이고 있음을 의미한다.

1951년 심포지엄의 조직위원장이었던 밀리슬라프 데메렉은 논문집의 서두에 당시의 심경을 다음과 같이 고백하고 있다.

"유전 현상을 일으키는 단위의 규정과 관련하여 '유전자'라는 개념을 설정한 지 벌써 50년 가까운 세월이 흘렀지만, 이 문제는 아직도 해결되지 못하고 있습니다. 이와 관련해 1941년 이후 상당한 정보가 축적되었으나, 사실상 유전자의 물질적 특성에 대해서는 그 어느 때보다도 갈피를 잡기 어려운 상황입니다."

이에 비해 1941년 심포지엄 자료에서 풍기는 분위기는 사뭇 낙관적이다. 많은 이들이 앞으로 10년 정도는 유전학 연구의 기초가 되는 염색체 연구에 관심이 집중될 것을 예상하면서 그에 대한 굳은 의지를 표명하는 것으로 일관하고 있다. 그 시절 승승장구하며 성과를 보이던 세포유전학의 발전에 힘입어, 유전학자들은 이제 곧 유전자의 물리화학적 실체를 밝혀낼 수 있으리라는 자신감으로 가득 차 있었다. 유전자는 결국 그 기능에 따라 물질적인 단위로 구분하여 헤아릴 수 있으리라고, 그들 대부분이 믿고 있었던 것이다.

데메렉은 1941년 당시 통용되던 유전자의 개념을 아래와 같이 요약하였다.

"10년 전에 유전자는 각각의 경계가 구분되는 개별 단위로, 실에 꿴 구슬처럼 염색체 위에 가지런히 놓여 있는 단단한 것으로, 외부의 자극에도 영향을 받지 않는 고정된 모습으로 그 실체를 드러냈습니다."

유기체와의 교감

이 당시에도 리하르트 골드슈미트를 비롯한 몇몇 사람들은 여전히 과거의 주장, 즉 유전자는 유전 현상 전체의 맥락에서 파악해야지 자꾸만 작은 단위로 나누면서 파고 들어가면 안 된다는 내용을 고수하고 있었다. 하지만 유전자는 그저 개념상으로만 유용한 '추상적 단위'일 뿐이라는 보수적인 입장을 견지하던 사람들조차 이제 유전자를 구체적인 물질 단위로 파악하자고 나서는 상황에서, 그런 주장은 더 이상 승산이 없어 보였다.

그런데 1951년이 되면서 또 한 번 상황이 급변하고 말았다. 물질적인 단위로 또렷이 구분된다는 뜻에서 '실에 꿴 구슬'로 표현되던 유전자의 개념에 전폭적인 손질을 가해야 하는 상황에 이르게 된 것이다. 데메렉은 다시 말을 잇는다.

> "유전자는 이제 한결 느슨한 개념, 다시 말해 염색체 덩어리의 부분이라는 정도로, 염색체 역시 경우에 따라 환경의 변화에도 반응하는 단위라는 식으로 새롭게 정리해야 할 시점에 이르렀습니다."

매클린톡의 작업을 주시한 사람들

1951년의 심포지엄은 이러한 내용의 개막 연설로 시작되었다. '유전자론'이라는 주제로 진행된 첫날 행사의 오전 시간에만 모두 세 사람의 강연이 이루어졌는데, 골드슈미트와 루이스 스태들러가 각각 첫 번째 두 번째 발표자로, 매클린톡이 세 번째 발표자로 나섰다. 세 사람의 강연은 모두 돌연변이 문제에 초점을 맞추고 있었고, 그중에서도 골드슈미트와 스태들러가 발표한 논문의 요지는 거의 비슷했다. 두 사람은 '유전자에 대한 모든 정보는 돌연변이 연구를 통해 밝혀졌다'는 점과 더불어, '유전자를 특성별로 구분이 되는 물질적 실체로 파악한 이유는 돌연변이가 특정한 부위별로 발생하기 때문'임을 강조했다.

그러나 여기엔 몇 가지 의문이 남는다. 돌연변이란 과연 무엇인가? 돌연변이의 정체가 무엇이고 돌연변이가 생기는 과정이 어떠한지를 알지 못하는 상황에서, 어떻게 돌연변이로 인해 유전자라 가정하는 각각의 단위들에 변화가 생긴다는 결론을 내릴 수 있는가? 등의 질문이 그것이다. 또한 염색체 내부의 순서가 대폭 뒤바뀌는 경우 돌연변이 현상은 나타나기 마련이지만, 그렇다면 다른 경우에 돌연변이가 생기는 건 어떻게 설명할 수 있는가, 하는 문제도 제기된다.

골드슈미트는 이에 대해서, 부위별로 일어나는 미세한 돌연변이는 '그 순서가 소폭으로 바뀔 때 나타나는 결과'로 보면 된다고 주장하였다. 이런 식으로 이해하면 굳이 유전자를 특성별로 구분되는 물리적 실체라고 가정할 필요가 없다는 것이었다. 골드슈미트는 처음부터 끝까지 유전자는 상상의 산물일 뿐이며 유전 현상의 기본단위는 염색체라는 주장을 굽히지 않고 있었다. 누가 뭐래도 유전형질은 염색체 위에 가지런히 놓여 있다고 믿는 그에게, 염색체의 순서가 바뀌는 현상과 돌연변이 유전자의 관계에 대한 새로운 연구 결과는 드디어 자기의 주장을 입증해줄 반가운 소식임에 틀림없었다. 그는 특히 매클린톡의 작업에 대단히 기대를 걸고 있었다.

"어느덧 이 분야에 종사하는 사람들의 생각이 하나의 방향으로 수렴되기 시작한 것은 사필귀정이라고 하지 않을 수 없습니다."

매클린톡의 작업에 대한 그의 관심은, 유전자의 제어를 통한 새로운 구조의 생성보다는 유전자의 자리바꿈 현상에 대한 설명에 집중되어 있었다. 한 해 전인 1950년에 매클린톡이 이에 대한 내용을 논문으로 발표했을 때부터 이미 골드슈미트는 "표현형질로 드러난 차이는 핵 안에서 염색이 되는 요소의 변화 때문"이라는 그녀의 결론에 지대한 관심을 표명했었다. "염색 요소는 세포의 구성 요소이지 유전자의 구성 요소가 아니므로", 굳이 유전자의 개념을 포함시킬 필요가 없기 때문이었다. 골드슈미트의 입장에서 매클린톡의 작업은 '자리효과'라는 현상을 대자연의 보편적인 법칙으로 격상시키는 효자 노릇을 해준 셈이었다. 이러한 업적을 이룬 매클린톡을 한껏 치켜세우며 그는 다음과 같은 내용을 못박아 두었다.

"매클린톡의 연구 성과 덕에 모든 사실이 명백해졌어요. 식물에서 나타나는 유전 현상은 세포 자체의 변화에 근거한다는 점이 입증된 것입니다."

그러나 골드슈미트의 이러한 칭송은 매클린톡에게 골치 아픈 짐을 지운 것일 뿐, 결코 도움을 주지는 못했다.

"돌연변이가 일어나는 빈도나 위치, 염색체의 순서가 뒤바뀌는 현상이 인식되든 아니든 상관없이, 모든 돌연변이는 결국 자리효과일 따름입니다."

이처럼 단순하고 투박한 골드슈미트의 결론에 거부감을 느끼는 이들이 많았고, 이는 결과적으로 표현형질의 변화를 '유전분자(gene molecule)'라는 가상물질의 변화와 연결시키는 기존의 논리가 오히려 신빙성을 얻는 데 일조했다.

이 분야에서 훨씬 신뢰할 만한 인물로 평가 받던 스태들러의 주장 역시 논리적 취약점이 드러나면서 골드슈미트로부터 공격을 받고 있었 다. 스태들러는 유전자의 개념 자체를 부정하지는 않았으나, 1951년에 발표한 논문에서는 전통적인 유전자의 개념 자체에 상당한 문제가 있 다는 결론을 내리고 있었다. 그러나 논거를 전개하는 방식이 상당히 우 회적이고 조심스러워서, 골드슈미트의 주장보다는 한결 부드럽게 수용 되는 분위기였다. 이 논문은 스태들러가 타계하기 3년 전인 1951년에 작성되었지만, 그의 사후에 이와 거의 흡사한 내용의 개정본이 '스태들 러의 고별 강연'이라는 제목으로 과학잡지 《사이언스(*Science*)》에 특집 으로 실렸다.

두 논문을 통해 스태들러가 내린 결론은, 국부적인 돌연변이가 유 전자에 의해서 생긴다는 가정은 옳지 못하다는 것이었다.

> "유전자의 돌연변이란 유전자의 새로운 형식으로 생겨난 산물이라는 뜻 인데, 이는 결국 유전자 외의 원인으로 생긴 돌연변이와 … 이들을 구분할 수 있는 선명한 근거가 없다."

이 말은, 유전자에 대한 지식은 모두 돌연변이의 출현을 보고 추 론한 것이어서, 즉 유전자의 존재를 입증하는 단서 자체가 돌연변이라 는 현상을 근거로 생성된 만큼, 유전자에 의해 국부적인 돌연변이가 생 긴다는 주장은 결국 서로의 꼬리를 물고 있는 순환논리에 다름 아니 라는 것이다.

"엑스레이를 쏘이면 특정 유전자의 성격이 변형되므로 여기서 돌연변이가 유도된다는 설명은 결국 동어반복일 따름이다."

유전자라는 개념을 완전히 포기할 수는 없다, 그러나 그 개념이 도입된 지 50년이나 흘렀는데도 여전히 그 성격이 애매모호하다는 사실은 인정할 수밖에 없다는 것이 바로 스태들러의 입장이었다. 그런 점에서 그는 막다른 골목에 몰려 있다 해도 과언이 아니었다. 유전물질의 행동 양식을 해명하기 위해서 멀러와 함께 엑스레이로 돌연변이를 유도하는 기술을 개발한 장본인으로서, 그가 이런 식의 결론을 공표하기란 쉽지 않았을 것이다. 자신의 명예를 걸고 초지일관 유전자의 존재 자체를 거부해온 골드슈미트와 달리, 스태들러는 평생 몰두해온 학문을 종합하고 반추한 끝에 이제 더 이상 다른 도리가 없음을 스스로 실토한 셈이었다. 그는 유전학이 끊임없는 순환논리에 빠져 있다고 보았고, 거기에서 벗어나기 위해서는 하루라도 빨리 더욱 효과적인 분석 방법을 개발하는 것뿐이라고 여겼다.

이런 맥락에서 스태들러 역시나 자리바꿈 현상을 밝혀낸 매클린톡의 작업에 골드슈미트 이상으로 기대를 걸고 있었다. 다양한 유전형질이 생기는 과정 자체에 초점을 맞추고 있는 매클린톡의 연구에서는, 실에 꿴 구슬처럼 고정되고 자율적인 단위로 이해되는 유전자의 개념은 불필요하기 때문이다. 당시 매클린톡이 설명한 바에 따르면 유전자와 무관한 염색체의 변형을 통해서도 얼마든지 유전형질의 변화를 꾀할 수 있고, 이는 이제 더 이상 돌연변이를 유전자 자체의 변형으로 볼 필요가 없음을 의미하는 것이었다. 1954년에 발표된 '고별 강연'에서, 스태들러는 매클린톡의 1950년 논문과 1951년 논문을 모두 인용하면서 다음과 같은 결론을 내렸다.

> "옥수수의 돌연변이에 대한 매클린톡의 탁월한 연구는 … 여태까지의 유
> 전자 돌연변이 연구에 항상 엄청난 제약으로 작용했던 이 개념의 한계를
> 여실히 보여주었다."

유전학 분야에 펼쳐진 새로운 드라마

위의 사례로 알 수 있듯, 1951년 심포지엄이 열린 그 무렵에는 유전학
의 기본 개념을 전폭적으로 바꿔놓는 새로운 접근을 환영하며 받아
들일 분위기가 충분히 조성되어 있었다. 유전자를 고정불변의 독립적
단위로 상정하고 이를 돌연변이나 혹은 재배합의 성분 요소로 삼아
온 전통 개념에 불만을 가진 사람들이, 스태들러나 골드슈미트의 견
해 쪽으로 점점 생각을 바꿔가는 추세였다고 보면 정확하다. 이런 점
에서 매클린톡이 연구 결과를 1951년에 발표한 것은 참으로 시의적절
한 일이었다.

그러나 한편으로 1951년은, 골드슈미트나 스태들러의 노력을 헛수
고로 만들 만큼 강력한 어떤 움직임이 일어나고 있는 시기이기도 했다.
앞서 유전자 개념의 변화가 필요하다고 강조한 데메렉은, 곧이어 이 주
제로 넘어가 다음과 같이 밝혔다.

> "지난 10년간의 활동을 돌이켜볼 때 주목할 만한 변화 중 하나는, 유전자
> 연구에 쓰는 실험 재료가 크게 바뀌었다는 사실입니다. 1941년에는 심포

지엄에 제출된 논문의 약 30퍼센트가 초파리를 대상으로 연구한 결과였고 미생물을 대상으로 한 실험은 6퍼센트에 불과했습니다. 그런데 그로부터 10년이 지난 올해는 초파리 연구가 9퍼센트로 줄었고, 대신 미생물 연구는 70퍼센트 가량으로 대폭 늘었습니다.”

초파리, 옥수수 등의 다세포 동물이나 식물에서 박테리아나 바이러스 같은 미생물로 실험 소재가 크게 달라진 경향을 데메릭이 언급한 것은, 1951년에 이미 시작된 생물학 전반의 혁명적 분위기를 드러내기에 충분했다. 그리고 이런 변화는 이후 점점 더 가속화되었다.

실험 재료로 쓰이는 초파리와 옥수수를 비교하면, 옥수수는 씨앗을 심어 수확하기까지 1년이 걸리는 데 비해 초파리는 14일마다 한차례씩 다음 세대를 확보할 수 있다. 그런데 박테리아 같은 미생물은 그 속도가 더 빠르다. 박테리아는 20분에 한 번씩 세대교체를 이루고, 바이러스의 일종인 박테리오파지는 심지어 그 절반밖에 안 되는 시간 동안에도 여러 차례의 복제가 가능하다. 무엇보다 박테리아 같은 미생물과 고등생물 사이에서 보이는 가장 큰 차이는 바로 세포의 구조 자체가 다르다는 점이다. 일반 동식물의 세포를 진핵(eukaryote) 세포라 부르는 데 반해 박테리아 같은 미생물의 세포는 원핵(prokaryote) 세포라 부르는데, 이 원핵세포는 세포의 핵 성분을 경계 짓는 막이 따로 없어서 유전물질과 세포질 사이가 선명하게 구분되지 않는 원시 상태의 모양을 하고 있다.

1945년까지만 해도 과학자들은 박테리아 같은 원시생물에는 대개 염색체가 없는 줄 알고 있었다. 또한 이들이 별도의 유전자를 지니고 있으리라 생각하는 사람도 거의 없었다. 염료로 착색을 해서 현미경으로 들여다보면, 통상적으로 알고 있는 염색체는 '빛깔을 띠는' 막대기 모양으로 드러나는 데 비해, 박테리아의 염색체는 가는 실 가닥 모양으로 서로 닮은 데가 없어 보인다. 박테리아의 실 가닥은 또한 고등생물의 염색체에서 일어나는 감수분열이나 체세포분열 같은 활동을 하지 않기에, 세포를 연구하는 소재로는 부적절하거나 심지어 불가능하다고 믿고 있었다.

게다가 유전정보가 염색체의 단백질 부분에 담겨 있다고 생각해온 유전학자들로서는(19세기말에 세포의 핵을 이루는 화학 성분은 핵산과 단백질이 뒤섞인 핵단백질로 되어 있다는 사실이 밝혀지면서, 당시의 생물학자들은 유전자의 화학적 구조에 대해 특별한 개념은 없었어도 단순명료한 핵산 구조가 유전자 역할을 할 가능성이 다분하다는 생각은 어느 정도 할 수 있었다.) 단백질 성분이 거의 없는 박테리아의 염색체가 유전정보를 전달할 수 있으리라고는 상상조차 할 수 없었다. 박테리아는 무성생식으로 증식을 하니 따로 유전정보를 전해줄 필요가 없다거나, 혹은 이들은 세포 하나가 독립된 생물이니 그냥 통째로 복사된다는 식으로 여기기도 했다. 이렇듯 박테리아는 여러모로 유성생식을 통해 복잡한 형태로 분화해가는 고등생물과는 달랐고, 바로 이 점 때문에 학자들은 이를 연구에 적합한 실험 재료로 보지 않았다.

그러면 어떤 연유에서 상황이 변화한 것일까. 1951년 데메렉이 언급한 실험 소재의 변화는 1940년대에 걸쳐 진행된, 서로 밀접하게 연관된 세 가지의 변화 추세를 반영하고 있다. 그 세 가지의 변화란 다음과 같다.

첫째는 유전학을 하는 방법이 바뀌었다.
둘째는 유전학을 주도하는 사람들의 성향이 변화했다.
셋째는 유전자에 대한 이해 자체가 지난 10년간 엄청나게 달라졌다.

그 결과 몇 년 후 제임스 왓슨은 다음과 같은 주장을 하기에 이른다.

"유전자는 더 이상 교배실험을 통해 가늠하는 모종의 신비체가 결코 아니다. 유전자는 이제 분자의 형태로 존재하는 구체적인 대상이다. 화학에서 다루는 일반물질의 분자와 꼭 마찬가지로 아주 객관적인 실험 대상이 된 것이다."

새롭게 펼쳐지는 이 드라마는, 이전의 유전학과는 거의 무관할 뿐 아니라 전혀 다른 분야에서 활용되어온 소재들을 도입했다. 생화학과 미생물학, 여기서 한 걸음 더 나아가 엑스레이 분석과 물리학에서까지 많은 내용들을 차용하기 시작한 것이다. 이 분야를 선도해가는 과학자들 중 원래부터 유전학 공부를 한 사람은 드물었고, 세포학에 대해서는 들어본 적조차 없는 사람도 무척 많았다. 그럼에도 정통 세포학자나 연로한 유전학자들은 변화된 현장에 발붙일 수가 없었다. 1930년대와 1940년대에 진행된 세포 연구가 생물학의 기반을 구축하고 구체적이며 물리적인 유전자의 규칙을 파악하는 작업 위주로 이루어졌다면, 이제는 유전자를 연구하는 시각 자체가 분자 수준으로 옮겨감에 따라 더이상 그들이 할 역할이 없어졌기 때문이다.

분자생물학의
태동과 성장

한 물리학도로부터 시작된 새로운 흐름

이 새로운 조류를 이끄는 대표적인 주자는 막스 델브뤼크으로, 그는 양
자역학의 아버지라 불리는 닐스 보어(Niels Bohr)에게서 물리학을 공부
하던 학생이었다. 델브뤼크은 분자생물학을 창립한 멤버 중 한 명으로 꼽
히지만, 그의 이름을 기릴 만큼 새로운 것을 발견하진 못했다. 그러나
델브뤼크은 물리학의 사고방식과 방법론을 생물학으로까지 확장하여, 이
무렵의 생물학에 새로운 지평이 열리도록 기여했다.

물리학의 전통은 원래 복잡한 사물의 양상을 단순하게 축약하는 것
이어서, 이런 훈련에 길이 들면 제아무리 현란한 대자연의 신비라도 주변
적인 현상은 모두 삭제한 채 핵심 요소만을 간결하게 뽑아낼 수 있게 된
다. 물리학자들이 복잡하고 다양한 자연 현상의 핵심 요체를 읽어내는
가장 단순한 자연법칙을 찾아내는 데 능력을 발휘한 비결이 여기에 있다.

이와 같은 학문적 배경에서 성장한 델브뤼크은 1937년 독일에서 미
국으로 건너올 때 목적지를 캘리포니아 공과대학으로 정한 것에 대해,
"물리학에서 익힌 기초 개념을 생물학의 문제 해결에 효과적으로 응
용해보겠다"는 생각 때문이었다고 말했다. 그는 우선 분석에 용이한
가장 단순한 생명체를 찾아보았는데, 이 점에서부터 유전학의 전통적

인 입장과는 차이를 보인다. 생물학에서는 양식이 단순하면 그만큼 크기도 작게 마련이어서, 대개의 전통적인 유전학자들은 단순한 생명체를 실험 대상으로 삼을 경우 복잡한 생명 현상을 간과할 수 있다고 우려한 반면, 물리학과 출신의 델브뤽은 그것을 전혀 문제삼지 않았을 뿐 아니라 오히려 중요한 이점이 될 거라고 확신하였다. 더구나 이미 그 당시에도 박테리아보다 더 작은 생물, 현미경으로도 보이지 않을 만큼 작은 '미생물'을 실험 소재로 하는 연구들이 진행 중이었기에, 그는 기꺼이 이 작은 생물체를 연구 대상으로 선택했다.

박테리아에 기생하는 바이러스의 생활사에 대한 최초 기록은 펠릭스 데렐(Felix d'Hérelle)이 1926년에 작성한 것으로 되어 있다. 그 기록에 따르면, 이 바이러스는 기생할 박테리아의 표면에 들러붙어 표면을 뚫고 그 안에 들어가서 번식을 하다가, 숙주인 박테리아 세포가 터지면 바깥으로 쏟아져 나오는 식으로 생활을 한다. 일명 박테리오파지라고 불리는 이 바이러스는 혼자서는 자기복제도 못할 만큼 단순하고 원시적인 존재로, 기생할 숙주가 있어야만 겨우 생명 현상을 보이기 시작한다. 그래서 과연 이 존재를 생물로 간주해야 하는가에 대한 논쟁이 지속되고 있는 중이었다.

델브뤽은 당장 이 애매한 존재, 즉 절반은 생명이고 절반은 무생명인 괴상망측한 바이러스에 사로잡혔다. 이에 관해 그는 다음과 같이 쓰고 있다.

"생명체 속에서 증식을 하는 대형의 단백질 분자가 존재하다니, 이렇게 기막힌 현상에 대해 화학자는 아직 들어본 적이 없다. 그러나 생물학에서는 바로 이 점이 생명 연구의 정말 핵심적인 단서가 될 수 있을 것이다."

그는 생명 연구라고 말했지만, 사실 바이러스 시스템이 보여주는 것은 단지 생식 과정일 뿐이었다. 당시는 바이러스에 (혹은 박테리아까지 포함하여) 과연 '유전자'가 있느냐 하는 문제도 아직 그 해답이 밝혀지지 않은 상태였지만, 그는 이 문제는 당분간 보류하기로 했다. 그에게 무엇보다 중요한 점은 그들이 생식을 한다는 사실이었기 때문이다.

8년이라는 세월이 더 흐른 후 델브뤼은 어떤 강연에서, 젊은 날에 자신이 느꼈던 감격을 느긋하고 유머러스한 방식으로 설명하였다.

"닐스 보어 밑에서 공부했던 물리학도 하나가 있었어요. 그가 어느 날 실험을 했는데, 바이러스 입자 하나가 박테리아 세포에 들어간 후 20분이 지나자 박테리아 세포가 터져버리면서 갑자기 100개의 입자가 쏟아져 나온 겁니다. 참 이상하지요. 한 개의 입자가 들어간 지 불과 20분만에, 어떻게 똑같은 입자 100개로 변해서 나왔을까요?

정말 흥미로운 일입니다. 어떻게 그 입자는 박테리아 속으로 들어갔을까요? 그리고 어떻게 100개로 늘었을까요? 부피가 커지면 가운데가 나뉘어 두 개로 되는 박테리아처럼, 이들도 그렇게 늘어난 것일까요, 아니면 전혀 다른 방식으로 그렇게 됐을까요? 또 이 별난 입사는 박테리아 속에서만 그렇게 늘어날까요, 아니면 박테리아를 부숴버려도 마찬가지로 늘어날까요? 이런 식의 증식 과정이 혹시 우리가 여태껏 모르고 있던 유기화학의 특별한 현상은 아니었을까요?

한번 생각해봅시다. 이렇게 간단한 현상은 그 답을 구하는 과정도 그리 어렵지는 않아요. 몇 달만 연구하면 풀릴 겁니다. 이런 일이 발생하는 조건을 하나하나 바꾸면서 그 결과를 살펴보면 되지요. 온도를 바꿔보고, 박테리아에게 주는 양분을 바꿔보고, 또 바이러스의 종류를 바꿔보는 실험을 통해 결과를 비교해보면, 그 답을 얻을 수 있을 겁니다. 박테리아에 바이러스가 침입한 다음, 용해가 일어나기 전 어느 시점에서 박테리아를 미리 부숴볼 수도 있습니다. 어떤 실험이든 불과 몇 시간이면 결과를 얻을 수 있기 때문에, 이 문제를 푸는 시간은 오래 걸리지 않을 게 틀림없어요."

델브뤽 스스로 '생명의 문제'를 푼 것은 아니지만, 그가 이 분야에 끼친 영향은 결코 간과할 수 없다. 위의 강연에서 델브뤽이 언급한 '물리학도'는 다음의 말을 보탠다.

"아, 내가 좀 틀린 데가 있습니다. 이 연구는 몇 달 안에 해결되지는 않을 성싶습니다. 어쩌면 수십 년이 걸릴 수도 있지요. 그것도 수십 명의 연구진이 함께 달려들어야 겨우 그 시간 안에 풀 수 있을지 모르겠습니다. 하지만 여기서 무엇을 발견했는지 한번 잘 들어보시기 바랍니다. 그럼 여러분도 아마 이런 일을 배우고 싶은 마음이 생길 겁니다."

분자생물학을 선도한 주인공들

델브뤽의 말대로, 그의 강연을 경청한 사람 중 그의 일에 동참하겠다고 나선 이가 몇몇 있었다. 그 첫 번째 인물은 의과대학에서 미생물학을 전공한 살바도르 루리아였다. 당시 독일과 이탈리아를 광기로 몰아넣은 파시즘의 극성을 피해 고향을 등지고 멀리 미국까지 건너온 그는, 이탈리아에 있을 때부터 이미 박테리오파지 연구에 큰 관심을 갖고 있던 터였다. 그래서 그는 델브뤽과 곧 의기를 투합하였다.

루리아 정도의 경륜이 있는 사람에게, 앞으로 미생물학의 쟁점이 어디로 옮겨갈지는 명백했다. 박테리아와 같은 미생물에도 고등생물과 마찬가지로 유전적 기능이 갖춰져 있는지, 그리고 이들 역시 돌연변이 능력이 있는지를 밝히는 일이 급선무임을 그는 알고 있었다.

그 당시 박테리아는 환경에 맞게 변신하는 것으로 알려져 있었는데, 이와 같은 변신이 환경에 의해 유도된다고 믿는 생물학자가 제법 많았다. 그래서 루리아는 박테리아를 가리켜 '라마르크 최후의 요새'라 부르기도 했다. 진화의 방식과 관련하여 라마르크는 생명체가 몸을 변형시키며 환경에 적응한다는 이른바 '용불용설'을 제창했지만, 다윈의 '자연도태설'에 밀리는 형국이었기 때문이다.

1943년 루리아는 박테리아의 적응이 과연 환경에 의해 유도되는 것인지, 아니면 수많은 돌연변이 중 환경에 적응한 것만 살아남은 결과인지를 확인하는 실험을 했다. 루리아는 델브뤽에게 이 실험을 함께 하자고 제안하는 편지를 써서 보냈고, 이들은 몇 달 후 실험을 마치고 그

1949년 6월, 뉴욕 셸터 섬에서 열린 유전학대회 참석자들: 뒷줄 왼쪽부터 조슈아 레더버그, 프랜시스 라이언, 알프레드 스터티반트, 스털링 에머슨, 트레이시 손번, 밀리슬라프 데 메렉, 알프레드 미르스키, 노만 길스, 잭 슐츠, 윌리엄 매클로리, 살바도르 루리아, 존 프리어, 알프레드 허쉬; 앞줄 왼쪽부터 칼 스완슨, 존 로난, 바바라 매클린톡, 버윈드 카우프만, 루이스 스태들러, 쿠르트 슈테른, 마르쿠스 로우즈.

결과를 공동의 논문으로 제출하였다. 이들의 논문은 최종적으로 자연도태설을 입증하는 자료로 통용되었고, 동시에 박테리아 역시 고등생물과 꼭같이 돌연변이를 일으킨다는 사실을 확인시켜주었다. 이와 동시에 유전학자들은 20분에 한 번씩 생식 활동을 하는 단순한 생명체에게 거리낌없이 손을 뻗기 시작했고, 박테리아 유전학은 어느덧 이 분야에서 아주 중요한 분과로 자리잡았다.

델브뤽과 루리아에 뒤이어 끼어든 세 번째 인물은 미국 태생의 알프레드 허쉬(Alfred Hershey)라는 미생물학자로, 이들 셋은 나중에 '미국의 파지 그룹'이라는 이름으로 통칭되는 무리의 핵심이 될 뿐 아니라, 1969년에는 생리학과 의학 분야에서 공동으로 노벨상을 받기도 한다. 원래는 분자생물학을 공부했으나 후에 역사학을 공부해 과학사가로 활동하는 군터 스텐트(Gunter Stent)는, 그 당시를 가리켜 "유전자의 물질적 실체를 찾아내려는 꿈에 부풀어 온갖 열정을 쏟았던 분자생물학의 '낭만주의' 시기였다"고 묘사한다. 그리고 스텐트를 비롯해 다른 사람들 역시 이 낭만주의 시기를 주도한 인물은 델브뤽과 루리아와 허쉬였다고 입을 모은다.

'파지 그룹'의 활동은 처음에는 별 진전이 없었으나 델브뤽이 콜드 스프링 하버에서 '박테리오파지 여름학교'를 개설한 뒤로 폭발적인 성장을 거듭하였다. 세 사람은 그 전에도 여름이면 함께 모여 회합을 가졌는데, 언젠가부터 해마다 여름학교를 열어 관심 있는 사람은 모두 참여하도록 개방하였다. 그러자 콜드 스프링 하버는 단숨에 생물학계의 신세대를 위한 새로운 순례지로 떠오르게 되었다. 스텐트의 표현을 빌리면 "콜드 스프링 하버는 본격적인 분자생물학의 전도 센터가 되어 이 새로운 복음을 물리학도와 화학도에게도 전파시켰다."

이 분야에 물리학도를 끌어들이고 아울러 생물학 전반에 물리학적 사유 방식을 도입하는 데 델브뤽 못지않은 공헌을 세운 것으로 알려진 레오 실라르드(Leo Szilard) 역시, 1947년에 개설된 여름학교 참가자였다. 그와 함께 같은 과정을 밟은 아론 노빅(Aaron Novick)은 훗날 실라르드와 함께 시카고 대학에서 유기화학을 연구하게 된다. 다음은 당시를 회고하는 노빅의 글이다.

"물리학을 공부한 사람들에게 너무나 흥미로운 분야가 될 새로운 종류의 생물학이 현장에서 제조되고 있었다. 3주짜리 과정을 통해 우리는 이 분야의 공부에 필요한 몇 가지 중요한 개념과 일련의 실험 기술, 그리고 명료하게 사태를 설명하고 이해하는 학문적 태도를 함께 전수받았다. 거의 혼자 이 모든 것을 준비한 델브뤽을 보면서, 그가 앞으로 우리가 일할 수 있는 터전을 닦고 있다는 인상을 깊이 받았다."

그 이듬해인 1948년, 살바도르 루리아 교수 밑에서 대학원과정을 밟고 있던 제임스 왓슨도 여름학교에 참가하였다. 젊은 시절에 델브뤽이라는 엄청난 존재를 직접 대면했던 그 당시의 일이 아주 특별한 기억으로 남아 있다고, 그는 회고한다. 그 시기에는 델브뤽뿐 아니라 양자물리학의 새로운 지평을 열어 보인 닐스 보어와 에르빈 슈레딩거(Erwin Schrodinger)도 생물학 전반에 새로운 물결을 일으킬 수 있는 인물로 상당한 주목을 받고 있었기에, 생물학 분야에서 앞으로 "물리학의 법칙들이 추가로" 드러나게 되리라는 기대가 한창 무르익고 있었다. 이에 대해 왓슨은 "양자역학의 개념이 끊임없이 언급되는 게 무척 불편했지만, 열정적인 델브뤽 교수의 모습을 보면서 언젠가는 나도 한번 엄청난 발견

유기체와의 교감

을 하는 일에 참여하고 싶다"는 소망을 품었다고 털어놓는다.

여름학교에서는 복잡하고 다양한 생물학의 문제들을 요약해서 날카롭게 핵심을 꿰뚫는 질문을 세운 다음, 이를 설명하는 단순한 모델을 세우는 훈련을 주로 시켰다. 왓슨이 지적한 것처럼, 유전학의 새로운 방식을 배우는 데 양자역학과 관련된 지식은 전혀 필요 없었다. 오히려 중요한 것은 시시때때로 주어지는 문제에 대해 즐겁지만 진지하게, 그리고 고집스럽게 접근하는 학문 태도를 익히는 것이었다.

같은 공간, 그러나 서로 다른 세계

콜드 스프링 하버에서 몇 주에 걸쳐 여름학교가 열리는 동안, 남자 참가자들은 거의 매일 바바라 매클린톡을 스쳐 지나곤 했다. 그들은 한 울타리 속에 함께 살면서 같은 식당을 이용하고 같은 강의실을 사용했지만, 그러나 결코 같은 세계에 살고 있는 것은 아니었다.

델브뤽과 루리아만 해도 유전학의 기초를 확립한 매클린톡의 탁월한 업적을 인정하고 그에 충분한 경의를 표하는 편이었으나, 이와 달리 왓슨은 지나간 과거와는 철저하게 결별하고 앞으로의 전망에만 관심을 보이는 전형적인 신세대였다. 그에게 매클린톡은 더 이상 자기와 상관없는 역사에 속하는 구시대의 인물일 뿐이었다. 『파지 그룹에서 보낸 시절(Growing up in the Phage Group)』이라는 회고록에서, 왓슨은 매클린톡을 자기들과는 아무 상관이 없는 이웃집 여자 정도로 묘사하고 있다.

"콜드 스프링 하버에서 여름을 보내는 동안, 나는 그곳이 점점 더 마음에 들었다. 주변 환경도 아름다웠지만, 무엇보다 거기에서는 좋은 과학과 나쁜 과학을 구분하는 시각이 분명해졌다.

또 목요일 저녁이면 블랙포드홀에서 리처드 로버트의 초감각적 능력에 대한 강의라든가, 인체 형상으로 질병이나 성격을 파악하는 W. 셸던의 이론에 대한 흥미 위주의 강좌가 열리곤 해서, 루리아 교수 같은 사람만 빼고는 모두 그리로 몰려가곤 했다. 목요일의 저녁 강좌는 다른 행사와 마찬가지로 에른스트 카스파리(Ernst Caspari)가 도맡아서 사회를 보았는데, 그토록 '흥미진진한 발표'를 해주신 연사님들께 깍듯이 감사의 인사를 하는 사회자에게 우리는 늘 감탄을 금치 못했다.

특별한 일이 없는 저녁에는 다들 블랙포드홀이나 후퍼하우스 앞쪽에 모여서 재미난 일이 없을까 궁리하거나, 빈방의 전깃불을 끄러 다니는 데메렉 교수님을 빗대는 유머 시리즈를 지어내기도 했다. 그래도 심심함을 참을 수 없을 때는 마을로 내려가 해왕성의 동굴이라는 술집에 들러 맥주를 한잔씩 걸치고 오기도 했다. 어느 날 저녁에는 공터로 몰려가 야구를 하며 놀았는데, 공이 자꾸만 공터 바로 옆에 있는 바바라 매클린톡의 옥수수밭으로 날아가곤 했다."

스텐트의 말대로 이들 그룹의 정신적 지향은 분명히 유전자의 물리적 실체를 규명하는 쪽에 쏠려 있었다. 그러나 당시 분위기로 가늠하건대 그게 반드시 유전물질의 생화학적인 구조를 뜻하는 건 아니었음을 강조할 필요가 있다. 누구보다도 델브뤽은 가장 기본적인 어떤 것을 찾고 있었지만, 그 주요 개념이 생화학 쪽에서 나오리라는 예상은 하지 않았다. 그는 생화학이 "세포를 무슨 '효소종합공장' 정도로 여긴다"고 지적했다. "여러 과정을 거치는 동안 단계별로 필요한 유효 성분과 그 나머지인 찌꺼기를 제조하는 식으로만 세포를 요약하는 학문"처럼 보인다는 것이었다. 이는 효소들이 어떻게 합성되며 어떤 기능을 하는지에 초점을 맞추는 생화학의 특성을 비꼬는 말이었다.

델브뤼크의 관점에서 이는 잘못된 접근이었다. 그런 방식은 화학에서 흔히 말하는, "단순한 현상의 설명을 위해 복잡한 배경을 전부 동원하는 식"으로 보였다. 새로운 물리 법칙에 환호하는 델브뤼크가 생각하기에, 유전학의 기초 단위를 찾으려면 가장 기본이 되는 단위부터 시작해야지 그 반대로 위로 올라가 문제의 바닥으로 다시 내려가는 방식은 옳지 않았다. 세포의 '원자'에 해당하는 기본 단위를 찾아내기 위해서는, 즉 생물학의 출발점으로 삼을 만한 설명 방식을 구축하기 위해서는 "세포 내 다양한 활동을 면밀히 살핀 후 과감하게 축약하는 작업이 더 중요하다"는 관점에서, 델브뤼크는 다음과 같은 제안을 했다.

"이런 방향으로 가야지만 물리학 쪽에서도 확실한 지원을 해줄 수 있다. 또한 그렇게 해야만 생물학에도 새로운 지평이 열려 여태껏 발휘되지 못했던 생물물리학의 의미가 살아나고, 이와 더불어 새로운 지적 전통을 확립할 수 있을 것이다."

양파 껍질처럼 벗겨지는 DNA의 정체

다행히도 모든 사람이 델브뤼크의 입장에 동조하지는 않았다. 특히 콜드 스프링 하버에서 서쪽으로 60킬로미터 남짓 떨어진 곳에 있는 록펠러

연구소에서 일하는 사람들은, 델브뤽에 비해 보다 충실히 생화학적 접근을 고수하면서 유전자의 물리적 혹은 화학적 성격을 다른 식으로 해석할 수 있는 방안을 모색하고 있었다.

그 핵심 인물인 오스월드 에이버리는 유전학자도 아니고 물리학자도 아니었다. 미생물학과 생화학을 전공하고 의대에서 내과 전문의 훈련을 받은 그는, 애당초 물리학이나 생물학의 새로운 법칙 혹은 유전자의 물리적 실체를 찾겠다는 생각을 한 적이 없었다. 대신에 그는 1928년 영국 출신인 프레데릭 그리피스(Frederick Griffith)라는 의사가 발견한 기이한 현상의 원인, 즉 박테리아의 성격이 바뀌는 현상과 관련하여 그렇게 작용하도록 유도하는 성분이 뭔지를 알고자 했다.

그리피스는 폐렴을 일으키는 박테리아 두 종류를 배양했는데, 하나는 전염성이지만 열처리를 통해 이미 죽은 상태였고 다른 하나는 살아 있지만 전염성이 없는 상태였다. 그는 이 두 종류의 박테리아를 한곳에 섞고 나서 얼마 후, 살아 있는 박테리아에 죽은 박테리아의 전염성이 옮겨져 후손들에게 대물림되고 있다는 사실을 확인하였다. 죽은 박테리아에서 살아 있는 박테리아로 전염성을 옮겨준 성분은 대체 무엇일까? 여기서 중요한 것은 후손에게 전달되어 어떤 특성을 드러내는 유전물질이 어떤 몸에서 다른 몸으로 옮겨간다는 '유전자 교환'의 개념이다. 이 개념이 전제되어야만 박테리아의 성격이 달라진 현상이 왜 유전학에서 무척 중요한 주제임을 이해할 수가 있다. 다시 말해 박테리아에 유전자가 없다고 생각하는 한, 이런 변화를 일으킨 원인을 알아낸다고 해도 이를 유전자의 물질적 실체라는 맥락에서 이해할 수는 없다는 것이다.

1943년에 루리아와 델브뤽이 공동으로 진행한 실험 덕분에 박테리아에도 유전자가 있다는 사실이 밝혀졌지만, 모든 사람이 이를 납득한 것은 아니었다. 아울러 1944년에 이와 같은 변형을 유인하는 물질은 DNA가 틀림없음을 증명하는 분석 결과를 에이버리와 콜린 매클로드, 그리고 매클린 매카시가 발표했지만, 이 사실을 토대로 유전자의 성분이 곧 DNA라는 결론을 유추할 수 있는 사람은 극소수였다. 심지어 루리아조차 이 점을 미심쩍어했다.

겨우 네 종류의 염기로 구성된 DNA를 '맹탕 분자(stupid molecular)'라 부르던 델브뤽 또한, 이렇게 단순한 구조를 통해 그 엄청난 생명체의 정보가 특징별로 모두 드러날 수 있다는 사실을 선뜻 받아들이기 어려워했다. 그가 볼 때는 DNA보다 훨씬 구조가 복잡하고 종류도 다양한 단백질이 유전자 역할에 더 적격인 데다, 그럴 가능성도 더 높은 것 같았다. 게다가 루리아와 델브뤽이 박테리오파지를 가지고 실험한 결과를 보더라도, DNA가 유전자 노릇을 한다는 확실한 증거는 전혀 없었다.

그로부터 8년의 세월이 더 흐른 후에야 비로소 유전물질은 DNA에 담겨 있다는 사실을 모두가 인정할 수밖에 없는 결정적인 증거가 드러났다. 1952년 콜드 스프링 하버에서 앨 허쉬와 마사 체이스가 진행한 실험에 의해, 박테리오파지가 박테리아 속으로 침입할 때 단백질 껍데기는 바깥에 벗어놓고 속에 있는 DNA만 안으로 들어간다는 결과가 도출된 것이다. 사정이 이렇게 되자 DNA를 둘러싼 연구에 속도가 붙었고, 마침내 1954년 왓슨과 크릭이 DNA의 이중나선 구조를 발견하기에 이르렀다. 이 사건은 다른 많은 곳에서 상세하게 소개되어 있으므로, 여기에서는 이 발견이 생물학 전반에 어떤 충격을 주었는지 정도만 살펴보고자 한다.

DNA 구조가 밝혀짐으로써 무엇보다 유전이 이루어지는 과정과 관련한 온갖 의문이 기대 이상으로 풀려갔다. 유전자의 복제 과정이 명백하게 드러난 것은 그 하나의 예다. DNA의 이중나선이 복제될 때는, 어느 쪽이든 한 가닥이 복사 원본이 되며 염기배열에 따라서 각각에 연결될 짝을 찾는 식으로 새로운 가닥이 만들어진다. 유전정보를 담고 있는 DNA의 염기 종류는 결코 많지 않다. 다만 같은 종류의 염기라도 그 배열 방식에 따라 서로 다른 내용을 담게 된다. 이것이 DNA가 생명체의 무한한 변형 가능성을 모두 감당할 수 있는 이유이다.

한편 왓슨과 크릭은 '염기배열 그 자체가 유전정보를 담고 있는 암호로 작용한다'는 놀라운 사실을 1953년 처음으로 포착하였다. 그런데 얼마 후 물리학자인 조지 게이모우(George Gamow)는 여기에 새로운 문제가 있음을 알아차렸다. 염기배열이 유전정보를 담고 있는 암호로 작용할 경우 이를 해석하기가 상당히 까다롭다는 것이었다. 그는 이를 실제로 보여주기 위해서 먼저 DNA 분자를 구성하는 네 종류의 염기를 알파벳 글자로 표현하고, 단백질 분자를 이루는 20여 종의 아미노산 역시 다른 알파벳 글자로 표현했다. 그런 다음 DNA가 특정 단백질의 합성을 어떻게 지시하는지를 밝혀내야 하는데, 이를 이해하기 위해서는 우선 한 알파벳의 낱말을 다른 알파벳의 낱말로 바꿔주는 암호를 찾아내는 게 필요하다. 게이모우는 수수께끼 같은 암호를 여러 방식으로 조합해본 끝에, 세 글자를 단위로 하는 풀이가 가장 적합한 해법이라는 결론에 도달했다. 이는 염기 세 개가 나란히 이어진 DNA가 아미노산 한 개를 찍어낸다는 것을 의미한다. 다시 말해 게이모우는, 단백질 분자를 구성하는 아미노산 연속체가 DNA 분자의 세 개씩 묶여진 기다란 염기 가닥에 해당한다는 사실을 밝혀낸 것이다.

일반적인 암호는 양쪽 방향으로 모두 번역이 가능하다. 다시 말해 암호를 보통 말로 바꿀 수 있고, 보통의 말도 암호로 바꿔 쓸 수 있다는 얘기다. 그러나 분자생물학에서는 이게 한 방향으로만 진행이 된다. 1957년 프랜시스 크릭은 유전정보의 이런 특성을 가리켜 '중심교리(central dogma)'라는 이름을 붙였다.

"이게 무슨 말이냐, 단백질 쪽으로 '정보'가 갈 수는 있지만 거기서 다시 올 수는 없다는 뜻이다. 핵산에서 핵산으로 혹은 핵산에서 단백질 쪽으로 정보가 전달되는 건 가능하지만, 단백질에서 단백질 쪽으로 혹은 단백질에서 핵산 쪽으로 전달되지는 않는다."

이에 대한 증명은 금세 이루어졌다. 그리고 몇 년 후, 자크 모노는 다음과 같은 강력한 주장을 하기에 이른다.

"누가 봐도 분자생물학의 성과는 명백하다. 이는 완전히 새로운 방법론이며, 이를 통해 유전정보는 그 자체로 홀로 존재한다는 사실이 밝혀졌다. 세포 밖이나 안에서 벌어지는 어떤 사건도 이에 영향을 줄 수 없다는 점이 증명된 셈이다. 아울러 유전 암호의 특이한 양식, 그리고 암호를 옮겨 적는 독특한 방식까지 더해져서 어떤 경우에도 바깥의 정보가 유전물질 안으로 들어갈 수는 없다."

자크 모노의 이 말은, 유전자 바깥에서 어떤 일이 생긴다 해도 유전정보 자체는 그에 전혀 영향을 받지 않고 그대로 보존되므로, 세포의 환경이 어떻게 달라진다 해도 유전적인 변화가 생길 가능성은 추호도 없다는 의미다. 이로써 라마르크의 흔적은 다시 한 번 깨끗이 지워지게 되었다.

과학 혁명으로도 풀리지 않은 '구닥다리' 문제들

DNA의 구조 및 기능의 발견이 과학의 역사를 통틀어 가장 중요한 혁명의 하나라는 사실은 누가 보아도 의심의 여지가 없을 것이다. 이 사건은 분자생물학이라는 새로운 분야를 탄생시켰고, 그와 동시에 기존의 유전학이 집중하던 관심 사항과 사용하던 방법론은 의미를 상실하고 말았다. 이로써 DNA는 상징적으로나 실제적으로 유전 현상과 관련한 모든 사항의 접점으로 부각되었다. 분자유전학이라는 새로운 정서와 풍토 속에서, 유전형질이니 표현형질이니 하는 이전의 구분은 의미가 없어진 대신 DNA와 단백질이 중요한 관심의 대상으로 부상한 것이다.

이와 더불어 연구의 초점도 세포학과 교배실험에서 생화학과 분자모델의 개발 쪽으로 옮겨졌음은 물론이다. 유전자를 '실에 꿴 구슬'로 볼 수 있는지 없는지에 대한 논란도 더 이상 의미가 없어졌다. 그런 걸 고민한다는 자체가 불필요한 일로 여겨졌다. 또한 유전자를 '실에 꿴 구슬'처럼 여기는 대신 핵산의 염기가 길게 늘어선 것으로 보는 분위기가 확산되면서, 재조합이니 돌연변이니 하며 그동안 고전유전학에서 중요한 개념을 위해 특징한 기능 단위로 유전자를 파악하던 습관도 차츰 자취를 감추게 되었다.

콜드 스프링 하버에서 파지 강습을 받으면서 생물학에 입문하게 된 물리학자 세이머 벤저(Seymour Benzer)는, 이런 혼란에 종지부를 찍는 결정적인 실험들을 고안하였다. 벤저는 우선 돌연변이를 통해 똑같은 표현형질을 갖는 박테리오파지를 많이 만들어냈다. 그리고 돌연변이가 일어난 자리를 조사하면서, 기능적으로는 같은 결과를 보인다 하더라도 돌연변이가 일어나는 과정에서 유전자가 재조합된 경우를 살폈다. 이를 통해 그는 돌연변이가 반드시 같은 자리에서 일어나지는 않는다는 것과, 아울러 돌연변이가 발생하는 비율은 재조합이 일어나는 비율과 같다는 사실을 확인하였다.

1975년에 그는 이런 내용을 정리할 수 있는 중요한 개념어 몇 개를 만들어내는데, 예컨대 '시스트론(cistron)'은 하나의 표현형질로 기능할 수 있는 가장 짧은 길이의 유전물질을 가리킨다. 또한 '레콘(recon)'은 유전자의 재조합 과정에서 임의로 교환될 수 있는 한 줄에 늘어선 유전자 단위를, '뮤톤(muton)'은 돌연변이의 가장 작은 단위를 뜻한다. 여기서 시스트론은 DNA의 일부 조각으로 볼 수 있지만, 레콘과 뮤톤은 개개의 염기 혹은 염기쌍에 해당한다.

벤저의 이러한 작업 덕분에 그간 유전학의 쟁점으로 떠올랐던 주요 문제는 모두 해결된 셈이었다. 유전자를 시스트론으로 파악할 경우 훨씬 그림이 구체적으로 그려지는 효과가 있었다. 그 그림에 의하면 돌연변이나 재조합이 DNA 가닥을 따라 어디서든 일어나는 것이 가능하며, 유전자 안의 재조합 개념도 전혀 어려움 없이 이해할 수 있다. 더구나 유전자 단위인 시스트론의 사이에 유전자가 아닌 다른 성분이 채워져 있으리라는 생각이 한동안 지배적이다 수그러들고, 염색체는 길고 긴 DNA의 연속일 뿐으로 그 모든 부분이 개별 유전자에 해당한다는 확신이 점점 자리를 굳히면서, 모든 돌연변이는 유전자 안에서 일어날 수밖에 없는 것으로 여겨지게 되었다.

벤저의 이런 분석은 박테리오파지를 재료로 진행한 실험을 통해 나온 결과를 바탕으로 한 것이었다. 1950년대 말 무렵, 박테리오파지와 박테리아는 유전학 연구에서 모든 생명을 대표하는 이상적 도구로 꼽히고 있었다. '대장균에게 진리이면 코끼리에게도 진리'라고 설파한 자크 모노의 명제는 박테리오파지에도 그대로 통용되었다. 초파리나 옥수수 같은 고등생물과 박테리오파지 사이에 서로 다른 점이 있다는 것을 모를 리 없건만, 그들에게는 생명체에서 이루어지는 유전 현상의 기본 원리는 크게 다르지 않다는 낙관적인 인식이 지배적이었다.

그러면 이로써 고전유전학의 문제는 정말로 모두 해결된 것일까? 물론 그건 사실이 아니었다. 아무리 대단한 과학 혁명이 일어난다 해도, 더 큰 맥락에서 해결해야 할 소소한 문제들 몇 가지는 미해결로 남아 있게 마련이다. 이와 관련하여 바바라 매클린톡의 작업에서 골드슈미트가 읽어낸 점, 즉 '유전정보가 반드시 자율적인 단위의 유전자 속에만 있는 것은 아니'라는 사실을 환기할 필요가 있다. 유전자를 '실에 꿴 구슬'과 같은 단위 구조로 파악할 경우엔, 예컨대 유전자의 위치에 따라 그 기능이 달라지는 현상은 설명할 수 없다. 이와 달리 유전정보가 핵산의 염기배열 속에 담겨 있다는 새로운 이론을 적용하면, 유전자의 자리가 바뀜에 따라 왜 다른 결과가 나오는지에 대해서는 설명하기 어렵다. 이런 점에서 보면 새 이론이 예전의 이론보다 나을 게 없다는 말이다.

만약 시스트론을 글자(염기)들의 연속체인 하나의 낱말로 가정해본다면, 염색체 위 어느 자리에 놓이든 그것은 언제나 같은 뜻의 낱말로 작용할 수밖에 없음을 알 수 있다. 이는 시스트론 이론이 결과적으로 '자리에 국한된 현상'만을 설명할 수 있을 뿐임을 보여준다. 그에 비해 매클린톡이 연구한 자리바꿈 현상은, 특정한 자리와 무관한 광범위한 효과를 다루고 설명하는 것을 가능하게 했다. 유전인자들이 원래 있던 곳에서 다른 곳으로 자리를 바꾸면 기존과 다른 새로운 기능이 표현된다는 것이 자리바꿈의 요지이니 말이다. 그러나 1950년대 말에는 이런 현상을 DNA의 배열이라는 맥락에서 이해할 수 있는 사람이 아직 없었다. 나아가 이런 현상이 생명체가 성장하는 동안 어떻게 조절되는지에 관한 문제는 더욱 풀기 어려운 과제였다.

1950년대를 거치면서 분자유전학은 성공에 성공을 거듭하며 승승장구해왔지만, 유전 현상과 개별 생물체가 발생하는 과정이 서로 어떻게 연결되는지에 대해서는 아무런 설명도 하지 못하고 있었다. 즉, 이 점에 관해서는 옛날 이론보다 조금도 나을 게 없었다. 그럼에도 새로운 분야의 도약과 이에 따른 감격은 엄청난 것이어서, 그것이 안고 있는 어지간한 결함들은 별 문제 아닌 것으로 여겨졌다. 새로운 이론에 대적할 만한 다른 방편이 없어 보이는 것도 사실이었다. 기존의 많은 문제들이 그처럼 빠른 시간 안에 눈 녹듯 풀렸는데, 누가 공연히 해결되지도 않는 문제를 붙들고 끙끙거리겠는가? 이런 상황에서 해결되지 않은 '구닥다리' 문제들은 점점 더 생물학의 주변부로 밀려날 뿐이었다.

11장. 유전학의 새로운 지평을 열다

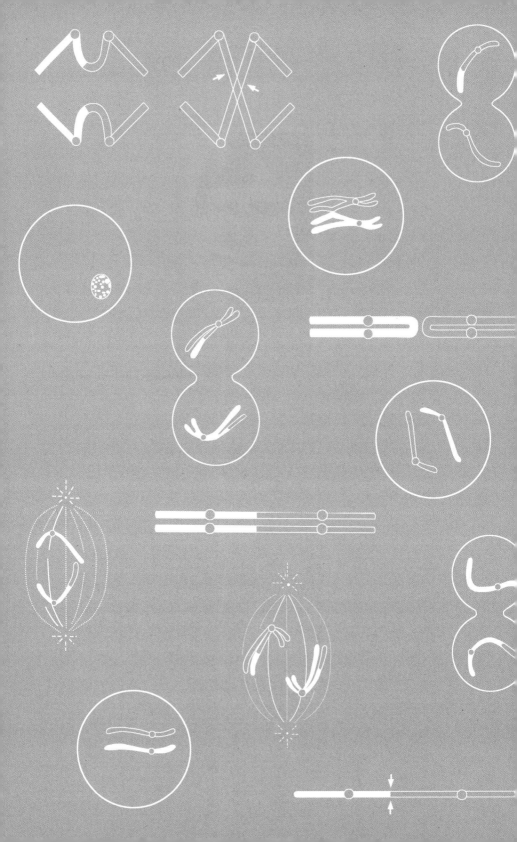

중심교리의
위기

전체 퍼즐을 맞출 하나의 조각

분자생물학의 성립과 함께 수십 년 동안 미궁 속을 헤매던 '유전자'의 정체가 선명하게 드러나기 시작하였다. 이제 유전자는 더 이상 실험 결과를 적절하게 해석하기 위해 유전학자들이 생각해낸 가상적 단위가 아니었다. 현미경 속에 보이는 염색체를 실에 꿴 구슬 모양으로 상정할 필요도 없어졌다. 유전자의 개념은 유전 현상을 작동시킬 수 있는 화학적 구조를 갖춘 선명한 기능 단위로 설정되었고, 이는 오늘날 통용되는 것과 같다. 오랫동안 유전학의 근본적인 탐구 과제 중 하나였던, 유전자가 어떤 식으로 똑같은 복제품을 만들어내는지에 관한 난감한 질문 역시 DNA의 이중나선이라는 구조식의 발견으로 해결되었다.

　　이를 발견한 왓슨과 크릭에 따르면, 유전자의 기본 구조인 DNA는 기다란 구조물 두 가닥이 새끼줄처럼 꼬인 모양을 하고 있다. 이들은 짝을 이룬 염기들이 상호 보완하는 화학적 결합을 통해 서로가 맞물리는 형상으로 지탱되고 있는데, 이는 곧 유전자를 이루는 두 가닥이 마치 사진의 원판과 그 현상된 결과처럼 서로의 음양을 규정하는 관계임을 의미한다. 두 사람은 이렇게 쓰고 있다.

"두 개의 가닥은 서로에게 판형처럼 작용한다. 원판의 모양대로 찍혀 나오는 사진처럼 서로에게 맞물릴 새로운 가닥을 만들어낸다. 원래의 가닥에 짝이 되는 새 가닥이 만들어지면서 두 부분이 되는 것이다."

유전자는 자기복제만 하는 것은 물론 아니다. 유전자가 생명의 진정한 '핵심 분자'라면 세포가 구축되는 전체 양식을 헤아릴 수 있어야 하며, 나아가 어떤 생명체의 표현형질로 드러나는 과정의 정보까지도 함께 전달해야 한다. 이 문제 또한 1950년대 말에 이르러 분자생물학이 다음의 윤곽을 그리면서 풀려나갔다.

DNA는 자기복제뿐 아니라 RNA도 만들어낸다. RNA는 DNA와 유사한 구조의 핵산인데, DNA는 자기복제 방식의 분자 결합을 통해 RNA도 생산한다. RNA는 메신저 RNA와 전달 RNA와 리보오좀 RNA, 이렇게 세 종류가 있으며 DNA와 단백질 사이에서 이들을 중개하는 역할을 한다. 이 중 메신저 RNA만이 실제로 단백질을 구성하는 아미노산의 서열에 해당하는 정보 양식을 갖고 있다. 전달 RNA와 리보오좀 RNA, 이 두 가지는 단백질의 합성 과정에 필요한 구조적인 보조물이다. 생명을 읽어내는 관점에서 이를 보다 간단명료한 언어로 요약하면 다음과 같이 말할 수 있다.

"DNA는 RNA를 만들고, RNA는 단백질을 만들고, 단백질은 우리를 만든다."

하지만 아직도 풀리지 않는 문제가 하나 있었다. 하나의 수정란에서 비롯한 세포들이 어떻게 이토록 다양한 양상으로 분화될 수 있느냐

하는 문제였다. 예상컨대 한 생명체의 세포에 있는 DNA는 모두 동일하다. 그렇다면 생명이 갖는 그 엄청난 다양성은 어디서 기인한다는 말인가? 부위에 따라 서로 다른 생김새와 기능을 갖는 것은 물론이고, 어떤 세포는 특수단백질을 생산해내고 또 어떤 세포는 소화효소를 분비하는 등의 차이를 보이는데, 대체 무엇이 이런 차이를 가져오는 것인가?

이런 질문에 대한 해답은 여전히 오리무중이었다. 세포마다 유전자의 모든 인자가 구비되어 있다고 해도 세포별로 기능이 실제 발휘되는 유전자는 얼마 되지 않는다는 사실은 분명했다. 따라서 어떤 유전자들만 활성하고 나머지는 작동을 멈추는 그 원리가 무엇인지, 그것을 밝히는 것이 과제였다.

"옥수수에 있다면 다른 생명체에도 있을 것"

1950년대 내내, 콜드 스프링 하버는 분자생물학을 공부하는 사람들이 모여드는 장터나 다름없었다. 그 덕분에 바바라 매클린톡은 수시로 이 분야의 연구 결과에 관한 최신 정보를 접수하고 흥분과 열기를 함께 누릴 수 있었다. 그러나 그녀는 언제나 그 내용을 경청하고 결과를 꼼꼼히 살피면서 나름대로의 비판적 관점을 유지하였다.

유전자는 더 이상 단순한 '상징'이 아니었지만, 매클린톡은 그 정도 사실만으로 만족할 수가 없었다. DNA와 세포의 나머지 부분과의 관계는 전혀 해명되지 않은 채 그대로 남아 있었기 때문이다. DNA는 물론 대단히 중요하지만, 매클린톡은 그게 전부는 아니라고 생각했다. 더욱이 중심교리론은 DNA가 완전히 독자적인 기능을 발휘한다고 상정하

콜드 스프링 하버 연구소에서의 바바라 매클린톡(1963).

지만, 그것만으로는 세포의 다양한 분화가 이루어지는 복잡한 제어 과
정을 설명할 수가 없었다.

　수없이 많은 실험을 거듭한 결과 매클린톡이 확신한 게 있다면,
중심교리론이 설명하는 것보다 유전자는 훨씬 더 불안하고 유동적
이라는 점이었다. 그 당시 매클린톡은 이미 분해자 Ds와 활성자 Ac
가 함께 작용하는 'Ds-Ac 체계'의 윤곽뿐 아니라, 복잡 오묘한 생명
활동들이 어떻게 조절, 조정되는지 세부적인 내용까지 일일이 밝혀
낸 상태였다. 이러한 작용을 통틀어서 그녀는 삭제소-변이소(suppres-
sor-mutator)라 불렀고, 이를 줄여 'Spm 체계'라 이름 붙였다.

여기서 관찰되는 유전적 변화에도 Ds-Ac 체계와 마찬가지로 두 개의 조정인자가 작동을 한다. 첫 번째 조정인자는 두 번째 조정인자와의 상호작용을 통해 (예컨대 빛깔을 띠게 하는 등의) 유전자 기능을 삭제하는 효과를 내거나, 아니면 두 번째 조정인자를 작동시켜 기능을 차단한다. 여기서 특이한 점은, 후자의 경우 (빛깔을 띠게 하는) 유전자 기능이 다시 회복될 수 있다는 것이다.

또한 첫 번째 조정인자의 삭제 기능과 변이 기능이 서로 다른 돌연 변이를 유도하는 경우가 있는 것으로 보아, 이 두 가지 기능은 서로 별 개의 유전자로부터 지시된 것임을 짐작할 수 있다. 특히 변이를 일으키는 경우는 두 번째 조정인자의 기능이 소멸되도록 유도할 뿐 아니라 원래의 그 '상태'대로 유전되도록 작용하기도 하는데, 이렇게 '유전자 상태'가 달라지면 그 달라진 정도만큼 옥수수 알갱이의 빛깔이 진하게 나타난다. 그에 비해 두 번째 조정인자의 기능이 소멸되는 경우는, 원래 빛깔과는 다른 종류의 빛깔이 두드러지게 드러나면서 전체적으로 얼룩덜룩한 무늬를 띠게 된다.

한편 Spm 체계에서도 Ds-Ac 체계에서와 마찬가지로, 조정인자는 염색체의 특정한 자리가 아니라 여기저기서 확인이 되었다. 이로써 다시 한 번 이들의 '자리바꿈 능력'이 확인된 셈이다. 매클린톡은 이 조정 체계의 기본 특성을 요약해 1955년 브룩헤이븐 심포지엄에서 발표했으며, 1956년에 열린 콜드 스프링 하버 심포지엄에서는 좀 더 상세한 사항까지 정리해서 발표하였다. 이때 그녀는 다음과 같은 결론을 내렸다.

"조정인자로 알려진 것의 활동을 가늠하건대, 세포 핵 안에는 특정 형질을 전달하는 유전자뿐만 아니라 이들의 활동을 조정하는 대단히 복잡하고 통합적인 시스템이 작동하고 있으리라 생각됩니다. 그런데 두 가지 인자로 운용되는 이 조정 방식은, 복잡하게 통합된 전체 시스템 가운데 드러난 일부분에 불과할 따름입니다. 사실은 무수히 다양한 차원에서 동시에 작용하고 있다는 것이지요. 비록 현재는 이 중 몇 가지만을 선정하여 꾸준히 연구하고 있지만 ⋯ 이제까지의 작업을 미루어 단언하건대, 두 가지 인자로 운용되는 작동 방식은, 유전자의 활동에 직접 작용하는 복합적인 염색체의 기능 중 가장 단순한 조정 방식의 하나일 뿐입니다. ⋯ 여기서는 우연히도 조정인자의 자리바꿈 능력 덕분에 이들이 옥수수 염색체 안에 존재한다는 사실을 확인했지만, 이런 특성이 언제나 유전인자와 조정인자를 구분할 수 있는 단서가 되어주지는 못합니다. 자리바꿈은 퍽 드물게 나타나는 현상이라 특정 조건에서 그걸 발견하는 일은 너무나 어렵기 때문입니다. 하지만 ⋯ 이런 성격의 유전자가 존재한다는 사실이 옥수수에서 증명된 만큼, 이러한 조정인자가 다른 생명체에도 반드시 존재하리라고 확신합니다."

특정 단백질의 생성 비율을 일정하게 조정하는 인자가 존재하리라 예상한 사람이 비단 매클린톡 하나만은 아니었다. 특히 생화학 분야에서 세포들이 환경에 적응하기 위해 각각의 고유한 화학식으로 구성된 효소를 분비한다는 것은 잘 알려진 사실인데 -예를 들어 대장균을 기르는 배양액에 특정 화학물을 첨가하는가 그렇지 않은가에 따라, 대장균은 금세 다른 반응을 보인다-, 이런 현상을 연구하는 사람들에게 매클린톡이 내린 결론은 너무나 당연한 것이었다. 물론 1940~50년대만 해도 박테리아가 생화학적 작용을 통해 주변 환경에 적응하는 능력이 있다는 사실은 상당한 충격으로 여겨졌다. 더구나 이런 식의 현상은 멘델에서 모건으로 이어지는 유전학의 전통적 입장과 대립되는 쪽에 힘을 실어주는 것이기도 했다.

자연과학이 전개되는 과정에서 이와 같은 양상, 즉 분분하던 논쟁이 일단락되고 일정한 견해가 보편적으로 받아들여진 상태에서 또다시 기존의 특정한 관점들이 부상하며 다양하게 공존하게 되는 상황이 펼쳐지는 것은 사실 퍽이나 흔한 일이다. 과학사가들을 무척이나 곤혹스럽게 만드는 이런 상황이 전개되는 주된 이유는, 전체적인 의견 수렴이 불가능해서라기보다는 의견의 수렴이 특정 집단에 의해 주도되면서 소외되는 이들이 생기기 때문이다. 탐구 대상이나 방법론, 출신이나 파벌 등에 따라 과학자들 사이에도 상이한 집단이 공존하기 마련이며, 따라서 과학은 언제나 단일한 소리를 내지 않는다. 과학 세계에서 일어나는 이런 현상을 굳이 빗대어 말하자면, 다양한 소리들이 모여 적절한 화음을 내는 합창단과 닮았다고 할까. 결코 하나의 소리가 주도할 수는 없지만 그래도 주요 모티브가 있어 그것이 전체적인 흐름을 이끌어가고, 그에 병행하는 다른 모티브들이 필요한 순간 적절한 역할을 맡아 소리 전체를 더욱 풍성하게 만들어낸다고 보면 정확하다.

분자생물학에 침투한 생화학의 '조절' 개념

20세기 중반, 미국에서는 멘델에서 모건으로 이어지는 유전학의 기본 토대를 놓고 이러쿵저러쿵 논쟁하는 경우가 거의 없었다. 그에 비해 러시아에서는 리센코(Trofin Lysenko)의 주도로 이를 정면 반박하는 거센 논의가 이루어지고 있었다. 미국식의 부르주아 유전학이 다윈의 진화론을 적극 추종하는 데 비해, 러시아에서는 '적응'의 개념을 주장하는 라마르크의 진화론을 추종하는 등, 전혀 다른 성격의 유전학이 전개되고 있었던 것이다.

분자생물학이 성립된 이후 기존의 유전학을 보완하고 쇄신한 이른바 '신(新)다윈주의'가 떠올랐지만, 미국이나 영국과 달리 1950년대 유럽 대륙에서는 분자유전학이 큰 파급력을 갖지 못하는 상황이었다. 사실은 미국에서도, 루리아와 델브뤽이 박테리아를 소재로 한 돌연변이 실험을 통해 라마르크 유전학의 잔재를 말소하고 분자생물학의 위상을 드높이긴 했지만, 생화학 분야에서는 여전히 생명체의 적응 현상에 주목하는 실험들이 진행되고 있었다. 특히 프랑스에서는 이런 실험들이 라마르크 식의 유전학을 부활시킨 리센코 쪽에 승리를 안겨줄 것처럼 보는 분위기가 압도적이었다.

2차 대전 이후 프랑스 파리는 학문과 정치가 두루뭉술하게 혼합된 분위기에 젖어 있었다. 과학은 절대적인 진리이고 가치중립이어서 정치와 무관하다고 믿는 미국적인 풍토에 자부심을 안고 살아온 미국 과학자들에게, 당시 프랑스 지식인들이 공공연하게 표명한 정치적인 입장은 참으로 이해하기 어려운 것이었다.

이런 혼란의 한가운데 서 있던 인물이 바로 훗날 노벨상을 받게 되는 자크 모노이다. 1945년 공산당과 결별한 프랑스 레지스탕스의 영웅이자 프랑스의 정통파 지식인인 그는, "나는 언제나 명료하고 논리적인 노선만을 고집한다. 그렇게 하지 않으면 결국 실패하기 때문"이라고 말해왔다. 그러나 한편으로 그는 미국의 분자생물학자들과 지속적인 교분을 나누며 생화학 분야에 종사하는 유전학자로서, '과학은 논리적인 자기 충족을 향유하며 그 무엇으로부터도 영향 받을 수 없다'는 것을 강조하며 과학의 순수한 자율성을 옹호하기도 했다.

자크 모노는 당시 생화학 분야에 만연한 목적론적 언어의 오염을 제거해야 한다는 사명의식을 지니고 있었다. 여기에 더해 얼룩진 생물학의 순수성을 되찾아야 한다는 리센코의 영향을 받고 있던 그는 새로운 방식의 일에 매진하였다. 그 첫 단계 작업으로 그는 이전에 쓰던 '적응(adaptation)'이라는 낱말 대신 '유도(induction)'라는 용어를 사용하자고 제안하였다. 그는 이 일을 시작으로 1950년대 내내 분자생물학의 개념 안에 어떻게든 생화학에서 널리 쓰이는 '조절'의 개념을 포함시키려 노력하였다.

그리고 1960년, 자크 모노는 그해 가을 《보고서(*Comptes Rendus*)》라는 학술지에 프랑수아 자콥과 함께 분자 수준에서 이루어지는 조절 메카니즘을 설명하는 최초의 논문을 게재함으로써 마침내 이 일을 완수하였다. 게다가 그 이듬해에는 이를 더욱 다듬은 '단백질 합성에 작용하는 유전자 조절의 메커니즘(Genetic Regulatory Mechanisms in the Synthesis of Protein)'이라는 제목의 논문을 영문판으로 출간하기에 이른다.

자콥과 모노는 이 논문을 통해 "단백질 합성은 (단백질을 만드는) 구조유전자가 아닌, 구조유전자 바로 옆에 붙어 있는 작동유전자 하나와 염색체의 다른 자리에 있는 조절유전자 하나가 함께 작용하여 조절된다"는 주장을 하고 있다. 여기서 조절유전자는 억제소에 해당하는데(자크와 모노는 이를 RNA라고 가정하지만 사실은 단백질인 것으로 판명된다), 이 억제소가 작동유전자와 결합하여 구조유전자의 전사(轉寫, transcription) 능력을 동결시킨다는 것이다. 하지만 세포 안에 억제소와 결합하는 일종의 화학물질이 있을 경우 억제소는 바로 중화가 되어 더 이상 작동유전자와 결합할 수가 없고, 그러면 다시 구조유전자의 전사가 시작된다. 두 사람은 이런 활동을 하는 전체 시스템, 즉 구조유전자와 조절유전자와 작동유전자 이 세 가지를 통틀어 오페론(operon)이라 이름 붙이고, 1961년에 이르러서는 다음과 같은 결론을 내렸다.

"화학생리학이나 발생학의 쟁점은 이것이다. 조직세포는 왜 그 유전자 속에 담겨져 있는 잠재력을 모두 발현하지 않느냐 … 조절유전자와 작동유전자 그리고 구조유전자의 활동을 조절하고 제어하는 활동의 원리를 살펴본 결과, 유전자에는 각각의 청사진들뿐만 아니라 단백질 합성의 전체 과정을 실행하고 조정하는 총괄 프로그램이 있다는 사실이 드러났다."

두 사람의 작업으로 기존의 중심교리론이 지닌 한계가 더 명백해졌고, 이를 극복할 수 있는 시각의 확장, 즉 원래 양식의 변경이 불가피해 보였다. DNA에서 RNA를 거쳐 단백질로 이어지는 일방적인 명령 체계에 일종의 피드백이 추가되어야 했다는 말이다. 그러나 "일단 단백질로 유입된 정보는 다시 나갈 수 없다"는 중심교리의 기본 골자는 그대로 유지되었다. 다만 이제는 단백질이나 다른 물질이 무엇보다 DNA에서 흘러나오는 정보의 전달 속도에 영향을 끼치며, 이런 식으로 전체 시스템의 흐름을 조절하고 있다는 사실만은 부인할 수 없게 되었다. 이는 다시 말해 모노와 자콥이 세포 안의 유전자 기능을 설명하는 만족스런 분자 모형을 제시함으로써, 생화학의 범주에서 진행되던 유전학을 분자생물학의 영역 안에 침투시켰음을 의미한다.

매클린톡을
견딜 수 없게 하는 것들

선입견에 갇힌 사람들 속에서

바바라 매클린톡은 《보고서》라는 프랑스 학술지에 실린 모노와 자콥의 첫 번째 논문을 보고는 숨이 넘어갈 듯 기뻐하였다. 프랑스의 두 남자가 박테리아를 재료로 시도한 분석 결과가, 그녀 자신이 옥수수를 재료로 탐구하며 밝혀낸 연구 결과와 너무나도 닮은 점이 많아 보였기 때문이다. 서로 다른 곳에서 시도된 두 개의 작업은 공통적으로 두 가지의 조절인자를 상정하고 있었다. 그리고 두 개 조절인자 중 하나는 구조유전자 바로 곁에서 조절을 하는 반면, 다른 하나는 구조유전자와 뚝 떨어진 곳에서 첫 번째 조절인자에 효력을 미치는 식으로 간접적인 조절을 한다는 얘기를 하고 있었다.

매클린톡은 이런 내용 외에 조절인자가 자리를 바꿀 수 있다는 사실도 강조했지만, 이런 현상은 매클린톡이 처음 발견한 당시에는 대단히 중요한 의미를 가졌을지 몰라도 조절시스템 전체의 작동이라는 관점에서 보면 크게 대수로운 사안은 아니었다. 실제로 매클린톡이 발견한 Spm 체계로 조절되는 유전자의 위치들을 확인해보면, 모노와 자콥이 박테리아의 '작동'유전자라 부른 것에 해당하는 인자들인 경우도 있고 또한 박테리아처럼 Spm 인자 그 자체가 원래 자리에 못박혀 있는 경우도 있었다.

　모노와 자콥이 작업을 통해 이끌어낸 결론이, 유전자 안에서 조절과 제어가 이루어진다는 자신의 생각과 완전히 일치함을 확인한 매클린톡은 크게 기뻐했다. 자신이 발견한 지식을 어떻게든 세상에 알리고자 했던 그녀로서는, 10년 만에 비로소 작은 응답 하나를 듣게 된 셈이기 때문이었다. 그녀가 볼 때는 두 남자의 작업 결과야말로 여태까지 자신이 혼자 감당해온 터무니없는 핍박들을 무색하게 만들 확실한 반증이 될 수 있을 것 같았다. 아울러 그동안 미뤄왔던 나머지 이론들을 이제는 사람들 앞에서 발표해도 괜찮으리라는 생각마저 들었다.

　이에 매클린톡은 곧 '옥수수와 박테리아 유전자 조정 시스템의 몇 가지 공통점'이라는 제목의 논문 한 편을 《미국 자연학자(*American Naturalist*)》라는 학술지에 보냈다. 여기서 매클린톡은 우선 Spm 시스템의 기본 골격을 요약한 후 다음과 같은 결론을 내리고 있다.

　　"유전자의 활동을 조정하는 기본 메카니즘은 사실상 모든 생명체 안에 있다고 예상할 수 있다. 고등생명체는 유전학적으로나 세포학적으로 그 존재를 암시하는 난서가 많은데도 불구하고, 이러한 조정 시스템을 확인할 수 있는 방법은 없는 경우가 많다. 하지만 고등생명체들의 조정 시스템은 더욱 복합적인 수준에서 드러날 것임이 분명하다."

　매클린톡은 콜드 스프링 하버에서도 역시 두 가지 상이한 생명체에서 확인된 공통 현상을 설명하는 강연을 개최하였다. 거기에 온 많은 사람들이 강연 내용에 열광했지만, 그녀가 설명한 모노와 자콥의 작업 내용과 그것이 예시하는 가능성에 대해서만 그런 반응을 보였을 뿐, 정작 매클린톡의 작업에 대해서는 여전히 냉담한 분위기였다. 그들은 매클린톡이 몰두해온 옥수수의 조정인자와 관련한 설명에는 전혀 관심을 보이지 않은 채, 그런 건 알아듣지 못해도 그만이라는 식으로 일관했다. 그 이유는 분명했다. 유전자의 자리바꿈이라는 생각 자체가 그들에게는 여전히 너무나 황당한 아이디어로 여겨진 탓이었다. 하지만 매클린톡에게는 시간이 흘렀는데도 왜들 그렇게 똑같은 반응만 보이는 것인지, 그 점이 더욱 더 황당하게 느껴졌다.

사실 그 무렵 생물학계에서는 바이러스의 DNA가 박테리아의 DNA 속으로 들락날락한다는 점, 이와 더불어 때로는 박테리아의 염색체 조각도 함께 옮겨다닌다는 점, 경우에 따라서는 한 군데가 아닌 여러 군데로 삽입되기도 한다는 점 등을 이미 알고 있었다. 그런데도 자리바꿈이 그토록 이단시된 이유는 무엇일까? 세포 속으로 DNA가 삽입되는 경우와, 거꾸로 세포에서 방출되는 경우는 어떤 차이가 있는 것일까? 삽입은 자연스레 받아들이면서 방출은 인정할 수 없다고 거부하는 이유는 과연 무엇일까? 매클린톡은 이런 질문들에 대한 해답을 도무지 찾아낼 수 없었다. 유전자의 자리바꿈이라는 개념을 수용할 수 없게 만드는 장애물이 무엇인지, 그녀는 그것이 정말로 궁금했다.

동료들 사이에서 그처럼 앞뒤가 안 맞는 일을 당하는 게 물론 처음은 아니었다. 매클린톡은 그 이유를 일종의 '선입견' 때문이라고 이해하였다. 특정 개념에 생각이 묶여 있어서, 아무리 구체적인 사례를 들이댄다 해도 그걸 밝은 눈과 맑은 정신으로 읽을 수가 없다고 말이다. 무의식의 차원에서 작용하는 이러한 선입견은 가능한 일과 그렇지 않은 일을 미리부터 갈라놓는 위력을 지닌다. 그래서 논리적으로 명백한 모순이 눈앞에 드러나도 그걸 제대로 보고 인정할 수가 없게 된다.

"자기 스스로가 어떤 틀 안에 갇혀 있다는 걸, 그분들은 모르고 있었어요. 그럴 때는 아무리 노력을 해도 … 어떻게 해도 설득할 도리가 없는 거예요."

매클린톡은 젊은 과학자들하고 소통하는 데는 별다른 어려움이 없었다고 한다. 반면에 같은 연배의 동료들은 사고방식이 경직되어 새로운 해석은 무조건 거부하는 경향이 강했다고 그녀는 말한다. 전공서적에 파묻혀 심오한 강연에만 귀 기울이며 살아온 세월이 더 길고 전문가로서의 경륜이 더 깊을수록, 선입견의 정도도 더 심했다는 것이다. 그들은 상상력이 빈곤했고, 낯선 것을 받아들이는 능력이 떨어졌다. 또한 기왕에 주어진 자료라도 그것을 해석하는 방식은 변할 수 있으며, 학문의 이론이나 모형은 세월에 따라 달라지게 마련이라는 기본적인 사실조차 잊고 있었다. 매클린톡이 보기에 그중에서도 가장 위험한 것은, 자기가 아는 것이 전부인 줄 알고 그걸 통해서만 모든 현상을 설명하려는 우매함이었다.

"대부분 그런 식이었죠. 그래서 어떤 새로운 모형이 등장하면 나는 늘 불안한 마음이 들곤 했어요."

그에 너무 열광을 한 나머지 모형 자체가 곧 현실인 줄 착각하는 일이 너무나도 허다하기 때문이었다. 그녀의 말에 따르면, "중심교리 역시 그러한 모형의 하나"였다.

왜 생명의 이야기를 경청하지 않는가?

그런 점에서 모노와 자콥의 오페론설 역시 결코 생명의 조정양식을 모두 설명하는 만병통치약일 수 없었다. 그 이론이 아무리 박테리아에서 일어나는 현상을 훌륭히 설명할 수 있다 해도, 고등생물에는 적용될 수 없는 경우가 무척이나 많기 때문이었다. 바로 이 점을 매클린톡은 지적했다.

> "진핵세포로 이루어진 생명체 안에서는 엄청난 수의 세포들이 활동하고 있는데, 서로 다른 부위에 있는 그 어떤 세포도 같은 활동을 하는 경우는 없어요. 다시 말해 박테리아에서 작용하는 방식과는 아주 다른 조정양식으로 작동되고 있다는 거죠. 물론 박테리아 또한 엄청나게 진화한 생명체로서, 그들의 오페론은 정말 탁월하게 모든 걸 경제적으로 꾸려가고 있어요. 하지만 고등생물의 경우는 굳이 그런 정도의 경제성을 가져야 할 필요가 없거든요."

당시만 해도 분자생물학에 몰두한 사람들에게 진핵세포는 전혀 관심 밖이었다. "그들은 세포가 발생을 하는 동안 과연 어떤 과정을 겪는지, 그에 대한 감각은 전혀 없었다"고 털어놓으며, 매클린톡은 이렇게 반문했다.

> "그런데 생명체 안에서는 온갖 멋진 일이 다 일어나잖아요. 너무나도 기가 막힌 현상들이 얼마든지 벌어진다고요. 우리가 하는 모든 일을 다 해낼 뿐 아니라, 우리 생각보다 훨씬 더 효과적이고 훌륭하게, 더 멋있는 방

법으로 이루어내고 있어요. … 그 무한의 가능성을 단지 몇 가지 원리로 뭉뚱그려 놓을 수는 없는 거지요. 모든 문제를 해결하는 중심교리 … 그런 식의 만병통치약은 없으니까요. 우리가 제아무리 상상력을 발휘한다고 해도, 잘 살펴보면 생명체들은 이미 그 방식을 쓰고 있어요. 너무나 낯설어서 그런 일은 절대 없을 것 같은 현상이라도 우리가 예의주시해야 하는 이유는 여기에 있습니다. 그런 현상을 예외나 이탈 혹은 오염 정도로 처리해서는 절대 안 된다는 거예요. … 거기에 사실은 생명의 비밀을 푸는 열쇠가 들어 있을 수도 있거든요. 중요한 비밀은 늘 그런 곳에 숨어 있지요."

어떤 분야에 종사하든지 새로움을 추구하는 탐구자들에게 가장 커다란 도전이 되는 일은, 스스로를 가두고 있는 자기 자신의 선입견을 깨는 것이다. 그래야만 자신의 시야를 가로막는 장애물을 치우고 눈앞에서 벌어지는 실제 상황을 있는 그대로 받아들일 수 있다. 반대로 선입견에 갇혀 있는 한은, 현실을 있는 그대로 보는 대신 "자기가 원하는 답을 끌어내려고" 할 뿐이다. 매클린톡은 그 차이를 다음과 같이 설명한다.

"사람들은 흔히 마음속에다 이미 정답을 정해놓고서, 그걸 찾아 사물을 추적해볼 따름이에요. 그러니 자기가 생각한 답과 엉뚱한 결과가 나와도 절대 사물의 이야기를 듣지 않지요. 행여 무슨 말을 듣는다 해도 잘못 들은 것이려니 하며 얼른 귀를 닫아버리죠. … 하지만 정말 중요한 건 사물이 말하는 그대로를 듣는 거예요. 가감 없이 그에 귀 기울일 줄 알아야 한다는 거죠."

분자생물학 분야의 사람들은 그러나 "사물이 말하는 그대로를 가감 없이 듣는" 일은 고사하고, 바바라 매클린톡의 이야기를 경청할 마음조차 없어 보였다. 매클린톡 자신은 계속된 실험을 통해 이제야 비로소 생명의 본체를 접하고 있다고 느꼈지만, 콜드 스프링 하버에 있는 다른 동료들 눈에 그녀는 모든 관계로부터 점점 이탈되는 괴팍한 할머니로만 비칠 뿐이었다.

바바라 매클린톡은 이제 한물간 용어만 골라 쓰는 구세대 인사일 뿐 아니라, 더 이상 과학자라 할 수도 없을 만큼 케케묵은 생각에 사로잡힌 한심한 인물로 여겨졌다. 그녀는 언제나 남들과는 다른 이단의 자리를 수호하는 것으로 비춰졌고, 더 나아가서는 어떻게든 그런 식의 흐름을 대변하려는 고집불통으로 보였다. 당시 그녀는 불교식 사유법에 무척 큰 호감을 갖고 있었는데, 이에 대해 아드리안 슈립은 얼마 전 "다른 과학자가 모두 UFO가 존재한다는 생각을 거부한다 해도 아마 매클린톡은 그 존재를 입증하거나 반증하는 사건을 확인하기 전까지는 자신의 결정을 계속 보류했을 것"이라고 토를 달기도 했다.

앞서 말한 1960년의 세미나를 끝으로, 매클린톡은 콜드 스프링 하버에서 아무런 행사도 벌이지 않았다. 더 이상의 노력은 의미가 없다고 결론을 내렸기 때문이다. 그러나 그녀의 연구는 계속되었고, 언제나처럼 공부는 그녀가 삶을 지탱하고 힘을 얻는 원천이 되어주었다. 비록 동료들로부터는 냉담한 반응밖에 돌아오지 않는다 해도, 연구와 공부를 통해 스스로 깨우치는 지식과 거기서 얻는 기쁨이 컸기에 그녀는 견딜 수 있었다.

유행보다 생명의 온전함이 중요해

매클린톡의 관점에서 보면, 아무리 작은 생명체라도 자기에게 필요한 것은 정확히 만들어낸다. 모든 생명체는 그 나름대로 각각의 특성을 가능하게 하는 유전형질을 지니고 있고, 나아가 그 기능들이 드러나도록 조정하는 기계적인 원리를 다양하게 진화시켜왔다는 것이다. 따라서 그 사연을 알아내고 싶으면 그들이 들려주는 이야기에 귀를 기울여야 한다고, 정말로 열심히 그리고 정성스레 들여다보면 아주 조그만 생명체도 자신이 품고 있는 비밀을 전부 일러준다고, 그녀는 강조했다.

또한 그녀는 모든 생명체는 완벽한 시계 장치와도 같다고 설명했다. 이는 섬세하고 정확하게 고안된 장치에 의해 시곗바늘이 움직이듯이, 생명체도 각각의 상황이 요구하는 미묘한 사항들에 따라 스스로 지시하고 수정하면서 활동해나간다는 의미였다. 그 결과 경우에 따라 생명체는 유전자 전체의 구도를 바꿀 수도 있고, 또 DNA 조성에는 변화를 주지 않으면서 표현 방식만 살짝 바꾸기도 한다는 것이다.

이런 현상들을 분자생물학의 차원에서는 설명하지 못했으나 매클린톡은 명확하게 짚어냈는데, 이는 그녀가 유행처럼 휩몰아친 분자생물학에 거리를 두고 홀로 작업을 진행함으로써 얻은 성과이기도 했다. 과거에 매클린톡이 자신의 독특한 관점이나 성격 때문에 고립감을 느꼈다면, 언젠가부터 그녀는 고립된 덕분에 오히려 시야가 더 새롭고 넓어지는 것을 경험할 수 있었다.

분자생물학의 성립과 이를 통해 성취한 많은 지식은 이전에 상상할 수 없던 새로운 지평을 열어주었지만, 그 학문적 특성상 복잡하고 변화무쌍한 생명 현상을 간단히 요약된 모형들을 통해 설명하다 보니 이런

저런 문제점도 드러났던 게 사실이다. 예컨대 분자생물학의 방법으로 설명되지 않는 현상들은 모두 접근 불가능한 영역으로 제외되었다고 할까. 더욱이 그 무렵의 분자생물학은 이전 생물학과 전혀 다른 변종이나 다름없었고, 거기에 속한 학자들 또한 기존 생물학 전통과는 완전히 단절된, 대부분 자기들만 최고인 줄 알고 으스대는 신세대였다. 그들 대부분은 자연과학의 완성이라 여겨지는 물리학을 표본으로 삼고서 생물학에까지 엄격한 규칙을 설정하는 등의 방식으로 생명과학의 성격 자체를 전혀 다른 차원으로 전환하고 있는 중이었다.

19세기 말까지만 해도 생물학은 특히 관찰을 주요 방편으로 삼는 학문이어서, '왜' 그런지를 설명하기보다 '있는 그대로'를 기록하고 상세히 서술하는 작업을 통해 자연의 신비를 이해하고자 노력하였다. 그러다 20세기에 들어서야 비로소 '실험'을 중시하는 학문으로 탈바꿈해나갔다. 하지만 그런 변화 속에서도 생명체를 하나의 온전한 전체로 파악하고 자연의 충만한 다양성 앞에 경외를 느끼는 근본정신만은 그대로 유지되었는데, 분자생물학의 시대가 되면서 이런 전통에 균열이 생기기 시작했다. 생명체를 하나의 유기체로 파악하는 전통과, 생명체를 구성하는 물리화학적 성분들에 주목하는 새로운 흐름 사이에 상당한 긴장이 조성되었다고 보면 정확하다.

이러한 긴장과 대립은 시간이 흐르면서 결국 소멸되었고, 그때부터 생물학은 '살아 있는 유기체'라기보다는 '살아 있는 기계'의 분자 수준을 연구하는 물리학이 되어갔다. 그리고 이에 따라 신세대들의 손 안에서 생물학이 새롭게 재편되면서, 매클린톡처럼 복잡하고 다양한 생명의 신비 따위를 들먹이며 그에 대한 몽상을 떨치지 못하는 구식 과학자들은 급속히 생물학의 중심에서 밀려났다.

매클린톡도 예외는 아니어서, 그녀는 이제 더 이상 콜드 스프링 하버에 남아 버틸 수 있는 입장이 아니었다. 하루빨리 그곳 생활을 정리하고 은퇴하는 길밖에 다른 도리가 없어 보였다. 다행히 1950년대 말에 그녀에게 새로운 길이 열렸다. 미국 과학아카데미의 공식 초청으로, 그녀가 이제껏 몰두해온 일에서 손을 떼고 외유할 수 있는 기회를 얻은 것이다. 당시 중남미 전 지역에 분포되어 있던 토종 옥수수가 개량종 옥수수의 급속한 보급 및 확산으로 심상치 않은 위기를 맞고 있다는 사실을 접수한 미국 과학아카데미는, 그에 대한 대책을 강구하기 위해 대책위원회를 결성하고 관련 프로젝트에 참여할 인원을 지역별로 선발한 후 매클린톡에게 그들의 연수 과정을 맡아달라고 의뢰했다. 그녀는 물론 이 제안에 즉시 응했다. 사안의 심각성 때문이었지만, 어쩌면 현실에서 벗어나고픈 열망도 그녀가 결정하는 데 한 몫 하지 않았을까 싶다.

일은 일대로 하면서 휴식도 취할 수 있고, 게다가 여행까지 할 수 있는 특별한 선물을 받게 된 매클린톡은, 당장 현지에서 사용하게 될 스페인어부터 배우면서 삶의 전환을 준비하였다. 그리고 결과적으로 매클린톡은 이 여행을 통해 그동안 해오던 작업 전체를 여태까지와는 전혀 다른 각도에서 다시 살피고 점검하는 기회로 삼을 수 있었다. 나아가 지리적으로 분포된 다양한 옥수수 유형에 따른 각각의 염색체를 분류하고 감식할 수 있는 안목까지 갖추게 되었다. 심지어 그녀는 눈으로 식별되는 옥수수의 유형별 차이를 살피면서, 북미와 남미 대륙을 통틀어 인류가 어떻게 이동했는지 그 경로까지 추적해나갔다. 말하자면 옥수수의 생물학적 자취, 그러니까 북미와 남미 대륙에 옥수수가 퍼져나간 역사를 짚어보면서 민족의 대이동이 어떤 식으로 전개되었는지를 재구성한 것이다.

이 과정에서 그녀가 중요하게 눈여겨본 것은, 옥수수는 다른 곡물과 달리 인간이 거주하는 곳에만 서식한다는 사실이었다. 옥수수 씨앗은 겹겹이 에워싸인 겉껍질 안에 들어 있어서, 이들이 사방팔방 퍼져가려면 부득이하게 인간의 손이 닿아야만 한다. 그런데 그녀의 관찰에 따르면 지역별로 차이가 나는 옥수수의 염색체 조성은 지리적 분포와 밀접한 연관이 있었다. 이는 특정 지역 원주민들이 자신들의 필요에 따라 옥수수를 교배시킨 과정을 그대로 반영한 결과로, 매클린톡은 이것이 생물학뿐 아니라 인류학에도 매우 흥미롭고 중요한 자료가 될 것이라 생각하였다.

1958년에서 1960년까지 남미와 북미에서 두 번의 겨울을 보낸 바바라 매클린톡은, 이후 계속해서 자료를 수집하는 작업은 나머지 사람들이 알아서 하도록 맡겨두었다. 하지만 그녀는 이와 관련한 연구를 10여 년 이상 계속했고, 결국 매클린톡의 최종보고서는 1978년에야 마무리된다. 이 기간 중에도 매클린톡은 자리바꿈에 대한 연구를 손에서 놓지 않았는데, 그 이유는 간단했다.

"내 생각이 틀림없다는 확신이 있었으니까요."

1965년에 매클린톡은 브룩헤이븐 심포지엄에서 네 번째 발표를 시도했지만, 역시 반응은 신통치 않았다. 그럼에도 이 무렵 그녀는 대외적으로 여러 감투를 쓰게 되었다. 실속은 하나도 없지만 어쨌든 1965년 코넬대학으로부터 일종의 명예교수직을 임명받았고, 2년 후에는 미국 과학아카데미에서 유전학 분야에 공로를 세운 사람에게 수여하는 킴버 상을, 또 1970년에는 나라를 대표하는 과학자에게 주는 메달도 받았다.

고립무원의 세월을 보낸 끝에 받게 된 이런 칭찬과 칭송이 그녀에게 어느 정도의 위로와 격려가 되었던 건 사실이다. 하지만 그렇다고 매클린톡 스스로 가장 중요한 발견이라고 여긴 부분을 수없이 묵살당하면서 느낀 참담한 심정을 떨칠 수 있는 것은 결코 아니었다. 그런데 드디어 새로운 빛이 서서히 그녀를 향해 다가왔다. 1970년대 중반에서 후반 사이 분자생물학의 내용이 심화되면서 좀 더 복잡한 사항들에까지 관심이 미치자, 그동안 매클린톡이 옥수수 씨앗에서 포착해온 알록달록한 무늬들과 그에 내포된 의미가 비로소 다른 이들에게도 중요하게 여겨지기 시작한 것이다.

마침내
드러나는 진실

자리바꿈 현상을 뒷받침하는 사례들

생명이 번번이 엉뚱한 자리에서 우리의 허를 찌르고 다시 경탄하게 만드는 신비로움을 지니고 있듯, 과학의 위대함도 비슷한 양상으로 나타나는 것 같다. 다수의 선입견으로 세워진 장벽이 어느 순간 놀라운 현상을 포착해내는 감수성 덕분에 무너져 내리면서, 절대 인정될 것 같지 않던 것들이 수용되고 오랜 난관들도 해소되곤 하니 말이다.

분자생물학의 진영에서도 1960년대 중반 이후 이런 조짐이 나타나기 시작했다. 이때부터 유전자가 언제나 안정된 상태를 유지한다는 점에 대한 의혹이 확산되었다. 모든 생명체는 물론 빈틈없이 자기와 똑같은 모습의 후손을 재생산하지만, 그 가운데서도 유전자의 전체 구도가 어긋나고 있음을 암시하는 분명한 증거들이 나타나면서 새로운 형국에 접어들었다고 할까. 그 당시 분자생물학 분야에서 중심교리론이 갖는 위력이 얼마나 컸는지를 감안하면, 다름 아닌 분자생물학에서 그러한 의혹이 불거져 나왔다는 게 퍽 의외로 여겨진다. 그러나 계속해서 기존의 생각을 지탱할 수 있는 방안을 고안해내기도 상당히 난감한 상황이었다.

그런데 이런 상황은 고전유전학에서 분자유전학의 단계로 넘어오면서 어느 정도는 예견된 것이라 할 수 있다. 분자생물학은 기존에 통용되던 인자들의 개념과는 다른 개념 위에서, 나아가 그 나름의 완결적인 방법론을 갖춘 기반 위에서 성립된 학문이다. 반면에 이전의 생물학이 발전시킨 실험이나 작업과는 단절되어 있었기에, 눈앞에 닥친 과제를 해결하기 위해서는 자신들이 세워 놓은 기본 전제, 다시 말해 스스로를 가둔 선입견을 의심하는 수밖에 다른 도리가 없었다.

물론 처음엔 그들 스스로 이러한 내적 변화를 겪으면서도 그게 얼마나 엄청난 것인지, 그 심각성을 알지 못했다. 그러나 자리이동(transduction)과 자리바꿈(transposition)의 명백한 구분을 얼버무리려 하자 감당할 수 없는 문제들이 잇달아 따라 나왔다. 자리이동은 박테리오파지라는 바이러스가 어떤 박테리아에 침입하여 그 염색체의 유전물질 조각들을 다른 박테리아로 옮겨주는 아주 흔한 현상이다. 이같은 자리이동과 자리바꿈의 중요한 차이는, 박테리아 유전자의 일부가 끊어져 소실되거나 그 조각이 다시 어느 자리로 끼어드는 경우에 드러난다. 박테리오파지가 침입하여 파고들어 가는 양상에 일정한 양식이 있을 뿐 아니라, 그 '자리'가 늘 고정되어 있음이 발견된 것이다.

이런 현상은 1963년 테일러(A.L.Taylor)에 의해 기록되었다. 당시엔 거의 주목받지 못했지만, 그는 자신의 논문을 통해 박테리아 염색체 속으로 아주 빈번히, 거의 마구잡이로 끼어들곤 하는 특정 종류의 박테리오파지에 '엠뮤(mµ)'라는 이름을 붙여주었다. 그리고 어떤 박테리아에서 다른 박테리아로, 혹은 같은 염색체의 어느 자리에서 다른 자리로 유전자가 이동한다는 것은 곧 엠뮤가 유전자의 '자리바꿈'을 유도하는 매개 노릇을 한다는 뜻임을 밝혀냈다.

여기서 테일러는 물론 '자리바꿈'이라는 용어는 쓰지 않았다. 그런데 이로부터 불과 몇 년 후, 매클린톡의 작업이 직접 언급되지 않은 상태에서 자리바꿈이라는 단어가 그대로 쓰이기 시작했다. 예를 들어 1966년에 조나단 벡위스, 에산 시그너, 볼프강 엡슈타인은 박테리아 세포 안에서 자기복제를 하는 유사 바이러스 입자 'F 인자'의 작용과 관련한 현상을 설명하는 논문에서, '자리바꿈'과 유사한 이들의 활동을 소개하며 바로 이 용어를 쓰고 있다.

1960년대 말에는 더 중요한 사건이 일어났는데, 대장균의 일종인 E. 콜라이(*E. coli*)의 오페론 시스템에서 일련의 돌연변이가 일어나면서 이 복잡한 과정을 밝혀내고자 몇몇의 연구팀이 결성된 것도 그중 하나이다. 이들 돌연변이는 대부분 돌발적으로 일어나는 것처럼 보였으나, 좀 이상한 점들이 눈에 띄었다. 이들은 돌연변이가 된 유전자의 기능을 소거시킬 뿐 아니라 특정 기능의 유전자 활동을 억제하거나 촉진하는 작용까지 하고 있었고, 게다가 다시 돌연변이를 일으키며 원상으로 복귀시키기도 했다. 이런 현상을 일으키는 매개물로 알려져 있던 기존의 물질과는 다른 양상으로 전개되는 것을 보면서, 연구팀은 이를 염색체 상에 일종의 변형이 생긴 결과로 일어난 현상이리라 짐작했다.

그런데 곧 밝혀진 바에 의하면, 이는 DNA의 특정 연속체인 아주 조그만 유전자 토막이 구조유전자나 조정유전자 속으로 삽입해 들어갈 때 일어나는 현상이었다. 어디든 끼어드는 기능을 갖고 있는 이 삽입유전자는, 그러나 박테리오파지처럼 외부에서 침입한 DNA가 아니라 박테리아 자신의 염색체 중 다른 자리에서 빠져나온 것 같았다. 이 조각들이 다른 유전자 사이로 끼어들어가면 곧 거기서 다시 빠져나오거나, 아니면 원상으로 복귀하는 돌연변이 신호로 작용하는데, 빠져나오는 경우도 그 작용이 몹시 정확해서 유전자의 정상 기능들로 고스란히 복구가 되었다. 하지만 이런 과정에 때로 착오가 생겨 이 삽입인자들이 이웃 유전자 몇을 끌고가는 경우가 생기곤 했는데, 이들이 새로운 물질을 새로운 자리로 끌고 들어갈 때는 원래 방향으로 끼어들기도 하고 서로 반대 방향으로 삽입되기도 했다.

이는 옥수수에서 일어나는 자리바꿈을 통해 일종의 유전자 재배열이 이루어진다고 매클린톡이 말했던 것을 정확히 확인시켜주는 내용으로, 다시 말해 그녀가 발견한 유전자 조각의 소실 혹은 유전자의 자리나 순서가 바뀌는 일이 진행되는 방식과 일치했다. 유전자 안에서 삽입인자가 어떻게 기능하는지는 오늘날까지도 정확히 밝혀져 있지 않지만, 이들의 존재를 발견했다는 말은 곧 유전자의 활동을 조절하는 일종의 스위치가 있어서 그것이 켜졌다 꺼졌다 하는 작용이 일어남을 의미했다. 즉, 유전자 활동의 조절과 제어가 이 현상과 반드시 연관돼 있음을 보여주는 것이었다.

이리저리 옮겨다니는 것이 유전자의 본성

삽입인자의 존재가 확인된 직후, 이보다 더 뚜렷하게 유동성을 보여주는 사례가 보고되었다. 살모넬라 티피무리엄(*Salmonella typhimurium*)이라는 박테리아 안에서 이런 활동을 하는 유전자가 발견된 것이다. 이는 특히 의학적으로 중요한 사안으로 간주되었다.

살모넬라 종의 박테리아는 약에 대한 내성이 대단한데, 이를 관장하는 유전자가 엄청난 속도로 불어날 수 있다는 사실은 이미 전에 확인된 적이 있었다. 그런데 1970년대 중반에 이르러, 이 같은 확산 능력이 다름 아닌 이 특별한 유전자가 염색체 내에서 옮겨다닐 수 있기 때문이라는 단서가 포착되었다. 염색체에서 떨어져 나간 동그란 모양의 DNA 조각을 보통 플라스미드라고 부르는데, 이 위에 있는 유전자들이 박테리오파지에 올라탄 채 자리를 바꾸는 현상이 제일 먼저 관찰된 것이다. 처음에는 이를 (엠뮤에서 발견된 것과 비슷한) 자리바꿈의 또 다른 경우로 생각했으나, 곧바로 이것은 박테리오파지와 상관없이 일어나는 현상임이 밝혀졌다.

약에 대한 내성이 생기게 하는 유전자들은 개별적으로, 혹은 무리지어 움직여 다니고 있었다. 플라스미드에서 박테리오파지로, 박테리오파지에서 박테리아의 염색체로, 또 염색체의 한 자리에서 다른 자리로, 거기서 다시 다른 박테리오파지로 옮긴 후 또 다른 박테리아로 유랑해 다니는 것이었다. 약에 대한 내성이 생기게 하는 이들 유전자는 또한 특정 구조의 유전인자 속에 통합되어 있음이 분자 수준의 분석을 통해 밝혀졌으며, 이들이 움직여 다니는 기계적인 원리도 같은 자리에 새겨져 있는 것으로 추정되었다.

이 유전자의 양쪽 끝은 DNA 연속체로, 이들은 삽입에 적합한 방식으로 서로의 모양을 되풀이하는 꼴로 되어 있었다. 이렇게 반복되는 배열 덕분에 같은 계열의 염기들이 짝을 이루어 결합하는데, 전자현미경으로 들여다보면 실제로 막대사탕 같은 모양이 관찰되었다. 이런 모양의 구조가 드러났다는 말은, 염색체 양쪽 끝에서 되풀이되는 DNA 구조가 있다는 증거이기도 했다. 아니나다를까 몇 년이 더 지난 후 이러한 구조의 전체 시스템을 가리키는 '트랜스포존(transposon, 자리를 바꾸는 인자)'이라는 용어가 만들어졌다.

삽입인자와 약에 대해 내성을 갖는 유전자, 그리고 박테리오파지 엠뮤는 모두 통상적인 재결합의 과정 없이도 박테리아의 염색체 속에 끼어들 수 있고, 이러한 진행이 이루어질 때 세 경우에서 모두 유전자의 배열이 새롭게 되는 현상이 일어났다. 이러한 인자들의 분자 구조를 들여다보자 이들 셋의 공통점은 더욱 두드러졌다. 약에 내성이 생기게 하는 유전자 곁으로 끼어드는 DNA의 배열은, 삽입인자의 양끝에 놓이는 유전자들과 너무나 닮은 배열이거나 아예 동일한 배열인 경우도 종종 있었다. 이로써 박테리아 염색체에서 여러 번 복제되는 자리에 놓이는 삽입인자의 배열이, 같은 모양의 DNA 조각 양쪽 가장자리에 끼어드는 유전자를 위한 자리일 것이라는 결론을 내릴 수 있었다. 나아가 이들이 염색체의 전체 골격을 형성하는 일종의 연결점일 수 있다는 추측도 얼마든지 가능했다.

자리바꿈을 하는 유전자의 양쪽 경계에 동일한 유전자 배열이 반복되면서 특별한 기능을 발휘한다는 가정이 일단 성립하자, 이를 뒷받침하는 단서들이 잇달아 축적되었다. 예를 들어 어떤 박테리아 DNA 토막의 양쪽 경계에 똑같은 박테리오파지 엠뮤를 붙여줄 경우, 이들은 동일한 구조와 동일한 효과를 드러냈다. 이는 주변 환경에 대해서 그처럼 즉각적이고 탄력적으로 반응하며 엄청나게 다양한 변모를 할 수 있다는 사실을 보여주기에 충분했고, 특히 약에 대한 내성을 만들어내는 유전자의 경우는 진화하는 속성까지도 드러냈다.

이는 불과 몇 년 전까지만 해도 거의 상상할 수 없던 일들로, 그러나 이제는 급속한 환경 변화에 박테리아들이 엄청난 적응력을 보인다는 사실을 받아들일 수밖에 없게 되었다. 이와 더불어 유전인자란 늘 한자리에 붙박여 있는 게 아니라 움직일 수 있다는 점, 즉 당시의 표현대로라면 '튀는 유전자(jumping genes)'에 대한 인식 또한 열광적인 반응을 수반하며 급속도로 퍼져 나가기 시작했다.

이렇듯 박테리아에서 발견된 유전자의 자리바꿈 현상에 대한 관심이 폭발적으로 증가했지만, 역설적이게도 그보다 한참 전에 옥수수를 대상으로 실험하며 동일한 현상을 발견했던 매클린톡의 작업과, 이를 통해 공을 세운 그녀의 업적은 여전히 관심 밖이었다. 실제로 매클린톡의 작업이 재평가된 것은 이로부터 한참 후의 일이다. 하등생물의 경우 유전인자가 자리에서 이탈하여 다른 곳으로 움직여 다니는 현상이 충분히 입증되었으나, 이보다 더 복잡한 단계의 생물에서도 역시 이런 현상이 발견된다는 점에 사람들이 관심을 갖고 질문을 던지기까지는 시간이 좀 더 필요했기 때문이다.

박테리아와 옥수수에서 보이는 유사성

유전자의 삽입인자와 매클린톡의 작업 사이에 상당한 관련이 있다는 점이 최초로 포착된 것은 1972년 피터 스탈링어(Peter Starlinger)와 하인츠 새들러(Heinz Saedler)에 의해서였다. 그러나 이에 대한 구체적 검증이 이루어져 정식으로 공표되기까지는 4년이라는 세월이 더 필요했다. 1976년이 되어서야 'DNA 삽입인자, 플라스미드, 그리고 에피조옴'이라는 제목으로 콜드 스프링 하버에서 심포지엄이 열렸고, 이 자리에서 "유전자의 몇몇 자리로 끼어들어갈 수 있는 DNA" 모두를 가리키는 명칭으로 '자리이동이 가능한 인자(transposable elements)'라는 용어가 처음 소개되면서 비로소 매클린톡의 작업이 공식적으로 인정된 것이다.

이 심포지엄의 자료집은 1년 후에 출간되었는데, 그 당시에도 이러한 진전에 대해 사람들이 뚜렷한 확신을 갖고 있는 것은 아니었다. 많은 이들이 여전히 박테리아와 옥수수의 연관성에 의혹을 제기하고 있었고, 이에 누구보다 열광했던 새들러마저 이 문제에 접근하는 태도는 무척이나 조심스러웠다.

> "염색체와 플라스미드가 진화해온 과정에 삽입인자가 어떤 역할을 했는지는 분명치 않다. 그러나 옥수수와 초파리 등의 진핵세포* 생명체에서 이에 상응하는 양식을 보이는 인자들이 발견되고 있다는 점은 참으로 주목할 만하다. 아울러 진핵세포 안에서 이러한 행동을 하는 삽입인자들이 박테리아 같은 원핵세포**에서 발견된 삽입인자와 기원이 같은지, 이 문제에 대해서도 진지한 성찰을 할 수 있을 것이라 생각한다."

- **진핵eukaryote 세포**: 광합성을 하는 원핵생물로 인해 대기 중에 산소가 늘어나자, 지구상의 대부분 혐기성 원핵생물은 이를 견디지 못하고 떼죽음을 당하였다. 대기 중에 산소의 양이 누적되어 현재 상태에 이르기까지 20억 년 가량의 세월이 걸렸으니, 이 기간 동안의 세포에는 핵이 따로 없었고 15억 년 전에야 비로소 이런 모양의 진핵세포가 등장하였다. 즉, 지구상에 생명이 나타난 이후 오늘날처럼 정교하고 복잡한 세포들이 생긴 사건은 생명의 역사를 통틀어 무척 나중에 벌어진 일이었다.

- **원핵prokaryote 세포**: 원핵세포란 진화의 초기 단계에 등장한 핵이 없는 단순한 구조의 세포로서, 현재 남아 있는 화석을 근거로 35억 년 전 지구상에 출현한 것으로 추정할 수 있다. 이들은 광합성을 하는 미생물이 군집을 이룬 형태로서, 아직도 호주의 서해안 얕은 물에는 그 상태로 서식하고 있다. 이들은 광합성 작용을 통해 태양광선을 탄수화물로 변형시켜 영양으로 섭취하고 남은 찌꺼기인 산소를 대기 중에 배출하는데, 이들의 출현 후 10억 년의 세월이 흐르는 동안 계속해서 배출된 산소가 대기 중에 누적되면서, 비로소 지구의 대기가 오늘날과 같은 상태로 바뀌었으리라 추정된다.

노년의 바바라 매클린톡(1980).

이렇게 조심스런 태도를 취하는 데는 여러 가지 이유가 있었지만, 무엇보다도 분자 수준에서 관찰을 하다 보니 정확한 유사점을 포착하기가 어렵다는 점이 중요한 이유로 지적되었다. 박테리아의 자리바꿈은 삽입 인자의 구조적 특징을 통해 그 정체가 드러난 데 반해, 매클린톡이 옥수수를 대상으로 확인한 내용은 전적으로 그 인자들이 작용함으로써 드러났고, 이렇듯 전혀 다른 접근 방식을 통해 나타난 결과를 놓고 이 둘이 동일한 사건이라는 점을 확신하기가 어려웠던 것이다. 더욱이 분자생물학에서 출발한 유전학자들 대부분은 복잡하기 짝이 없는 옥수수의 유전학에 무지한 상태였기에, 매클린톡이 추진한 작업이나 그녀의 논거를 이해할 능력이 전혀 없었다.

　그러다 1977년에 드디어 상황이 급격히 변화하기 시작했다. 전부터 매클린톡의 작업에 꾸준히 관심을 보이고 그 세부 사항들을 충분히 파악하는 데 공을 들인 패트리샤 네버스(Patricia Nevers)와 하인츠 새들러가 그해에 이와 관련한 논문을 발표한 것이 그 계기였다. 두 사람은 이 논문을 통해 진핵세포에서 조정인자가 작동하는 모델을 분자생물학의 관점에서 정리하며 박테리아와 옥수수에서 일어나는 공통적인 현상들을 일일이 비교해나갔고, 이로써 분자생물학 분야에 몰입해온 사람들도 옥수수 유전학이라는 오래된 주제를 이해할 수 있는 발판이 마련되었다.

이러한 과정을 통해 박테리아와 옥수수의 시스템에 공존하는 유사성이 인정되었지만, 그와 동시에 이 둘 사이에 보이는 작동 방식의 차이도 두드러졌다. 옥수수의 경우 자리바꿈의 중심 개념은 무엇보다 '조절의 기능'이다. 매클린톡이 자기가 발견한 자리바꿈의 인자를 '조정인자'라고 이름 붙인 이유는 이 때문이다. 이들은 스스로의 기능뿐 아니라 이웃한 유전자의 기능까지 조절하는 역할을 맡고 있다.

매클린톡은 유전자의 수많은 조정인자 중 어떤 것은 특정 현상이 특정한 시간에 발현되도록 조절하는 일종의 '시간표' 기능을 한다는 점까지 밝혀냈다. 반면에 박테리아의 사례에서는 유전자의 자리바꿈을 통해 이렇게 정밀한 조정을 하는 경우가 전혀 눈에 띄지 않았다. 물론 박테리아의 삽입인자 역시 유전자의 스위치를 켰다 껐다 할 수 있고, 이런 작용이 삽입되는 방향에 따라 결정된다는 점도 밝혀졌지만, 그러나 이들이 끼어들기를 통해 유전자의 정상 기능을 차단시킬 뿐이라는 주장을 넘어설 만한 확실한 논거는 아직 마련되지 않은 상태였다.

박테리아에서 발견된 것 중 옥수수의 '조정인자'와 가장 비슷한 양식으로 작동하는 것은 아마도 살모넬라의 '요술(flip-flop)' 스위치일 것이다. 이 박테리아에 달려 있는 기다란 편모가 두 가지 종류로 변환된다는 점은 오래 전에 이미 알려진 사실이었다. 그런데 1978년, 이런 변환이 다름 아닌 DNA의 특정 연속체가 시시때때 방향을 바꿈에 따라 일어나는 현상이라는 것이 추가로 밝혀졌다. 끼어들기를 하는 DNA 연속체의 방향이 왼쪽일 때 스위치가 켜지면서 편모의 어느 모양이 생성된다면, 방향이 오른쪽으로 바뀌어 스위치가 꺼지면 다른 모양의 편모가 만들어지는 것이다.

박테리아 유전자의 조절 기능과 관련하여 이처럼 명백한 사례가 드러났음에도, 정작 박테리아를 연구하는 유전학자들은 이를 진지하게 받아들이지 않았다. 그들 대부분은 유전자의 조절 기능이 생명체의 발생 과정에 핵심적인 역할을 한다는 매클린톡의 의견에 시큰둥한 반응을 보였고, 심지어 그녀가 주장해온 자리바꿈 현상을 그저 '정도를 벗어난' 과정 정도로 여겼다. 매클린톡이 고안해낸 개념이 진화의 과정과 관련해서는 어떤 역할을 할 수 있을지 몰라도 개별 생명체의 성장 과정에 특별한 의미를 갖지는 않는다는 게, 그들의 공통된 생각이었다.

그녀가 발견한 '보편적' 현상

매클린톡은 서로의 관점 자체가 이토록 다르다는 점을 안타깝게 여겼지만, 어떤 면에서는 이런 차이가 드러나는 것이 당연하기도 했다. 같은 유전학이라는 분야에서 연구를 해왔어도, 그녀가 몰두한 관심사와 사고방식은 애초부터 다른 사람들과 너무나 달랐기 때문이다. 예컨대 매클린톡이 어떤 현상의 작동 방식과 그 구조에 몰두한다면, 다른 이들은 단지 그 기계적인 원리만을 궁금해하는 식이랄까.

연구 대상인 실험 재료가 다르다는 점도 심각한 괴리를 낳는 또 하나의 이유가 되기에 충분했다. 대장균이나 살모넬라 같은 박테리아는 고등생물들이 거치는 성장과 발육 과정을 전혀 겪지 않는다. 따라서 이런 재료에 몰두한 생물학자들이 유전자의 자리바꿈과 생명체의 발육 과정을 연결시키기란 쉬운 일이 아니었다. 진핵세포를 갖고 있는 고등생물을 연구하는 이들도 자기 눈으로 직접 그 현상을 확인하고 그에 익숙해지기 전에는 믿지 않는 일이 허다하지 않은가.

일찍이 멜빈 그린(Melvin Green)이 초파리의 발생 과정에 유전자의 자리바꿈이 분명한 역할을 한다는 단서를 발견해 그를 언급한 적은 있었지만, 이런 현상과 관련해 박테리아보다 복잡한 생물 중 처음으로 세간의 주목을 끈 대상은 바로 빵을 부풀리는 데 쓰이는 곰팡이인 누룩이었다. 단세포 생물인 누룩은 발생 단계에 따라 두 가지 유형으로 나뉘며, 이 둘은 생식을 위한 성적 파트너의 관계가 된다. 그런데 이 현상이 바로, 서로 다른 두 가지 유전자 중 어떤 쪽이 제3의 유전자 자리에 끼어들었는가에 따른 결과라는 점이 밝혀졌다.

1980년대 들어선 이후로는 여기서 한 걸음 더 나아가, 히스티딘이라는 아미노산 합성을 담당하는 유전자 자리에 불안정한 돌연변이가 생기는 현상을 연구한 제랄드 핑크(Gerald Fink)를 중심으로 누룩과 옥수수 사이의 유사성을 밝히는 데 대한 관심이 고조되었다. 핑크는 자신이 연구한 누룩의 모델과 바바라 매클린톡의 Spm(삭제소-변이소) 사이에 유사한 점이 매우 많다는 사실을 발견했을 뿐 아니라, 이들은 결국 동일한 개념일 수밖에 없다는 확신을 갖고 자신이 발견한 모델에다 매클린톡이 쓰는 용어를 그대로 적용하기까지 하였다.

옥수수의 경우 Spm 체계는 두 가지 요소의 상호작용을 통해 작동

바바라 매클린톡이 주재한 콜드 스프링 하버의 식물학 심포지엄(1981).

된다. 하나는 수용체(receptor)의 역할을 하는데, 이는 특정한 유전자의 가운데 혹은 옆자리로 끼어들어 돌연변이를 일으킨다. 반면에 이의 조절체(regulator) 역할을 하는 다른 하나는, 대개 다른 자리에 떨어져 있으면서 수용체의 활동을 조절하고 제어한다. 즉, 수용체가 그 속에 혹은 옆에 있는 유전자의 기능을 삭제하거나 항진시키는 정도를 조절할 뿐만 아니라, 수용체가 삭제되어 나가는 (돌연변이 활동의) 빈도를 조절하는 것이다. 누룩의 Spm 체계도 이와 마찬가지로 두 가지 요소의 상호작용을 통해 이루어지는 것으로 보아, 누룩과 옥수수의 Spm은 사실 동일한 체계라 할 수 있다. 그런데 핑크는 같은 용어라도 약간 다른 개념으로 사용하는 주도면밀함을 보였다.

이처럼 박테리아에서 누룩으로 시선을 확장한 과학자들은 이후 진화의 사다리를 타고 올라 초파리에게로 시선을 돌렸고, 초파리의 성장과 발육에도 훨씬 더 많은 종류의 '뛰는 유전자'가 직접적인 역할을 한다는 사실을 확인했다. 절지동물인 곤충의 몸이 성장하는 동안 그 주름의 정도를 조절한다 하여 비토락스(bithorax) 복합체라 불리는 유전자 집단이 있는데, 이들의 자리바꿈이 초파리의 모양새에 엄청난 영향을 주는 몇 가지 유형의 돌연변이를 생기게 하는 요인으로 작용한다는 점이 발견된 것. 예컨대 어느 자리에 있던 유전인자가 다른 자리로 움직이는 경우, 원래는 날개가 돋아나야 할 자리에 발이 자라거나 혹은 눈이 나올 자리에 날개가 돋는 등의 돌연변이가 야기되는 식이다.

이는 한 생명체의 성장 과정에서 일어나는 유전자의 자리바꿈 현상에 대한 인식을 바꾸는 데 한 몫 했다. 옥수수를 포함하여 여태까지는 이런 현상이 비정상적인 결과를 야기하는 요인으로 여겨졌지만, 이제는 유전자의 재배열 현상이 어쩌면 진핵세포의 발생 과정에서 일어나는 지극히 일반적인 현상일 수 있다는 생각을 하기 시작했다 할까. 이런 생각에 쐐기를 박은 가장 확실한 계기가 되어준 것은, 포유류 세포에서 생성되는 항체에 대한 연구였다. 많은 연구소에서 여러 팀이 결성되어 이 연구를 진행하다가 생명체의 발생 과정 동안 일정하게 일어나는 유전자의 재배열 현상을 포착했고, 그 결과로 여러 종류의 항체군이 생성된다는 사실도 동시에 밝혀내기에 이른 것이다. 이러한 사실을 요약한 최근 논문에서 제임스 샤피로(James A. Shapiro)는 다음과 같은 주장을 하고 있다.

유기체와의 교감

"세포분열이 어떤 식으로 조절되는지, 이와 관련해서 밝혀진 내용이 전혀 없다는 얘기는 굳이 할 필요도 없다. … 그러나 이제 분명한 점은, 세포분열의 과정에 이러한 조절 작용이 실제 이루어진다는 것이다. 그리고 움직여 다니는 유전인자의 조절 작용으로 옥수수에 이상스런 문양이 생기는 사례는, 생명체의 발생 과정에서 벌어지는 지극히 일반적인 경우이지 결코 예외적인 현상이 아니라는 것도 분명하다."

이 논문 발표 후 샤피로는 곧바로 다른 논문을 하나 더 발표함을 통해, "아무리 엄청난 기술적 진보가 이루어지다 해도, 종래의 세포유전학 분야에서 매클린톡을 비롯해 다른 이들이 진행한 연구에 기반하여 DNA 서열과 염색체 세부 구조의 분석 작업 결과로 얻어진 자료들을 이해하고 해석해야 한다"는 점을 강조했다.

'튀는 유전자'에서 해답을 찾다

이처럼 변화된 상황은 매클린톡에게 천군만마와 같은 큰 힘이 되어주었고, 이를 계기로 그녀는 자리바꿈 현상과 관련해 자기가 확신하고 있는 내용들을 좀 더 큰소리로 표현할 수 있게 되었다.

그 첫 자리는 1978년에 열린 스태들러 심포지엄으로, 매클린톡은 「유전자의 신속한 재배치 원리」라는 제목의 논문을 발표했다. 그녀는 이 논문을 통해 생명체의 발생 과정에 관여하는 유전자의 조절과 제어 기능을 밝히는 것에서 한 걸음 더 나아가, 유전자를 재구성하는 이런 현상이 일어나도록 하는 생명체의 고유한 원리에 지대한 관심을 쏟아야 한다는 의견을 토로했다. 이는 다시 말하면 생명체의 내부 혹은 외부에서 주어지는 스트레스로 인해 이러한 변화들이 야기된다는 그녀의 생각이 천명된 것이나 다름없었다.

바바라 매클린톡은 심각한 스트레스가 주어질 때 그 반작용으로 생기는 생명체 내의 여러 현상들과, 이와 관련한 단서들을 모두 수집하였다. 이런 작업을 통해 그녀는 "각 생명체 고유의 유전적인 원리에 따라 유전자가 새로운 구조로 개편되고 유전자의 조정체계가 완전히 달라져서, 그 결과 생명체는 스트레스의 영향에 적절히 대응할 수 있는 요소들을 새로 포함하게 된다"는 견해를 밝혔다.

그리고 마침내 1980년의 논문에서 매클린톡은 다음과 같은 결론을 내린다.

> "모든 생물이 그렇다고 잘라 말할 수는 없겠지만, 많은 경우 유전자는 대단히 불안한 상태여서 순식간에 그 모양새가 달라질 수 있다. 이렇게 유전자의 전체 구조가 달라지면, 특정 유전자가 표현되는 양식이나 그 시점을 조정하는 방식에도 변화가 생기게 된다. 이와 같이 조정인자들이 작용하여 유전자의 전체 구조를 바꿔버리는 변화의 범위는 실로 무제한이어서, 이런 사건이 반복된 후 어떤 상태로 안정을 찾게 되면 결국은 새로운 생물 종의 출현으로 이어질 수도 있는 것이다."

매클린톡의 업적과 관련하여 이제 그 중요성에 토를 다는 사람은 없다. 하지만 여기서 더 나아간 그녀의 급진적인 견해에 대해서는 얼토당토않은 상상이라며 묵살하고 저항하는 생물학자들이 여전히 많다. 그들은 과거 어느 시점에 획득한 자기의 생각을 '상식'이라 여기며 그것을 완고히 지켜가는 사람들이다. 따라서 그들에게 기존의 상식에 반하는 견해를 납득시키려면 현실적으로 불가능한 정도의 광범위한 증명이 필요하다. 유전자의 자리바꿈 현상이 생명체의 발생 과정에 결정적인 영향을 미친다는 사실을 증명한 매클린톡의 작업이나, 스트레스에 반응하는 유전인자와 이를 조절하는 기능의 유전자가 공존한다는 그녀의 주장이 바로 얼마 전까지만 해도 단지 극소수의 공감만 얻을 수 있던 것은 그 때문이다. 오죽하면 지금도 바바라 매클린톡의 이름만 들어도 짜증을 내며 '엉터리 과학자'라 매도하는 사람들이 있을까.

하지만 이제는 매클린톡을 비난하고 조롱거리로 만드는 사람들도 그녀의 주장을 모두 묵살할 수는 없는 형편이 되고 말았다. 유전자는 결코 견고하게 안정된 상태가 아닌, 이른바 역동적인 평형의 상태를 유지하는 아주 복잡한 구조로 이루어져 있다는 사실이 너무나 자명해졌기 때문이다. 그리고 자리이동이 가능한 유전인자들은 지극히 단순한 하등생물부터 고등생물에 이르기까지 공통적인 특성을 가지고 있다는 점도 밝혀지고 있었다. 모두 같은 구조로 이루어진 그 유전인자들은 결코 독단적으로 활동하는 법이 없고, 또한 그 현상이 애매모호한 경우도 없었다. 이와 관련해 캘리포니아 대학의 멜빈 그린 교수는 다음과 같이 이야기했다.

"자리바꿈을 할 수 있는 유전인자는 어디에나 있다. 박테리아부터 누룩에 이르기까지, 그리고 초파리와 모든 식물에도 이런 유전자는 들어 있다. 아마도 포유류인 쥐와 우리 인간의 몸속에도 있을 것이다."

생명체가 형성되고 또 성장과 진화를 거듭하는 과정에서 튀는 유전자가 어떤 역할을 하는지는 상당 기간 논란거리였다. 이들 유전자의 자리바꿈 현상을 이해하고 받아들이면 기존의 개념을 뛰어넘어 훨씬 박진감 있는 진화의 과정을 상정할 수 있음에도, 이러한 사고의 전환은 쉽게 일어나지 않았다. 특히 보수적인 성향의 사람들은, 설사 이 주제에 흥미를 느낄지언정 단지 유전자가 작동하는 방식, 그 기계적인 원리에만 관심을 둘 뿐, 생명의 진화라는 맥락에서 이 현상의 의미를 따져보는 일에는 철저히 무관심했다. 제아무리 새로운 발견이 이루어진다 해도 그것이 DNA의 자율성이나 기존에 알려진 역할에 근본적인 문제제기를 할 수 있다고는 믿지 않은 것이다. 그들에게 돌연변이는 여전히 우연의 소치일 따름이고, 중심교리와 자연도태는 변할 수 없는 견고한 원리로 남아 있었다.

하지만 한편으로는 이들과 다른 부류의 과학자들이 존재했고, 그 수효도 꾸준히 늘어났다. 그들은 기존에 알고 있던 확정적 모델 개념이 최근 들어 밝혀지는 염색체의 역동적 면모와 너무나도 모순이 된다는 사실에 주목했다. 다만 그러한 모순을 해결할 충분한 해법을 찾지 못하고 있다는 점이 문제였다고 할까.

만약 그들 스스로 해법을 찾고자 한다면, 이제라도 유전자의 프로그램을 변화시키는 복잡한 피드백의 경로를 모두 추적하면서 유전자 내부의 상호관계를 종전과는 다른 방식으로 살펴봐야 할 것이다. 나아가 환경의 영향에 따라 DNA가 어떤 식으로 반응하는지 추적함으로써, 유전자와 환경의 상호관계 또한 처음부터 다시 따져보는 것도 필요하리라. 유전정보를 단단히 움켜쥐고 있는 중요한 설비인 유전자는 기존에 생각한 것보다 훨씬 더 복잡한 시스템이며, 그것도 엄청나게 복잡한 피드백에 의해 작용하는 시스템임이 드러나고 있으니 말이다.

바바라 매클린톡은 이처럼 복잡한 상호작용을 통해 영위되는 시스템이 한 생명체의 탄생부터 소멸까지 조절하는 프로그램임을 밝혀냈다. 그뿐 아니라 외부적인 스트레스 등의 환경적 요인이 적응 불가능한 수준에 이를 경우, 생명체의 성격 자체를 변화시킬 정도로 유전자를 재배열할 수 있는 프로그램이 이미 그 생명체 안에 존재한다는 점을 시사했다. 이는 한 생명체의 생존 경험을 통해 그것의 유전자가 어떤 내용을 "습득한다"는 개념을 포함하는, 상당히 급진적인 내용이다. 더욱이 여기서 그녀가 말하는 유전자의 변화 개념은 진화와 관련한 두 가지의 대표적인 이론, 즉 라마르크 식의 목적론적인 설명과 모든 게 우연이고 적자생존일 뿐이라는 다윈 식의 설명을 동시에 극복하는 심층적인 의미를 담고 있다.

바바라 매클린톡의 관점을 따라가는 것만으로, 우리가 기존에 전혀 상상하지 못했던 세계의 지평이 열리리라 기대하게 되는 이유는 바로 이 때문이다.

12장. 생명은 교감한다

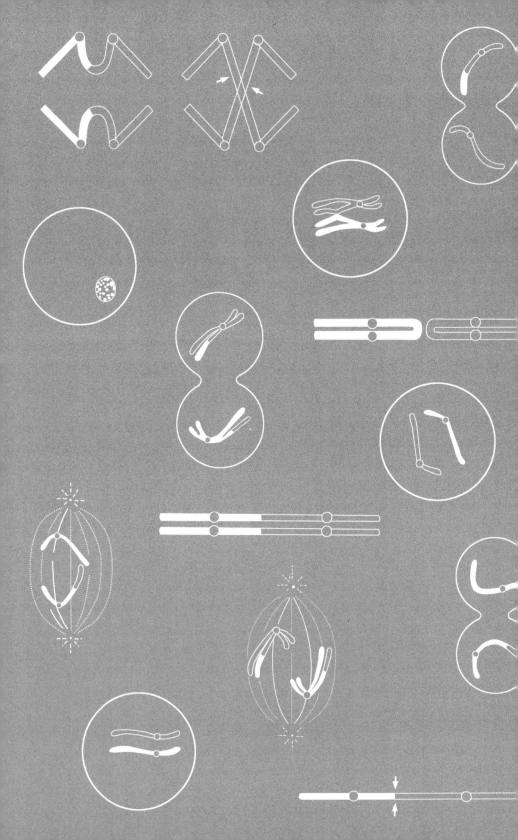

온 생명과
'관계'한 과학자

"나는 식물을 홀로 버려두고 싶지 않았어요"

바바라 매클린톡의 이야기는 과학의 불완전성을 드러내 보이는 동시에, 그만큼 과학의 세계가 건강하다는 것을 증명하는 하나의 예라고 하겠다. 헛소리로 폄하되던 그녀의 주장이 공식적으로 학계의 인정을 받고 드디어 명예를 회복함으로써, 과학이 근시안적 태도에서 벗어날 수 있다는 일말의 가능성과 희망을 제시했으니 말이다.

과학을 하는 사람은 운명적으로, 여태까지 알려진 어떤 이론으로도 설명할 수 없는 낯선 상황들에 봉착하기 마련이다. 이런 경우 과학은, 그 과학자가 어떠한 제약에도 갇히지 않고 모든 가능한 시도를 할 수 있게 허용해야 한다. 기존과는 전혀 다른 방향에서 새로운 시각으로 사물에 접근하는 것이야말로 과학의 본질과 통하는 원칙이기 때문이다. 그런데 여태까지와는 다른, 전혀 예상치 못한 방식으로 자연의 질서에 다가가려면, 과학의 중심으로 연결되는 몇 개의 통로를 언제라도 남겨두는 것이 필요하다. 그러면 대자연은 종종 그 길로 통하는 문을 열고 자기 자신의 낯선 모습을 드러내 보여준다.

매클린톡은 어떤 제약에도 굴복하지 않고 끝까지 독특한 시각으로 자연의 질서를 탐구하면서, 동시에 그러한 자신의 작업이 과학의 세계와 연결되도록 노력한 사람이다. 그런데 그녀가 생물학에 지대한 공헌을 남긴 방식을 보면, 이와는 또 다른 면모를 발견할 수 있다. 그건 바로 과학자 개인이 자연에 대해 어떤 마음을 갖느냐에 따라 완전히 상이한 방식으로 사물을 보는 일이 가능할 뿐 아니라, 그를 통해 얻는 과학적 성과의 성격도 전혀 달라질 수 있음을 그녀가 보여주었다는 사실이다. 그러면 매클린톡은 어떻게 해서 다른 동료들보다 더 멀리, 그리고 더 깊게 유전학의 신비 속으로 빠져들 수 있었던 것일까?

이에 대한 그녀의 답은 늘 한결같고 간결하다. "충분히 시간을 갖고 열심히 들여다보며 '대상이 하는 말'을 귀 기울여 들을 줄 알아야 한다"는 것. 그 대상이 '나에게 와서 스스로 얘기하도록' 마음을 열고 들으라고 강조하는 그녀는, 또한 이렇게 덧붙인다. 무엇보다 중요한 건 '생명과의 교감 능력'을 개발하는 일이라고. 이를 통해 생명의 각 부분을 빠짐없이 헤아리고, 나아가 '생명이 어떻게 자라는지'를 깨우쳐야 한다고.

"매 순간 뭐가 어떻게 잘못되고 있는지를 알아차려야 해요. 생명은 한 조각의 돌멩이가 아니거든요. 그것은 주변 환경으로부터 끊임없이 영향을 받으면서 그에 반응하고 또 문제를 일으키면서 자라나지요. 그러니 이런 점들을 헤아릴 줄 알아야 해요. … 식물에 어떤 작은 변화가 생기면, 왜 그런 게 생기는지를 곧 알아차리는 게 중요해요. … 가만히 들여다보면 알 수 있지요. 예를 들어 예전에 없던 흠집이 생겼다고 칩시다. 언뜻 보기엔 똑같은 흠집 같죠. 하지만 그게 어디서 긁힌 건지, 아니면 뭐가 와서 뜯어먹은 건지, 혹은 바람에 꺾인 건지에 따라 흠집 모양이 사실은 다 달라요. 가만히 들여다볼 때 그 차이를 비로소 알 수 있답니다."

매클린톡은 식물 한 그루마다 독특한 면모를 지니고 있으며, 과학자는 그것을 일일이 느낄 줄 알아야 한다고도 했다.

"어떤 식물도 두 그루가 똑같은 경우는 절대 없어요. 모두가 다르거든요. 그런 차이, 서로의 다름을 알아야 해요."

그녀는 설명을 계속한다.

"어떤 식물을 바라보잖아요? 그러면 나는 절대 그걸 혼자 버려두고 싶지가 않았어요. 싹이 나서 자라는 과정을 빠짐없이 관찰하고 싶었죠. 그래야만 내가 정말로 그것을 안다는 느낌이 들었거든요. 나는 내가 밭에다 심은 옥수수 하나하나를 전부 그렇게 관찰했어요. 그러면 정말로 친밀하고 지극한 감정이 생겨났지요. 식물들과 그렇게 깊은 관계를 맺는 게 나한테는 큰 기쁨이었답니다."

몇 년 동안 이런 식으로 자기가 연구하는 생명들과 친밀한 관계를 맺고 교류하면서 쌓아간 내밀한 지식은, 그녀가 자기 나름의 독특한 통찰력을 키워가는 든든한 기반이 되어주었다.

"옥수수라는 식물에 대해 나는 정말 많은 것을 배웠어요. 그래서 옥수수와 관련한 일은 이제 내 눈으로 보기만 하면 즉시 알 수 있어요."

인간이 자연을 조절할 순 없어

생명체와의 지속적인 교감을 통해서만 얻을 수 있는 '생명의 느낌'은 매클린톡의 시선을 놀랍도록 확장시켰다. 그것은 또한 가까운 동료나 학문적 성취를 통해서는 맛볼 수 없던 특별한 위로를 그녀에게 선사했고, 나아가 평생토록 외롭고 고단했던 그녀의 삶을 지켜주었다. 이는 자연과학 역시 감정적 몰입 없이는 훌륭한 결과를 산출할 수 없음을 증명한다. 흔히들 과학과 감정은 모순된 것이라고 생각하지만, 거꾸로 매클린톡은 감정적으로 몰입한 상태가 아니고서는 그토록 혹독한 조건 속에서 묵묵히 작업을 감행하며 기나긴 세월을 버티기란 불가능함을 보여주었다. 이런 그녀의 태도는 아인슈타인의 다음과 같은 말을 떠올리게 한다.

> " … 하늘의 별들과 우주의 조화, 이 세상 삼라만상의 오묘한 신비, 그 놀라운 활동의 원리를 이성(reason)의 힘으로 캐내고자 케플러와 뉴턴은 오랜 세월 외로운 작업에 몰두하였다. 이들이 품고 있던 간절한 열망의 깊이는 과연 어느 정도였을까?"

아인슈타인이 언급한 훌륭한 남성 과학자들과 달리, 매클린톡은 이 세상 삼라만상의 오묘한 원리를 이성의 힘이 아닌 유기체와의 교감, 즉 생명의 느낌에 의존해 밝혀냈다. 그렇게 되기까지 그녀가 쏟은 열망은 대단했다. 그것은 이성만이 아닌 그 너머에 존재하는 힘까지 모두 동원해 태초부터의 세상을 끌어안고 삼라만상의 원리 이상을 몽땅 이해하고픈, 그런 열망이었다.

매클린톡이 보기에, 과학에서 말하는 이성만 가지고서 복잡하고 무궁무진한 생명의 원리 혹은 신비를 제대로 이해하거나 묘사하기란 불가능했다. 과학자가 이성으로 파악할 수 있는 것은 기껏해야 생명체가 지니고 있는 삶의 양식과 질서의 아주 작은 일부분일 뿐이라고 그녀는 생각했다. 인간이 아무리 머리를 짜낸다고 해도, 스스로를 유지하고 발전시키는 생명체의 놀라운 능력과 창조력을 온전히 따라갈 수는 없다고 여긴 것이다. 인간의 상상력을 초월하는 모든 현상이 이미 자연 속에 다 있고, 자연의 끝없는 창조력에 비하면 인간의 과학적 지식이란 너무나 볼품없다는 것. 이것이 바로 그녀가 자연과 과학을 바라보는 근본적인 관점이었다.

　　매클린톡이 발견한, 유전자가 원래 있던 자리에서 튀어나와 다른 자리로 이동하는 '전위' 현상은 무엇보다도 유전자 세계의 역동적이고 변화무쌍한 특성을 보여주는 새로운 단서였다. 또한 세포의 얇은 막과 세포질, 그리고 DNA 등이 그토록 정교하고 효율적으로 배치되어 작은 세포 하나를 구성하고 있다는 놀라운 사실이 이로써 다시 한 번 확인되었다. 필요한 것을 얻기 위해 생명체가 스스로를 변화시키며 자신의 상태를 조절하는, 그 다채롭고 복잡한 생명 현상의 면면에 놀라지 않을 사람이 과연 있을까. 특히 매클린톡에게는 자연의 오묘하고도 놀라운 섭리를 하나하나 깨우쳐가는 일이 언제나 환희 그 자체였다.

　　제2차 세계대전 직후 초파리를 연구하는 사람들 사이에는 초파리에 엑스레이를 쏘이는 실험이 한창 유행이었는데, 이에 대해 매클린톡은 다음과 같이 말한 적이 있다.

　　"놀랍지 않아요? 그렇게 엑스레이를 쏘아대는데도 초파리들 중에 더 강해지는 녀석들이 많더라니까요. 예상과는 전혀 다른, 생각할수록 기가 막히고 놀라운 일이 발생한 거예요. DDT도 마찬가지였어요. 그 독한 약을 뿌려대면 모든 곤충이 박멸될 줄 알았거든요. 그런데 어디 그렇던가요? 오히려 살충제 냄새를 맡으면 얼른 코를 막는 똑똑한 곤충들이 등장했지요. 나는 이런 결과들이 참 좋았어요. 인간이 자기 욕심대로 자연을 조절할 수는 없다는 사실이 증명된 거니까요."

그러고 보면 가장 황당한 일은 이토록 놀라운 생명의 힘을 얕잡아 보는 인간의 경망함이 아닐까 싶다. 예를 들어 식물이 얼마나 능동적으로 환경에 적응하고 유연하게 대처하는지, 그 경외할 만한 사실에 우리는 여전히 충분히 주목하고 있지 않다.

"동물은 제 맘대로 돌아다니지만 식물은 늘 한자리에 머물러 있죠. 그러니 식물이 얼마나 영민한 활동을 벌이는지 더더욱 상상을 못 하는 겁니다. … 하지만 식물의 활동은 대단히 놀라워요. 예컨대 사람들이 별생각 없이 식물의 이파리를 따잖아요. 이에 대한 식물의 반응은 대단히 민감해요. 그냥 슬쩍 건드리기만 해도 당장 전기로 신호를 보내기 시작하지요. … 그렇게 민감하게 반응함으로써 자기를 둘러싼 환경과 끊임없이 소통하는 거예요. 사실상 식물은 우리가 하는 모든 일을 똑같이 하고 있어요. 그런데 사람들은 길가의 가로수를 보고도 생명 없는 콘크리트 덩어리인 줄 알아요. 자리를 옮기지 않고 늘 한군데 붙박여 사니까 그렇게들 착각을 하는 겁니다."

시인의 마음으로 생명을 공경하다

조금만 유심히 살펴보면 모든 식물이 언제나 대단히 활발한 운동을 하고 있다는 것을 알기란 어렵지 않다. 단, 그와 같은 생명의 몸짓을 볼 수 있는 데 필요한 인내심이 우리에게 부족할 뿐이다.

> "따뜻한 날 꽃이 핀 화단 옆을 한번 천천히 지나가 보세요. 이파리들이 모두 어딘가를 향해 열심히 손을 뻗고 있는 모습을 당신은 보게 될 거예요. 나중에는 식물의 자태만 봐도 태양이 지금 어디 있는지 알 수 있지요. … 꼼짝 못하는 것처럼 보여도, 사실상 식물은 활발한 운동을 하고 있답니다."

매클린톡에 의하면, 생명은 모두 인간의 상상력을 초월할 정도의 활동을 하면서 살아간다. 하지만 대부분 이런 사실을 알지 못한다. 사람들은 대개 어떤 필요에 의해, 혹은 관심이 생겨야만 그와 관련한 능력을 개발하기 때문이다. 예를 들어 어떤 분야에 관심을 쏟고 그에 몰두한 사람은, 그 분야와 관련해서만큼은 다른 사람이 보지 못하는 것들을 보게 된다. 매클린톡이 옥수수를 포함해 식물들의 활동을 민감하게 포착할 수 있기까지, 그녀 또한 수십 년에 걸쳐 옥수수에 관심과 애정을 쏟으며 그와 관련한 연구에 몰두해왔다. 그 과정에서 그녀는 옥수수라는 대상이 더 이상 저 바깥의 객체로 존재하는 것이 아니라 나라는 주체와 하나가 되는 것을 경험했고, 그런 경험이 쌓이면서 옥수수와 혼연일체가 되어 소통하고 교류할 수 있는 특별한 능력을 얻었다. 흔히들 말하는 통찰력이 스스로 개발된 것이다.

물론 다른 사람들도 어떤 대상과 각별한 관계를 맺곤 한다. 하지만 대개는 그 대상이 '사람'으로 한정되는 경우가 많다. 그에 반해 바바라 매클린톡은 자신의 전 생애를 통틀어 '생명(organism)' 그 자체를 가장 중요한 화두로 삼았다. 더군다나 여기서 생명이란 단순히 식물이나 동물을 의미하는 게 아닌 '살아 있음'의 총칭이자, 그게 곧 '나' 자신일 수 있는 모든 대상을 가리키는 이름이었다. 따라서 그녀에게 생명을 이루는 모든 요소는 곧 소중한 생명 자체나 다름없었다. 과장이 섞이지 않은, 정말로 절실한 음성으로 그녀는 이렇게 말한다.

> "풀밭을 밟고 지나갈 때면 나는 자꾸 미안한 마음이 들곤 해요. 내 발 밑에서 풀들이 아프다고 아우성을 치거든요."

이는 시인의 섬세한 감수성에 가깝다. 그러나 매클린톡은 시인이 아닌 과학자였고, 매 순간 과학자로서의 본분을 잊지 않았다. 달리 말하면 그녀는 시인의 감수성을 지닌 과학도였다. 그녀는 시인의 마음으로 생명에 고유한 질서가 있다는 믿음을 갖게 되었고, 그러한 질서를 알아내는 도구로 기꺼이 과학을 활용했다. 또한 시인의 눈으로 읽어낸 사연과 생명의 질서를 과학의 언어로 바꾸어 말하고자 노력했다.

바바라 매클린톡이 발견한 DNA의 변화무쌍한 활동은, 처음엔 분자생물학에서 규정한 법칙에 어긋나는 예외적 현상들로 간주되었다. 그러나 결국엔 그것이야말로 복잡다단한 자연의 실상을 반영하는 생명의 질서임이 드러났다. 생명의 기본 단위인 세포와, 그 세포들이 모여서 독립된 활동을 영위하는 생명체는 독특한 짜임새를 갖고 있고, 그안에서 벌어지는 모든 일에는 나름대로의 이유가 있다는 점이 밝혀지기에 이른 것이다. 그러고 보면 자연에서 보이는 모든 '예외적' 현상들은 생명을 온전히 이해하지 못하는 인간의 작업이 갖는 한계일 뿐이라는 생각이 든다.

매클린톡 역시 다른 자연과학자들과 마찬가지로, 자연에는 일정한 규칙이 있다는 신념을 갖고 있으며 그러한 규칙을 정교하게 표현하려는 노력에 동참하였다. 다만 매클린톡과 다른 과학자들 간에 차이가 있다면, 그녀는 단지 실험과 논리에만 의존해 작업하지는 않는다는 것뿐이다. 이쯤에서 아인슈타인의 말을 또 한 번 인용해 그 의미를 되새겨보고자 한다.

" … 오로지 직관을 통해, 마음의 공명을 통해서라야 이러한 법칙에 도달할 수 있다. … 특별한 작품은 머릿속에서 정교하게 끼워 맞춘 결과로 생산되는 게 결코 아니다. 그것은 가슴에서 곧바로 튀어나온다."

자연에 대한 깊은 공경, 자신이 실험하고 연구하는 대상과 하나가 되는 능력. 흔히 이런 것들은 엄격한 논리와 이성적 판단으로 무장한 과학의 방식과는 상당히 다른 것으로 여겨진다. 그러나 과학의 전통을 살펴보면 이렇게 상반된 두 가지 면모가 언제나 공존했음을 알 수 있다. 예컨대 자연과 하나가 되는 경험은 신비주의 전통에서는 대단히 익숙한 개념이었다. 아울러 자연이 품고 있는 근원적 신비는, 과학이 새로운 것을 발견해가는 과정에 중요한 역할을 해왔다. 이를 가리켜 아인슈타인은 '우주적 종교'라고 말한 적이 있다.

지혜에 접근하는
그녀의 방법

과학 말고도 수많은 길이 있다

논리적 귀결로써가 아니라 직관을 통해 새로운 지식을 습득하는 경험이 중요한 이유는, 그런 경험이 쌓일 때라야 자연의 섭리에 자신을 일치시킬 수 있는 정서적 능력을 고양시킬 수 있기 때문이다. 이러한 경험에 익숙해질수록 과학의 방식이 갖는 한계에 민감해지고, 나아가 서구식 과학 말고도 자연의 이치를 깨닫는 법은 매우 다양하며 다른 전통 속에서 이미 그런 방법들이 발전해왔다는 것을 인정하게 된다.

매클린톡도 꼭 그와 같은 과정을 밟아왔다. 다만 그녀는 자신이 경험한 것을 거침없이 표현한다는 점에서 남들과 달랐다. 과학의 범위에서 통상적으로 사람들이 믿고 있는 점과 어긋나는 사실에 대해, 그녀는 지나치게 직선적으로, 때로는 벅찬 감격에 겨워 몽땅 털어놓곤 했다. 그도 그럴 것이 흔히 말하는 과학적 방법으로는 대상을 진정으로 이해할 수 없음을, 그녀는 너무나도 강렬하게 경험했기 때문이다.

> "과학의 방식은 사물 간의 관계를 꼼꼼하게 따지는 데 요긴합니다. 견고하고 믿을 만한 방법이지요. 그러나 그게 곧 진리는 아닙니다."

서구 중심의 과학적 방법이 자연의 섭리를 깨우치는 유일한 방법은 아니라는 것. 이것이 바로 평생토록 옥수수를 연구해온 그녀가 내린 결론이었다. 자연의 이치를 깨닫는 데는 '과학'이라 부르는 것 말고도 얼마든지 요긴하고 믿을 만한 다른 방식들이 있다는 게 매클린톡의 변치 않는 신념이었다. 옥수수 한 포기만 들여다봐도 과학적 사유의 틀 안에서는 해결되지 않는 문제들이 너무 많다는 것이다. 그럼에도 굳이 과학적 방식만 고수하는 행위는, 그녀가 볼 때 끊임없이 과학의 경계 밖으로 튀어나가는 생명의 왕성한 활동을 과학의 이름으로 붙들어두는 것에 불과했다.

이러한 믿음을 지니고 있어서인지, 매클린톡은 과학적으로 검증할 수 없는 지식에 대해서도 다른 과학자들보다 한결 호의적인 태도를 보였다. 뿐만 아니라 낯설고 황당한 생각에도 그녀는 상당히 너그러웠다. 예컨대 1940년대 말 워싱턴의 카네기협회에 근무하는 물리학자 딕 로버트(Dick Roberts)가 콜드 스프링 하버 연구소에 와서 인간의 초감각적 능력에 대한 강연을 했을 때, 다른 동료들은 그런 자리가 마련된 자체에 불만을 품고 다들 술집에 몰려가 성토를 했지만 그녀의 생각은 좀 달랐다. 그 주제에 관심이 없어 평소대로 옥수수밭에 가 일을 했지만, 그렇다고 강연이 열린 게 문제라는 생각은 하지 않았다는 말이다.

"그 주제에 대해서 나는 물론 아는 게 없었어요. 하지만 그건 그들도 마찬가지 아닌가요? 그런데 왜들 그렇게 분노를 하고 적대적으로 나오는지 모르겠어요."

서양식 과학 말고 다른 문화적 전통에서 발전해온 학습 방법에 상당한 호기심을 갖고 있던 매클린톡은, 한동안 특히 티베트 승려들의 수행법에 남다른 관심을 갖고 연구한 적이 있다며 그 이야기를 들려주었다.

"그 사람들의 수행 원리를 통해 나는 많은 걸 배웠어요. 우리의 학습 방법과 그들의 수행법을 비교해본 결과, 서양의 과학적 사고는 우리의 능력을 너무나 제한한다는 걸 알게 되었지요."

티베트 승려들의 수행 중에서도 그녀가 특별히 관심을 가진 것은 두 가지였다. 하나는 이른바 '달리는 승려단'이라 불리는 이들의 수행법으로, 이는 그녀가 어릴 때 스스로 개발한 '나는 듯이 달리는 법'과 정말로 흡사했다고 한다. 하루 종일 달려도 피곤을 느끼지 않는 것까지 똑같았다고. 그녀가 관심을 가진 또 하나의 수행법은 '자신의 체온을 조절하는 훈련'으로, 이에 대해 그녀는 다음과 같이 말했다.

"우리가 과학자 아닙니까? 과학적으로 말해서 사람의 체온은 의지대로 조절할 수 있는 게 아니에요. 그런데 티베트 사람들, 특히 체온을 조절하는 법을 수행한 이들은 아무리 추운 겨울날에도 면으로 된 홑겹 옷을 입고 산다는 겁니다. 여름이고 겨울이고 할 것 없이 그 옷 하나로 그냥 지내요. 제가 알아보니까 몇 가지 시험을 거치고 나면 다들 그렇게 하더라고요. 그런데 그 시험 중에 하나가 뭐냐 하면, 지독하게 추운 겨울날 축축하게 젖은 담요를 맨몸에 걸치고 밖에 나가서 그걸 입은 채로 말리는 거예요. 실제로들 그렇게 하는 걸 보고 놀랐죠."

티베트 사람들은 어떻게 그런 것을 할 수 있게 되었을까? 도대체 무엇을 어떻게 훈련해야만 그런 종류의 '지식'을 얻을 수 있는 것일까? 그녀는 이에 대한 해답을 구하고자 다른 예들을 찾아보기 시작했다.

"최면 상태에서도 이렇게 비일상적인 능력들이 발휘된다는 걸 알게 됐어요."

최면 실험 결과와 티베트인들의 수행 등 여러 사례와 자료를 검토한 결과, 매클린톡은 사람의 체온뿐 아니라 혈액 순환과 그 밖의 자율 신경계에 의해 작동된다고 알려져 있는 신체적 기능들도 역시 마음으로 조절이 가능하다는 점을 믿게 되었다. 그리고 누구나 이와 같은 법을 배울 수 있다는 점에 확신을 가졌다.

"누구나 할 수 있어요. 학습이 가능하다는 말이죠."

급기야 매클린톡은 혼자서 연습을 시작하였다. '생명의 피드백'이라는 말이 나오기 아직 한참 전의 일이었다. 매클린톡은 자신의 체온과 혈액의 순환을 조절하는 연습을 거듭했고, 스스로 조절이 되고 있는 것을 느낄 정도로 훈련이 제법 진전되었다고 한다. 그러나 당시는 이런 개념이 몹시 낯설던 시절이어서 그것을 입 밖에 꺼내기란 어려웠다.

"남들한테는 그런 얘기를 못했어요. 과학자로서 꺼낼 수 있는 얘기가 아니었거든요. … 당시 우리의 의학사전에는 그런 종류의 지식이 전혀 없었지요. 대부분의 사람들이 기대고 있던 과학적 지식이나 과학적 사고와는 너무 거리가 멀어서, 함부로 떠들 수가 없었답니다."

서양식의 과학적 방법을 통해 인간은 상당히 많은 원리를 밝혀냈지만, 아직은 모르는 게 훨씬 더 많은 게 사실이다. 이에 대해 매클린톡은 다음과 같이 설명한다.

"여러 사항을 그럴 듯하게 연결시키긴 하지요. 하지만 그런다고 진리를 얻는 건 아니거든요. … 이 세상은 자연과학이 허용하는 것보다 훨씬 더 놀랍고 복잡합니다."

과학적 지식이라고 이름 붙여 놓은 것 중에는 오히려 아이들 장난 같은 게 더 많다고, 그녀는 또한 이야기한다.

"내가 왜 남들과 전혀 다른 방식으로 옥수수에 접근했는지, 단지 과학의 언어만 가지고는 그걸 설명할 수 없어요. 도대체 왜 그런 일이 생기는 걸까요? 다른 사람한테 설명할 수가 없는데도 내가 옳다고 믿는 까닭은 무엇일까요? 남들이 보기엔 내가 별로 자신이 없는 것처럼 느껴졌을 수도 있어요. 하지만 내 안에는 흔들림 없는 확신이 있었어요. … 그렇더라도 나의 지식이 과학이 되기 위해서는 남들이 납득할 수 있는 말로 설명할 수 있어야 하거든요. 그러니까 내 방식으로 깨달은 지식을 다른 사람들이 납득할 수 있도록, 이른바 과학의 언어로 번역해주어야 하는 거죠. 그건 물론 가능합니다. 그러나 내가 왜 남들과는 전혀 다른 방식으로 옥수수에 접근했는지를 과학의 언어로 설명하기는 여전히 어려워요. 그에 비해 티베트 사람들은 자기들이 '어떻게 그런 지식에 도달할 수 있는지', 바로 그 점을 이해하는 것 같습니다."

만물은 하나임을 경험한 신비주의자

서양식 자연과학의 한계를 극복하기 위해서 동양 전통의 지혜를 추구했던 과학자는 매클린톡 하나가 아니었다. 그녀의 이야기를 듣다 보면 특히 양자물리학의 태동에 동참했던 물리학자들의 이야기가 떠오르곤 하는데, 그중 한 명인 에르빈 슈뢰딩어는 이렇게 쓰고 있다.

> "현재의 우리 과학은 사물을 대상화시키는 고대 그리스 철학에 기반을 두고 … 내게 분명한 사실은 우리가 길든 서양과학의 사고방식이 이제는 수정될 때가 되었다는 점이며, 이와 관련해 동양식 지혜의 전통으로부터 얼마간의 수혈을 받을 수 있지 않을까 …"

양자역학의 아버지라 불리는 닐스 보어는 더욱 선명하게 이런 점을 강조한다.

> "양자이론을 통해 깨달은 중요한 사실은 … 생명과 우주의 실존적 드라마에서 배우와 관객의 입장을 온전히 설정하려면, 우리는 결국 부처나 노자 같은 동양의 사상가들이 간파한 인식론적 '깨우침'의 문제에 직면하게 된다는 점이다."

로버트 오펜하이머(Robert Oppenheimer) 역시 비슷한 견해를 표명했다.

> "양자물리학의 세계에서 요청하는 사물의 이해 방식은 … 사실상 그렇게

낯설고 새롭거나 전대미문의 것이 결코 아니다. 이는 우리 서양의 전통에도 분명히 존재했고, 불교나 힌두교 같은 동양의 전통에서는 한결 분명하게 강조되었다."

70년대 이후 신과학운동의 흐름과 함께 이런 세계를 소개하는 과학 분야의 교양서들이 출간되면서, 현대 물리학과 동양사상 사이의 유사성은 일반인들에게도 상식처럼 전파되었다. 그에 비해 생물학 분야에서는 이렇게 파격적인 패러다임 전환의 기미를 찾아보기 힘들다. 내가 볼 때, 생물학에 이런 바람을 불러일으킬 선구자이자 적임자는 단연 매클린톡이다. 그녀는 과학계의 '아름다운 왕따'가 되는 데 주저하지 않을 것이기 때문이다.

매클린톡은 언제나 자기 나름의 고유성을 고집했고, 남들과 '다른 점'이 중요하다고 생각했다. 그녀는 과학자로서 자신이 '신비주의자'라는 점에 떳떳했고, 무엇보다 과학자로서 자신이 하는 일이 다른 과학자들의 방식과 전혀 다르다는 점에 긍지를 갖고 있었다. 과학자로서 자신이 고집하는 '완전히 다른 방식'이, 그녀애개는 무엇과도 바꿀 수 없는 충만한 삶의 양식이자 심지어 황홀경에 빠지는 비결이기도 했다.

"황홀경이 뭐죠? 그건 모르겠어요. 하지만 나는 황홀경을 즐기곤 해요. 정말 그럴 만한 때라면 기꺼이 그에 몸을 맡기는 거지요."

여기서 그녀가 말하는 황홀경은 대상과의 일체감을 강렬하게 느끼는 순간으로, 그녀는 아주 오래 전부터 그 능력을 개발해왔다.

"우주의 만물은 근본적으로 하나입니다. 대상을 정확하게 나누는 금을 긋기란 사실상 불가능하죠. 보통은 이런 식의 금을 그으면서 살아가지만, 실제로는 경계가 존재하지 않거든요. 그럼에도 우리는 계속해서 금 긋기를 배우고 또 가르치죠. 교육이라는 이름 아래 실제로는 존재하지도 않는 금을 여기저기 그어대도록 가르치는 꼴이에요. 내가 비록 시인은 아니지만, 아마도 시인들은 이게 무슨 말인지 잘 알 것입니다."

어떤 사물을 표현할 때 눈앞의 대상에 '영성을 입히는(ensoul)' 일은 예술가뿐 아니라 과학자에게도 중요하다. 다시 말해 대상에 생명력을 부여하는 것, 일체감을 느끼며 서로 교감하는 작업이 필수라는 것. 이러한 관계에 주목한 이들이 많이 있지만, 특히 필리스 그린에이커(Phyllis Greenacre)의 논점은 눈여겨볼 가치가 있다. 그린에이커는 예술가들의 창조적인 능력이 어떻게 개발되고 발휘되는지를 정신분석의 차원에서 평생 연구한 사람으로, 그녀는 위대한 재능 혹은 천재성을 발휘하는 사람들이 공통적으로 어린 시절에 특별한 과정을 겪는다는 것을 발견했다. 그리고 이를 가리켜 '세상에의 몰입(love affair with the world)'이라고 이름 붙였다.

그녀가 발견한 사실에 의하면, 예술가의 기질이 있는 사람들은 저마다 특별한 감각을 지니고 태어난다. 그들은 일찍부터 자연과의 교감을 선호하며, 대개의 아이들이 가족이나 또래 아이들과 밀착된 관계를 맺는 것과 달리 그 대상이 자연인 경우가 많다. 그린에이커는 이런 현상을 '집단적 대체(massive alternative)'라 불렀는데, 매클린톡이 비록 예술가는 아니지만 그녀의 유년기에도 그대로 들어맞았다.

매클린톡은 어렸을 때부터 사람들과의 정서적 교류가 절실하지 않앉다. 자연과의 만남으로 모든 인간관계를 '통째로' 대체해버린 거나 다름없었다고 할까. 그녀는 지적으로나 정서적으로 필요한 양분 일체를 자연과의 교류를 통해 얻었고, 세상에 대한 이해를 포함해 자신에게 필요한 모든 것을 자연 속에서 성취했다. 이를 통해 궁극적으로 그녀가 체득한 것은 바로 '유기체와의 교감' 능력이었다. 그리고 이것이야말로 매클린톡이 평생토록 벌여온 창조적 활동의 원천이 되어주었다. 그녀는 '유기체와의 교감' 능력에 의지하여 세포에서부터 생태계 전체에 이르기까지 알아갔고, 모든 생명의 단위 그리고 생명의 양식들과 밀접한 관계를 맺었다.

과학자로서 그녀는 또한 "대상과의 일체감을 느끼지 못하는 한 그 과학은 결코 온전할 수 없다"는 확신을 품고 있다. 그런 과학은 단지 자연을 조각내서 일부분만 이해하는 행위일 뿐이라는 것. 이와 같은 과학적 방법론에만 의존하다 보면 결국 심각한 상황에 빠질 수밖에 없다는 것이 매클린톡의 지론이다.

"지독하게 환경을 망가뜨리고도 뭘 잘못했는지 모르거든요. 과학과 기술을 발전시켰으니 훌륭한 일을 했다고 믿는 거예요. 다들 새로운 기술 개발에만 박차를 가하는데, 그런 기술은 곧 해악이 되어서 돌아옵니다. 앞으로의 결과가 어떠할지 충분히 고민하면서 개발한 기술이 아니기 때문이죠. 대부분의 과학자들이 거기까지는 우리 일이 아니라고들 생각해요. 세상 만물이 어떻게 돌아가는지 전체적으로 보지 않고, 그저 지금 내 손 안에 놓인 것의 작동에만 열을 올리니까 이런 일이 생기는 겁니다. … 문제의 원인에 대해서도 도무지 관심이 없고, 앞으로 어떻게 될지도 상관하지 않아요. 그러니까 두 눈을 멀겋게 뜨고 있어도 눈앞에 벌어지는 재앙이 보이지를 않는 거예요."

매클린톡은 러브커넬 운하의 비극과 뉴욕 주의 애디론댁스 호수가 산성화된 사건을 대표적인 예로 들었다.

"뉴헤이븐 쪽으로 기차를 타고 올라가다 보면 남동쪽에서 바람이 불어와요. 다시 말해 뉴욕에서 나오는 스모그 연기가 고스란히 뉴헤이븐 쪽으로 몰려간다는 겁니다. … 그런데 이런 단순한 생각조차 못하고 즉흥적으로 일을 해치우는 데만 급급해요. 대부분의 과학자와 엔지니어들이 다 그렇죠. 당면한 과제만 처리하면, 몇 가지 문제만 해결하면 그만이라는 식이에요. 도대체가 전체를 살피려 하지 않는 겁니다. 그 결과가 어떻습니까? 금세 지독한 재앙으로 변하지 않았나요?"

멸종 위기 여성 과학자의 '낙관적'인 시선

바바라 매클린톡은 과학자 중에서 대단히 드문 종(種)이다. 오늘날 주류를 이루고 있는 생물학을 기준으로 가늠해보면, 그녀는 흡사 멸종 위기에 처한 종과 같다. 얼마 전 매클린톡이 하버드 대학 생물학과에서 세미나를 마친 후 대학원 학생들과 이야기를 나눌 때의 일이다. '늘 충분한 시간을 갖고 관찰하라'는 그녀의 말에 학생들 대부분은 수긍하면서도 금세 곤혹스러운 표정을 지었다. 아마도 그들은 '천천히 관찰하고 차근차근 생각할 시간이 대체 어디 있단 말인가?'라는 질문을 던지고 싶었을 게 분명하다.

아닌 게 아니라 최근의 분자생물학 분야는 천천히 숨 돌리며 따라갈 여유가 없는 게 사실이다. 새로운 기술이 폭발적으로 개발되면서, 날

405

마다 새로운 실험이 진행되고 또 그 다음엔 처리해야 할 일들이 계속 따라 나오는 상황이기 때문이다. 그러니 학생들이 "이 분야에서 진행 중인 연구의 속도를 따라가려면 도저히 그런 식으로 심사숙고할 여유가 없다"고 불평하는 것도 당연하다 싶다. 매클린톡 역시 이러한 상황에 충분히 공감하고는 있지만, 그러나 엄청난 속도 전쟁 속에 잠복해 있는 위험 요소를 학생들에게 상기시키는 것을 잊지 않았다.

그리고 보면 매클린톡은 어떤 면에서 운이 좋았다고도 할 수 있다. 그녀가 연구 대상으로 선택한 옥수수는 기껏해야 일 년에 두 차례밖에 수확할 수 없는, 매우 천천히 성장하는 생명이었고, 그 덕분에 그녀는 자신이 원하는 방식으로 느리고 천천히 사색하며 일을 진행할 수 있었으니 말이다. (다른 과학자들은 같은 이유에서 옥수수를 실험 대상으로 삼는 것을 기피했다.) 심지어 나중에는 일 년에 옥수수를 딱 한차례만 심고 수확하는 식으로 작업 속도를 더 늦추었는데, 이에 대해 매클린톡은 "모든 현상을 제대로 관찰하려면 일 년에 한 번만 수확하는 것도 벅찼다"고 설명한다.

처음부터 그처럼 시간을 두고 천천히, 그리고 충분히 관찰하며 작업해온 매클린톡이기에, 요즘처럼 정신없이 돌아가는 분위기에 날카로운 비판을 가하는 데 주저함이 없다.

"요새 과학은 시장판에 투기장 이상이 아니에요. 관심들이 온통 돈에 맞춰져 있죠. 누가 무슨 상을 받았고, 누가 무슨 특허를 내서 돈을 얼마 벌었고 얼마짜리 프로젝트를 따냈다는 식의 얘기만 화제로 떠오르고 있어요. 돈이 없어 뭐를 할 수 없다는 말들도 무성하고요. 성과 위주로 평가되는 분위기 속에서 다들 도박장에 모인 투기꾼들처럼 ⋯ 모두들 서로에게 소외당한 채 말이죠. … 판이 이렇게 바뀌었는데 과연 내가 계속해서 과학자 노릇을 할 수 있을지 의문이에요. 어떻게 보면 나는 이미 멸종 위기에 처한 야생동물의 신세가 된 것 같기도 하거든요."

그러나 매클린톡이 마냥 비관적인 건 아니다. 자연은 결국 자연과 소통이 가능한 과학자들의 편이라고 믿고 있기 때문이다. 오늘날 생물학에서 벌어지는 일련의 혁명적인 사건들이 그 증거라고, 그녀는 이야기한다. 여태까지의 과학을 가지고는 이런저런 현상의 원리를 '어떻게' 알아냈는지 말할 수 없을 뿐더러, '무엇을' 아는지에 대해서도 전혀 설명할 수 없다는 자체가 현재의 과학이 지닌 한계를 여실히 드러내고 있다는 말이다. 이와 같은 한계를 깨고 과학이 앞으로 나아가려면 자기 같은 사람의 작업도 충분히 포용할 만큼 그 경계가 넓어져야 한다고, 매클린톡은 힘주어 강조한다.

그녀는 생물학의 발전 방향에 대해서도 낙관적으로 평했다. '분자' 수준에서 생명의 신비를 읽어내는 혁명적 사건이 발발한 것은 사실상 생물학의 고유한 성과라기보다 변신에 변신을 거듭한 고전물리학의 업적에 가까우므로, 이제 곧 전통적인 생물학이 부상하면서 다시 한 번 생물학이 변신하고 거듭나지 않겠느냐고, 그녀는 미래를 예견했다. 나는 이와 같은 매클린톡의 견해를 들으며 그 밑바닥에 깔려 있는 그녀의 신념을 읽을 수 있었다. 특정한 답을 찾아내기 위해 자연을 사육하거나 추적하는 방식이 아닌, 인내심과 공경심으로 생명의 다양성과 복잡성을 살피는 생물학의 전통이 반드시 회복되어야 한다는 신념 말이다.

매클린톡은 자신이 오래도록 소중하게 여겨온 그 신념에 따라 작업을 해왔고, 그 결과 유전자는 돌덩이처럼 무감각하고 견고한 것이 아닌 대단히 변화무쌍하고 유연하며 망가지기 쉬운 존재임을 밝혀냈다. 나아가 세포 안에서 일어나는 복잡한 활동들이 얼마나 상호의존적이며 조화롭게 통합되고 있는지를 널리 알리는 데 큰 공을 세웠다. 물론 이런 그녀의 관점과 발견이 인정받기까지는 상당한 시간이 걸렸는데, 그 이유는 과학계 내부에 기존의 시각을 완고히 고수하고 새로운 것에 마음을 열지 못하는 낡은 관행이 깊게 뿌리 내리고 있기 때문이었다. 평생을 그와 같은 낡은 관행, 관점, 그리고 닫힌 마음들과 싸워온 매클린톡은 다시 한 번 이렇게 강조한다. 과학자는 늘 시각을 새롭게 하고 마음을 크게 열어야 한다고. '옛날식'을 고수해서는 세포에서 실제로 이루어지는 놀라운 일들을 도저히 받아들일 수 없다고.

여성 과학자로서 과학사에 한 획을 그은 바바라 매클린톡에 따르면, 우리는 지금 과학의 전체 역사를 통틀어 엄청난 격변기를 통과하고 있다. 그래서 더더욱 '세상을 바라보고 사물을 연구하는 방식을 새롭게 해야'만 한다는 게 그녀의 주장이다. 그것이 쉽지 않음을 온몸으로 경험했음에도, 그녀는 필연적으로 그렇게 될 거라고 믿고 있기에 걱정보다는 오히려 미래에 대한 설렘으로 가득하다.

"앞으로 놀라운 사실이 많이 드러날 거예요. 그건 참으로 엄청난 일이지요. 촘촘히 짜인 생명의 그물이 모습을 드러낼 테니까요. 그건 여태까지 우리가 알고 있던 것과는 전혀 다른 모습일 거고, 따라서 자연에 대한 우리의 이해도 완전히 달라지겠지요. 그렇게 되는 때가 분명히 올 겁니다."

실존과 통하는 그녀들의 '느낌'

초등학교 시절, 시험시간이면 아이들은 주섬주섬 가림판이란 물건을
꺼내어 거친 홈이 파인 책상 가운데, 이른바 38선 위에 올려놓곤 했다.
거기에는 말을 타고 알프스산맥을 넘는 나폴레옹의 문양과 "내 사전에
불가능은 없다"라는 문구가 박혀 있었는데, 당시의 아이들은 비뚤배뚤
한 글씨로 "컨닝 금지"라는 말과 "아는 것이 힘"이라는 낙서를 즐겨 새
기곤 했다. '아는 것이 힘'이라는 글귀가 당시로서는, 우리도 죽을힘을
다해 배워야만 다시는 남의 나라 식민이 되지 않으리라는 일종의 헝그
리 정신으로 읽혀지곤 했던 기억이 난다.

　　이렇듯 불행한 피해자의 시각으로 사태를 이해하곤 했던 나는 서
구에서 과학이 성립한 역사를 뒤늦게 배우면서 문득 벼랑으로 떨어지
는 느낌이었다. '아는 것이 힘'이라는 말씀은 중세 유럽 과학의 꽃을 피
운 아랍인들이 맹신에 빠지지 않도록 경계하던 지침 중 하나로, 무하
마드의 딸인 파티마(604~632)의 남편 알리(그는 오늘날 시아파의 원조가 된
다)의 어록 중 하나인 『나쥴 발라가』에서 유래하는데, 유럽의 근대과학
초석을 놓은 이들 중 하나인 프란시스 베이컨(Francis Bacon 1561~1626)
이 이를 좌우명 sapientia est potentia로 삼았던 것이라고 한다. 조선
이 임진왜란으로 쑥밭이 되었던 시절, 베이컨은 종교와 과학의 분리를
외치며 이제 오직 합리성에 근거한 과학을 해야 한다는 뜻에서 '시간
의 남성적 탄생 (The Masculine Birth of Time)'이라는 제목의 책을 쓰기도

했는데, 이 책에서 자연은 인간 아니 정확히 말해 남성을 위해 봉사하고 그들의 노예가 되어야 한다고 역설했다는 것이다. 그리고 자연은 마녀와 같아서 시시 때때 고문하고 겁탈(!)해야만 비밀을 토해낸다고 덧붙였다는 것이다.

놀라운 일은 이런 식의 공격적인 정서, 자연을 약탈하고 겁탈한다는 소위 남성적 투지가 곧 '객관적이고 가치중립적인' 과학의 미덕으로 통하게 된 것이고, 이는 서구열강 중심으로 전개된 근대사의 비극을 초래한 시대적 광기로 자리매김을 했던 셈이다. 자연의 비밀을 '캐내야만' 힘을 얻고, 그렇게 큰 힘을 장악해야 자연을 더 학대하며 더 큰 힘을 확보할 수 있다는 논리로 이어진 것이다. 그런 막강한 힘으로 총도 만들고 큰배도 만들어, 그들은 다른 대륙에 살고 있는 원주민들을 정복하고 그곳에 식민지를 획득해 더 큰 힘을 가질 수 있다는 참으로 남성다운 생각을 키웠던 것이다. 이런 흐름은 산업사회를 일으킨 원동력으로 자리 잡은 후, 이른바 정보사회로 변모한 오늘도 실은 기승을 떨치며 지구 곳곳 다양한 전통과 생명의 터전을 말살하는 과학기술의 횡포를 부추겨 왔다.

그에 비해 우리는 '아는 것이 병'이라는 속담도 자주 듣고 자랐다.

서로가 모순관계인 이 두 가지 표현을 어떻게 곱씹어 이해할 것인가? '아는 것이 힘'인 현실이 엄연히 있는 반면, '아는 것이 병'인 상황도 너무나 많기 때문이다. 무식한 만큼 용감하다고, 쥐뿔만큼 알면서 아니 그러니까 더욱더, 내적인 불안과 분열을 무마하기 위해 스스로를 방어하는 방편으로 그 힘을 남용하는 딱한 상황들! 그에 비해 이 책의 주인공 바바라 매클린톡은, 자신이 수집한 단편적 지식들이 가슴으로 느끼는 내용과 조율되고 서로 모순 없이 통할 때라야 온전한 지식이라는 확신을 갖고 이를 지키느라 고독했으니, 그녀가 지켜낸 '유기체와의 교감'은 이성의 힘에만 의존했던 기존 과학의 정통성을 무색하게 했다.

1983년 10월 10일, 스웨덴 한림원에서 그 해 노벨 생리의학상을 바바라 매클린톡에게 수여하기로 결정했다는 방송이 라디오에서 흘러나오자 그녀 연구실의 전화벨이 하루 종일 울려댔지만, 매클린톡은 수화기를 들고 기다렸다가 조용히 제 자리에 올려놓곤 했다고 한다. 이 분야에서 여성 단독으로는 첫 번째 수상이었다. 여든이 넘도록 독신으로 살았던 그녀는 라디오를 끄고 동네 숲으로 산책을 가서 여느 날과 다름없이 떨어진 호두열매를 주워 왔다. 다른 날 보다는 조금 더 흐뭇한 마음이었을까?

"유명인사가 되는 바람에 차분히 당신 일을 할 수 없게 되었다고 속상해 하셨어요."

같은 연구소에 근무하던 수산 겐즐의 증언이다. 스웨덴 한림원은 매클린톡을 노벨상 수상자로 선정하면서 특히 과학자로서 그녀의 독특한 면모를 강조하였다. 생명체의 유전 현상 중 흔히 나타나는 '뛰는 유전자'와 그 의미를 밝혀낸 공로에 더해, 수십 년 세월 동안 이 작업을 홀로 이루었다는 점, 그러나 동료 과학자들은 이 작업을 인정하지 못했다는 점까지 언급하면서, 바바라 매클린톡의 업적을 '유전학의 아버지'라 불리는 그레고어 멘델에 비교했다.

아우구스티누스 수도회의 수사였던 그레고어 멘델은 19세기 보헤미아 지방에 살았는데, 수도원에서 기르던 완두콩의 유전형질이 대물림되는 형식에는 몹시 정확하고 간결한 규칙이 있다는 사실을 수십 년 관찰을 토대로 정리하였다. 그러나 그의 작업은 1865년에야 지역의 학술지에 발표되었고 임종 후에도 그대로 묶여 있다가 35년의 세월이 지난 후에야 조금씩 알려지기 시작하였다. 그에 비해 20세기에 태어난 매클린톡, 아니 80이 넘도록 건강하게 지낸 덕분에 그녀는 세계가 공인하는 대상을 받는 영광을 누릴 수 있었다.

1983년 12월 8일, 수상일 오후 평소 입고 다니던 푸른 작업복과 낡은 구두 차림 그대로 기자회견에 참석해 쭈뼛거리며 노벨상의 수상 소감을 말하는 여든 한 살 할머니 매클린톡은 또 한번 '그녀다움'을 유감 없이 드러내었다.

"나 같은 사람이 노벨상을 받는 건 참 불공평한 일이네요. 옥수수를 연구하는 동안 나는 모든 기쁨을 다 누렸습니다. 아주 어려운 문제였지만 옥수수가 해답을 알려준 덕분에 이미 충분한 보상을 받았거든요."

그리고 그녀는 계속되는 기자들의 질문에 다음과 같이 대답했다.

"내 경험을 충분히 이해 못하는 사람들이라 아무리 심한 지탄을 하더라도 그들을 탓할 수가 없었습니다. 그에 비해 내 생각이 틀림없다는 확신이 있기 때문에 나는 어떤 조롱에도 상처입지 않았습니다. 시간이 지나면 밝혀질 일이었으니까요."

이 책의 서자인 이블린 폭스 켈러 역시 이점을 공유한다고 말할 수 있다. 그녀는 먼저 하버드대학에서 이론물리학으로 박사를 마쳤는데, 세상 지식이 학문의 이름으로 구획될 수 없다는 점을 통감하며 생물학과도 인연을 맺게 된다. 그런데 서구의 이른바 근대정신 위에 성립된 이들 자연과학을 공부하면 공부할수록 뭔가 자꾸 더 분열되고, 머리와 가슴과 배로 두루 통하지 않는 불협에 곤혹스럽고 이에 따른 단절감을 떨쳐내기가 힘들었다고 한다. 이 불협의 정체를 알아내고자 과학사와 과학철학으로 관심의 폭을 넓히는데, 여기서 번번이 확인한 사실은 서구에서 성립된 과학사에 '여성의 감수성'이 빠져 있다는 점이었다.

아울러 켈러는 기존의 과학과 전혀 다른 패러다임을 갖는 '과학들'이 동시에 여럿 존재할 수 있다는 매클린톡의 생각에 전적으로 공감하며, 여성주의 시각으로 과학을 다시 살펴보는 작업을 시작한다.

이 작업에서 그녀에게 중요한 것은 우리의 '감성'에 대한 새로운 평가로서, 여성주의적 표현으로는 우리의 '육감'을 해방시키는 일이라고 말할 수 있을 것이다. 자신의 일을 가질 수 없었던 시절에는 남편의 바람기를 짚어내는 데나 쓰는 줄 알았던 그 슬픈 용도를 폐기한 대신, 세상의 이치를 깨닫고 잘못된 현실을 교정하는 데 활용할 것을 천명한다. 그리고 만약 이런 요청이 비과학적 진술처럼 들린다면, 그건 공격적이고 약탈적인 과학의 이데올로기에 여전히 길들여져 있기 때문이라고 주장한다. 이는 삼백 년 전 남성적 투지로 새로운 과학을 정립하자고 외치던 베이컨이 '감정을 버린 채 냉철한 이성으로 자연의 구석구석을 뒤지고 약탈하라!'고 주장한 내용과 사뭇 대조적이다.

이 책의 저자인 켈러를 비롯하여 1970년대 이후 페미니즘의 확산에 영향을 받은 여성과학자들은, 과학이라는 학문적 전통을 통해 자신들을 억죄던 정서적인 단절감, 이질감 혹은 소외감의 정체가 바로 근대과학의 곳곳에 찍혀 있는 가부장제의 인장이었음을 깨닫기 시작하였다. 다른 분야에 비해 특히 생물학에서는 여성과학자의 고유한 감수성과 시각을 통해 세상을 전혀 다르게 이해하는 대단히 흥미롭고 획기적인 사건들이 기록되었다.

다아윈 이래 학문들이 적자생존과 자연도태, 경쟁과 정복 등의 공격적인 힘의 논리로 진화의 동인을 해석해 온 데 비해, 몇몇 여성과학자는 생물체 사이의 협동과 상호의존 관계 또한 중요한 원동력임을 입증해냈다. 이런 입장에서 특별한 추앙을 받는 린 마굴리스Lynn Margulis는, 약자를 정복하고 지배하는 것이 곧 자연의 원리라는 사유법은 자연의 보편법이 아니라고 잘라 말한다. 지구상에 나타나는 생명현상 곳곳에는 약육강식과 정복이 아니라 공생의 원리가 널리 퍼져 있고, 이를 통해 오늘 같은 놀라운 비약이 이루어졌다고 이야기한다.

그녀는 지구상에 현존하는 세포들의 다양한 양상과 그 내부 구조를 관찰하면서 수억 년에서 수십 억 년에 걸쳐 일어난 더욱 장대하고 복합적인 진화의 파노라마를 조명했다. 이미 죽어서 생명이 없어진 뼈의 잔해가 아니라 생명의 현장인 세포 속에서 진화의 역사를 읽어낸 것이다. 이에 대해 그녀는 "남자들이 물리학적 힘의 법칙으로 진화를 이해하고 설명한 반면, 나는 생명체 내부에서 계속되는 생화학적 조화와 절묘한 변화에 주목했다"고 선언한다. 생명현상에서 일어나는 절묘한 변화들을 자연의 거룩함으로 이해하는 것, 이는 오늘날 과학기술이 야기한 온갖 폐해를 극복하고 중병으로 몸져누우신 지구어머니와 인류의 관계를 회복하는 유일한 길임에 틀림이 없다. 생명과 교감하고, 생명들의 실존과 통하는 그녀들의 '느낌', 생명의 거룩함을 몸과 마음으로 함께 느끼는 녹색의 감수성은 지구 환경이 파국으로 치닫는 21세기, 인류문명을 구원할 소중한 자산이다. 이제 그녀들의 이야기에 좀 더 열심히 귀 기울이자!

참고문헌

서문

1 Marcus Rhoades, 'Barbara McClintock : Statement of Achievement', *Statement for the National Academy of Sciences*, 1967(unpublished).
2 Horace Freeland Judson, *The Eighth Day of Creation : Makers of the Revolution in Biology*, Simon and Schuster, New York, 1979, p. 216.
3 Matthew Meselson, private interview, December 18, 1979.
4 Thomas S. Kuhn, *The Structure of Scientific Revolutions*, University of Chicago Press, Chicago, 1970, p. 152.
5 같은 책, p. 153.
6 바바라 매클린톡이 말한 모든 인용문들은 1978년 9월 24일부터 1979년 2월 25일 사이에 그녀와의 개인적 인터뷰를 통해 얻은 것이다.

1장. 바바라 매클린톡의 시대

1 Charles Rosenberg, 'Factors in the Development of Genetics in the United States : Some Suggestions', *Journal of the History of Medicine of Allied Sciences* 22, 1967, pp. 22~46.
2 Mordecai L. Gabriel and Seymour Fogel, *Great Experiments in Biology*, Englewood Cliffs, New Jersey, Prentice-Hall, 1995, p. 268.
3 James A. Peters, ed., *Classic Papers in Genetics*, Englewood Cliffs, New Jersey, Prentice-Hall, 1959, p. 156.
4 Gunther Stent, *The Coming of the Golden Age*, American Museum of Natural History Press, New York, 1969, p. 343.
5 Gunther Stent, 'That Was the Molecular Biology That Was', *Science* 16, April 26, 1968, p. 393.
6 같은 책.
7 Judson, *op.cit.*, p. 613.
8 Francis H. C. Crick, 'On Protein Synthesis', *Symposium of the Society of Experimental Biology* 12, 1957, pp. 138~163.
9 Judson, *op.cit.*, p. 461.

10 Barbara McClintock, 'Some Parallels Between Gene Contral Systems in Maize and in Bacteria', *American Naturalist* 95, 1961, p. 266.

11 Peters, *op.cit.*, p. 156.

12 Judson, *op. cit.*, p. 461.

13 From Monod's concluding summary in Jacques Monod and François Jacob, 'Teleonomic Mechanism's Cellular Metabolism, Growth, and Differentiation', *Cold Spring Harbor Symposia on Quantitative Biology* 26, 1961, pp. 394~395.

14 François Jacob and Jacques Monod, 'On the Regulation of Gene Activity : β-Galactosidase Formation in *E. coli*', *Cold Spring Harbor Symposia on Quantitative Biology* 26, 1961, p. 207.

15 Quoted in Court Lewis, 'She Asks, What Makes a Gene Work', *Carnegie Institution of Washington Newsletter*, December 1978, pp. 4~5.

16 Quoted in *Newsweek*, November 30, 1981 p. 74.

2장. 홀로 있을 수 있는 '능력'

1   D. W. Winnicott, 'The Capacity to Be Alone', *International Journal of Psychoanalysis* 30, 1958, pp. 416~420.

2   당시 보스턴 의과 대학은 '동종 요법(homeopathic)'으로 유명했다. 매클린톡 박사도 대표적인 동종 요법 의사 명단에 올라 있었다.

3   Quoted in 'A Tribute to Henry Sage from Women Graduates of Cornell', 1895.

4   Inscription on the cornerstone of Sage College, Cornell University.

3장. 유전학계의 샛별로 떠오르다

1   Marcus Rhoades, 'Barbara McClintock : Statement of Achievements', *Statement for the National Academy of Sciences.* 1967(unpublished).

2   Marcus Rhoades, private interview, May 16, 1980.

3   George Beadle, private interview, May 15, 1980.

4   George Beadle, 'Biochemical Genetics : Some Recollections', in John Cairns, Gunther Stent, and James Watson eds., *Phage and the Origins of Molecular Biology*, Cold Spring Harbor Laboratory of Quantitative Biology, Cold Spring Harbor, New York, 1966, p. 24.

5   1920년대 여성에게 주어지는 학문적 기회는 전미 대학 교수 협회에서 제공하는 논문을 통해 자료를 수집하는 정도였다. 1921년 당시 미국 남녀 공학 대학교의 교수 중 0.001퍼센트만이 여성이었다. 대학원 과정이 있는 대학의 여성들은 대부분 집에서 경제학과 물리학 등을 혼자 공부할 수밖에 없었다. 반면 여자 대학에서는 전체 교수의 69퍼센트가 여성이었다. 이런 상황은 제 2차 세계대전이 일어나기 전까지도 변하지 않

았다. 전후에도 상황은 크게 달라지지 않았다. 다만 아주 느린 속도로 일부 대학에서만 점진적인 변화를 보일 뿐이었다. Margaret Rossiter, 'Women Scientists in America Before 1920', *American Scientist* 62, 1974, p. 315.

6 Harriet Creighton, private interview, January 9, 1980.

7 Rossiter, *op. cit.*

8 Curt Stem, 'From Crossing-Over to Developmental Genetics', in Lewis Stadler, *Stadler Symposium, Vol. 1, The Curator of the University of Missouri*, Columbia, Missouri, 1971, p. 24.

9 T. H. Morgan, 'Opening Address', in Donald F. Jones, ed., *Proceedings of the Sixth International Congress of Genetics, Vols. 1 and 2, Brooklyn Botanical Garden*, Menosha, Wisconsin, 1932, pp. 102~103.

4장. 여자로 산다는 것

1 Marcus Rhoades, private interview, May 16, 1980.

2 Barbara McClintock, 'The Relation of a Particular Chromosomal Element of the Development of the Nucleoli in *Zea mays*', *A. Zelloforsch. u. Mikr. Anat.* 21, 1934, pp. 294~328.

3 F. G. Jordan, 'The Nucleolus at Weimar', *Nature* 281, 1979, pp. 529~530.

4 Harriet Creighton, private interview, January 8, 1980.

5 Quoted in Warren Weaver's diary, April 24, 1934, Rockefeller Foundation Archives, 205D, CIT 1934, January~June, R. G. 1.1, Series 200, Folder 72.

6 Warren Weaver's diary, June 24, 1934, Rockfeller Foundation Archives, R. G. 1.1, Series 200, Box 136, Folder 1679.

7 Letter from A. R, Mann to Frank Blair Hanson, August 14, 1935, Rockefeller Foundation Archives, R. G. 1.1, Series 200, Box 136, Folder 1680.

8 C. W. Metz, May 2, 1935, Rockefeller Foundation Archieves, R. G. 1.1, Series 200, Box 136, Folder 1680.

9 Frank Blair Hanson's diary, November 21, 1935, Rockfeller Foundation Archieves, R. G. 1.1, Series 200, Box 136, Folder 1680.

10 Frank Blair Hanson's diary, August 7, 1935, Rockfeller Foundation Archieves, R. G. 1.1, Series 200, Box 136, Folder 1680.

11 Frank Blair Hanson's notes at the Genetics Meeting in Woods Hole, Mass., August 14~27, 1935, Rockfeller Foundation Archieves, R. G. 1.1, Series 200, Box 136, Folder 1680.

12 L. C. Dunn, *A Short History of Genetics : The Development of Some Main Lines of Thought*, 1864~1939, McGraw-Hill, New York, 1965, p. 164.

5장. 고립과 불안의 시절

1 1937~1938년까지, 매클린톡이 미주리 대학에서 받은 봉급은 2,700달러였다, 1935~1937년까지의 봉급에 대한 기록은 현재 남아 있지 않다. 하지만 1942년의 기록을 살펴보면 당시 그녀에게 책정된 봉급이 얼마나 박한 것이었나를 쉽게 짐작할 수 있다. 그 기록에서 스태들러는 "매클린톡의 봉급과 비슷한 조건으로 그녀만 한 학자를 데려오는 것은 불가능한 일이다."라고 말하고 있다. Manuscript Collection #2429, L. J. Stadler Papers, June 13, 1942, University of Missouri, Western historical Manuscript Collection, Columbia State Historical Society of Missouri Manuscripts.

2 Marcus Rhoades, private interview, May 16, 1980.

3 Frank Blair Hanson's notes, July 11~August 31, 1940, Rockfeller Foundation Archieves, R. G. 1.1, Series 200, Box 160, Folder 1967.

4 이 내용은 부분적으로 스태들러가 매클린톡의 사직과 복직의 문제에 관해서 커티스에게 보낸 편지에 의존하고 있다. 그는 이 편지에서 그녀가 최근에 받아 왔던 봉급이 터무니없이 적었다고 혹평하고 있다.

5 Gerald Holton, *Thematic Origins of Scientific Thought : Kepler to Einstein*, Harvard University Press, Cambridge, Massachusetts, 1973, p. 377.

6장. 유전학의 역사

1 C. D. Darlington, 'Recent Advances in Cytology, reprinted in C. D. Darlington, *Cytology*, 2nd ed. J. &A. Churchill, London, 1965, p. 15.

2 C. D. Darlington, 'Chromosomes as We See Them', in C. D. Darlington and K. R. Lewis, *Chromosomes Today, Vol. 1 : Proceedings of the First Oxford Chromosome Conference*, July 28~31, 1964, Plenum Press, New York, 1966, pp. 3~4.

3 '조직소(organizer)'라는 용어는 1924년에 한스 슈페만(Hans Spemann)과 힐다 만골드(Hilda Mangold)에 의해 처음 소개되었다. 당시 이 용어는 도롱뇽의 배에 미세한 세포조직을 이식한 결과를 설명하기 위해 도입되었다. 이후 30년 동안 발생학적 사고의 개념을 소개할 때 주요 용어로 사용되었다.

4 L. C. Dunn, *A Short History of Genetics : The Development of Some Main Lines of Thought*, 1864~1939, McGraw-Hill, New York, 1965, p. 188.

5 T. H. Morgan, 'Chromosomes and Heredity', *American Naturalist* 44, 1910, pp. 449~496.

6 T. H. Morgan, *Embryology and Genetics*, Columbia University Press, New York, 1934.

7 Quoted in Garland Allen, *Life Science in the Twentieth Century*, Cambridge University Press, Cambridge, England, 1975, p. 125.

8 Ross Harrison, 'Embryology and Its Relation to Genetics', *Science* 85, 1937, p. 369.

9   Ernst Mayr, 'Evolution', *Scientific American*, September 1978 p. 52.

10   Thomas Kuhn, *The Structure of Scientific Revolutions*, University of Chicago Press, 1962, p. 151.

11   Curt Stern, 'Richard Benedict Goldschmidt', *Biographical Memoirs*, National Academy of Sciences, Washington D. C., 1967, p. 165.

12   Garland Allen, 'Opposition to the Mendealian Chromosome Theory : The Physiological and Developmental Genetics of Richard Goldschimidt', *Journal of the History of Biology* 7, 1974, pp. 49~52.

13   Stephen Jay Gould, 'The Return of Hopeful Monsters', *Natural History 86*, 1977, p. 24.

7장. 또 하나의 고향, 콜드 스프링 하버

1   Vannevar Bush, *'President's Report of 1942'*, *Carnegie Institution of Washington Yearbook* 41, 1942, p. 3.

2   Letter from Barbara MaClintock to Tracy Sonneborn, May 14, 1944.

3   Quoted in Warren Weaver's diary, April 10~20, Rockfeller Foundation Archives, Series 200, R. G. 1.1, Box 160, Floder 1968.

4   Holton, *Thematic Origins of Scientific Thought*, op. cit., p, 378.

8장. 자리바꿈 현상의 발견

1   Barbara McClintock, 'Maize Genetics', *Carnegie Institution of Washington Yearbook* 45, 1946, p. 180.

2   같은 책, p. 182.

3   같은 책, p. 186.

4   Barbara McClintock, 'Cytogenetics Studies of Maize and Neurospora', *Carnegie Institution of Washington Yearbook* 46, 1947, p. 147.

5   같은 책.

6   Barbara McClintock, 'Mutable Loci in Maize', *Carnegie Institution of Washington Yearbook* 47, 1948, p. 159.

7   같은 책, p. 160.

8   같은 책, p. 159.

9   Barbara McClintock, 'Mutable Loci in Maize', *Carnegie Institution of Washington Yearbook* 48, 1949, pp. 142~143.

10   같은 책, p. 143.

11   Barbara McClintock, 'Chromosome Organization and Genic Expression', *Cold Spring Harbor Symposium on Quantitative Biology* 16, 1951, p. 40.

12 같은 책.

13 같은 책. p. 42.

14 같은 책, p. 34.

15 Evelyn Witkin, private interview, April 14, 1980.

9장. 그들과 그녀의 서로 다른 '언어'

1   Barbara McClintock, 'Induction of Instability of Selected Loci in Maize', *Genetics* 38, 1953, pp. 579~599.

2   Royal A. Brink and Robert A. Nilan, 'The Relation Between Light Variegated and Medium Variegated Pericarp in Maize', *Genetics* 37, 1952, pp. 519~544; P. C. Barclay and R. A. Brink, 'The Relation Between Modulator and Activator in Maize', *Proceedings of the National Academy of Sciences* 40, 1954, pp. 1118~1126; Peter Peterson, 'A Mutable Pale Green Locus in Maize', *Genetics* 38, 1953, pp. 682~683; and Peter Peterson, 'The Pale Green Mutable System in Maize', *Genetics* 45, 1960, pp. 115~132.

3   Lotte Auerbach, private interview, April 10, 1981.

4   Holton, *Thematic Origins of Scientific Thought*, op. cit., p. 357.

5   이 점에 대해서는 마이클 폴라니(Michael Polanyi)의 다음 글에서 충분한 논의를 참조할 수 있다. 'The Unaccountable Element in Science', in Marjorie Green, ed., *Knowing and Being*, University of Chicago Press, Chicago, 1969, pp. 123~137.

6   Freeman Dyson, *Disturbing the Universe*, Harper & Row, New York, 1980, p. 54.

7   같은 책, p. 55.

8   같은 책, pp. 55~56.

9   Rudolf Arnheim, *Art and Visual Perception*, University of California Press, Berkeley, 1954, p. 442.

10 Gerald Holton, *The Scientific Imagination : Case Studies*, Cambridge University Press, London, 1974, p. 38.

11 같은 책.

12 Holton, *Thematic Origins of Scientific Thought, op. cit.*, p. 358.

13 같은 책, p. 368.

14 같은 책.

10장. 분자생물학의 빛과 그림자

1   Milislav Demerec, 'Foreword', *Cold Spring Harbor Symposia on Quantitative Biology* 16, 1951. p. v.

2   같은 책.

3 Richard Goldschmidt, 'Chromosomes and Genes', *Cold Spring Harbor Symposia on Quantitative Biology* 16, 1951, p. 1.

4 Barbara McClintock, 'The Origin and Behavior of Mutable Loci in Maize', *Proceedings of the National Academy of Sciences* 36, 1950, p. 347.

5 Goldschmidt, *op. cit.*, p. 3.

6 같은 책, p. 4.

7 Lewis Stadler, 'The Gene', *Science 120*, 1954, pp. 811~819.

8 같은 책, p. 814.

9 같은 책, p. 818.

10 Demerec, *op. cit.* p. v.

11 James D. Watson, *Molecular Biology of the Gene*, 2nd ed., W. A. Benjamin, New York, 1970.

12 Emory L. Ellis, 'Bacteriphage : One-Step Growth', in Cairns, Stent, and Watson, *op. cit.*, p. 58.

13 Emory L. Ellis and Max Delbrück, 'The Growth of Bacteriophage', *Journal of General Physiology* 22, 1939, p. 365.

14 Max Dellbück, 'Experiments with Bacterial Viruses(Bacteriophage)', *Harvey Lectures* 41, 1946, pp. 161~162.

15 같은 책, p. 363.

16 Gunther Stent, *Molecular Biology of Bacterial Viruses*, W. H. Freeman and Company, San Francisco, 1963, p. 376.

17 Stent, 'That Was the Molecular Biology That Was', *op. cit.*, p. 393.

18 같은 책, p. 363.

19 Aaron Novick, 'Phenotypic Mixing', in Cairns, Stent, and Watson, *op. cit.*, pp. 134~135.

20 Erwin Schrödinger, *What is Life? & Mind and Matter*, Cambridge University Press, London, 1945.

21 James D. Watson, 'Growing Up in the Phage Group', in Cairns, Stent, and Watson, *op. cit.*, p. 240.

22 같은 책, p. 241.

23 Stent, 'That Was the Molecular Biology That Was', *op. cit.*, p. 393.

24 Max Dellbrück, 'A Physicist Looks at Biology', in Cairns, Stent, and Watson, *op. cit.*, p. 22.

25 같은 책.

26 같은 책.

27 같은 책.

28 James D. Watson and Francis H. C. Crick, 'Genetical Implications of the Structure

of Deoxyribonucleic Acid', *Nature* 171, 1953, pp. 964~967.

29 Francis H. C. Crick, 'On Protein Synthesis', *Symposium of the Society of Experimental Biology* 12, 1957, p. 153.

30 Quoted in Judson, *op. cit.*, p. 217.

11장. 유전학의 새로운 지평을 열다

1 Watson and Crick, *op. cit.*

2 Life Magazine, May 1980.

3 Barbara McClintock, 'Controlling Elements and the Gene', in *Cold Spring Harbor Symposium on Quantitative Biology* 21, 1956, p. 215.

4 Quoted in Judson, *op. cit.*, p. 353.

5 François Jacob and Jacques Monod, 'Genetic Regulatory Mechanisms in the Synthesis of Proteins', *Journal of Molecular Biology* 3, 1961, p. 276.

6 Barbara McClintock, 'Some Parallels Between Gene Control Systems in Maize and In Bacteria', *American Naturalist* 95, 1961, p. 276.

7 Quoted in Fred Wilcox, 'Everyone Suddenly Pays Homage to a Geneticist Mos Persistent', *Cornell Alumni News* 84, February 1982, p. 4.

8 A. L. Taylor, 'Bacteriophage-Induced Mutation in *E. coli*, *Proceedings of the National Academy of Sciences* 50, 1963, p. 1043.

9 Janathan Beckwith, Ethan Signer, and Wolfgang Epstein, Transposition of the lac Region of *E. coli*, *Cold Spring Harbor Symposia on Quantitative Biology* 31, 1961, p. 393.

10 James A. Shapiro, S. L. Adhya, and Ahmad I. Bukhari, 'New Pathway in the Evolution of Chromosome Structure', in Ahmad I. Bukhari, James A. Shapiro, and S. L. Adhya, eds., DNA Insertion Elements, Plasmids and Episomes, *Cold Spring Harbor Laboratory of Quantitative Biology*, Cold Spring Harbor, New York, 1977.

11 Allan Campbell et al., 'Nomenclature of Transposable Elements in Prokaryotes', in Bukhari et al., *op. cit.*, p. 16.

12 Heinz Saedler, 'IS1 and IS2 in *E. coli* : Implications for the Evolution of the Chromosome and Some Plasmids', in Bukhari et al., *op. cit.*, pp. 65~72.

13 Patricia Nevers and Heinz Saedler, 'Transposable Genetic Elements as Agents of Gene Instability and Chromosomal Rearrangements', *Nature* 268, 1977, p. 109.

14 Gerald Fink et al., 'Transposable Elements in Yeast', *Cold Spring Harbor Symposia on Quantitative Biology* 45, 1981, pp. 575~580.

15 James A. Shapiro, 'Changes in Gene Order and Gene Expression', paper presented at the First international Symposium on Research Frontiers in Aging and Cancer, Washington, D. C., September 21~25. 1980, p. 29.

16 James A. Shapiro, 'Reflection on the Information Content of Chromosome Structure and How It Changes'(in press).

17 Barbara McClintock, 'Mechanisms That Rapidly Reorganize the Genome', in G. P. Reder, ed., Stadler *Symposium, Vol. 10, The Curator of the university of Missouri*, Columbia, Missouri, 1978, pp. 25~48.

18 Barbara McClintock, 'Mechanisms That Rapidly Reorganize the Genome. *op. cit.*, p. 26.

19 Barbara McClintock, 'Modified Gene Expressions Induced by Transposable Elements', in W. A. Scott et al., eds., *Mobilization and Reassembly of Genetic Information*, Academic Press, New York, 1980, pp. 11~19, p. 17.

20 Quoted in Jean L. Marx, 'A movable Feast in the Eukaryotic Genome', *Science* 211, 1981, p. 153.

12장. 생명은 교감한다

1   Quoted in E. Broda, 'Boltzman, Einstein Natural Law and Evolution', *Comparative Biochemical Physiology*, 67B, 1980, p. 376.

2   Quoted in Banesh Hoffmann and Helen Dukas, Albert Einstein, *Creator and Rebel*, New American Library, New York, 1973, p. 222.

3   Erwin Schrödinger, *What is Life?*, *op. cit.*, p. 140.

4   Niels Bohr, *Atomic Physics and Human Knowledge*, John Wiley and Sons, New york, 1958, p. 33.

5   Robert J. Oppenheimer, *Science and the Common Understanding*, Simon and Schuster, New York, 1954, pp. 8~9.

6   See, for example, Fritjof Capra, *The Tao of Physics*, Shambhala, Berkeley, California, 1975 and Gary Zukov, *The Dancing Wu Li Masters*, William Morrow, New York, 1979. 한국말로 쉽게 풀어놓은 졸저 『신과학 산책』(김영사, 1994)도 참조 - 옮긴이.

7   '영성을 입히는(ensoul)'이라는 단어는 머라이언 밀너가 예술가로서 자신의 모든 열정을 쏟아 부은 작품 『그릴 수 없는 것에 관하여』로부터 가져왔다. Marion Milner, *On Not Being Able to Paint*, International Universities Press, New York, 1957, p. 120.

8   Phyllis Greenacre, '*The Childhood of the Artist : Libidinal Phase Development and Giftedness*', 1957, reprinted in Phyliis Greenacre, *Emotional Growth : Psychoanalytic Studies of the Gifted and a Great Variety of Other Individuals*, International Universities Press, New York, 1971, p. 490.

9   June Goodfield, *An Imagined World: A Story of Scientific Discovery*, Harper & Row, New York, 1981, p. 213.

찾아보기